南昌航空大学
学术文库

稀土材料的
催化应用

XITU CAILIAO DE
CUIHUA YINGYONG

罗一丹 薛名山 著 ○

U0229083

化学工业出版社
·北京·

内容简介

本书基于稀土材料在催化领域的最新研究进展，系统概述了稀土材料的基本概念、制备方法、表征方法和催化性能，重点论述了稀土材料在石油化工催化、天然气和煤炭催化燃烧、汽车尾气催化净化、工业废气催化净化、光催化、电催化等多个催化领域的应用和国内外最新研究现状。书中内容深入浅出、图文并茂，读者通过阅读本书可以在较短时间内全面了解稀土材料的催化应用，并有助于基于国内外最新研究进展指导科学研究工作。

本书可供从事稀土材料、催化材料、无机非金属材料、环境工程、石油化工、新能源、表面物理与化学等领域的科研人员和技术人员参考，也可供高等学校化学和材料科学等相关专业的师生参阅。

图书在版编目（CIP）数据

稀土材料的催化应用/罗一丹，薛名山著. —北京：化学工业出版社，2021.1（2022.1 重印）
ISBN 978-7-122-38373-0

Ⅰ. ①稀… Ⅱ. ①罗…②薛… Ⅲ. ①稀土金属-金属材料-应用-催化-化学反应工程 Ⅳ. ①TG146.4②TQ032

中国版本图书馆 CIP 数据核字（2021）第 016258 号

责任编辑：高 宁 仇志刚 装帧设计：刘丽华
责任校对：张雨彤

出版发行：化学工业出版社（北京市东城区青年湖南街 13 号 邮政编码 100011）
印 装：北京建宏印刷有限公司
710mm×1000mm 1/16 印张 14½ 字数 271 千字 2022 年 1 月北京第 1 版第 3 次印刷

购书咨询：010-64518888 售后服务：010-64518899
网 址：http://www.cip.com.cn
凡购买本书，如有缺损质量问题，本社销售中心负责调换。

定 价：98.00 元

前言

　　稀土作为我国最重要的战略资源之一，因其丰富的光、电、磁和化学等特殊性能，已广泛应用于现代科学技术的各个领域，诸如信息、自动化、能源环保、生物和新材料等高新技术领域以及石油化工、农业、冶金等传统领域。 稀土元素的实际应用始于催化剂，时至今日，稀土材料在催化反应中的应用已是整个稀土材料应用中最为广泛的领域。 以催化材料为核心的催化科学和技术是现代化学工业发展的基础，每一代新型、高效、环保催化材料的发现与发展，都是化学工业跳跃式发展的重要驱动力。 因此，催化材料的研究一直以来都是化学化工和材料科学研究最热门的重要领域之一。

　　稀土元素具有独特的电子层结构，表现出稳定的化学性质、可变的化学价态、多样的配位形式和表面酸位等特点。 与传统催化材料相比，稀土元素不仅自身具有催化活性，而且还可作为添加剂或助催化剂以提高催化性能。 稀土催化材料根据组成可分为稀土掺杂催化剂、稀土复合氧化物催化剂、稀土贵金属催化剂和稀土沸石催化剂等。 催化剂中稀土元素的存在可以提高催化剂的机械强度、提高晶格氧的活动能力、提高催化剂储释氧能力、提高活性金属在载体上的分散度、阻碍活性金属烧结的同时提高催化剂热稳定性等，以上特性均使催化剂性能得到显著改善。 因此，稀土催化材料的应用已涵盖石油化工催化反应、催化燃烧、汽车尾气排放控制、工业废气净化、光催化和电催化等众多领域，涉及国民经济和人民生活的方方面面。

　　当前，我国正处于由长期以来的"高碳型"能源结构向绿色低碳化转型的关键时期。 大力开发稀土在催化材料领域中的应用，进一步提高煤炭等传统化石能源的清洁高效利用水平，促进新能源材料的开发，对推动稀土、环境和新能源等相关高新技术产业群的跨越式发展、提升我国在高附加值战略稀土材料上的国际竞争力、实现社会经济的可持续发展等方面具有十分重要的战略意义。 鉴于上述原因，作者集多年教学、科研等经验，主要针对稀土材料在催化领域的应用和国内外最新研究现状编写了此书。 本书简要介绍了稀土在自然界中的存在状态、矿物学特征和稀土精准测定分析方法。 在此基础上，通过大量的资料查阅和调研，总结了稀土催化在石油化工、汽车尾气净化、工业废气净化、人居环境净化和电催化等领域的应用，阐述了稀土催化材料在各种催化剂中的存在形式、催化反应机理、主要影响因素及其国内外发展现状。 本书旨在为从事稀土材料、催化材料、无机非金属材料、环境工程、新能源、表面物理与化学等领域的科研人员和技术人员提供参考，也可供高等学校化学和材料科学等相关专业的师生参阅。

全书分为 7 章，第 1 章介绍了稀土材料在自然界中的存在状态、基本特征、测定分析方法和稀土材料的催化应用简介，第 2～7 章分别阐述了稀土催化材料在催化裂化反应、催化燃烧反应、汽车尾气净化、工业废气净化、光催化反应和电催化反应中的应用、作用机理和国内外最新研究现状。 本书由南昌航空大学的罗一丹博士和薛名山博士共同撰写。 在本书撰写过程中，郑傲峰、韩玉、袁锋、周东鹏、贾宇、王勇虎、江汉文、程伊参与了部分工作，俞星星、李坚参与了部分修改校对。

本书的出版得益于南昌航空大学科研成果专项资助基金和国家自然科学基金（11864024 和 51662032）的共同资助，在此致以真挚的谢意。

由于笔者能力有限，书中难免存在疏漏之处，殷切希望广大专家和读者朋友给予批评指正。

罗一丹，薛名山
2020 年 10 月

目录

第4章
稀土材料在汽车尾气催化净化中的应用 / 082

第5章
稀土材料在工业废气净化中的应用 / 103

第6章
稀土材料在光催化反应中的应用 / 150

第7章
稀土材料在电催化反应中的应用 / 190

第 1 章

绪论

1.1 稀土材料简介

　　根据国际纯粹与应用化学联合会的定义，稀土元素（简称 REE）是元素周期表中的一组数目为 17 的化学元素群，由 15 种镧系元素及钇和钪组成。钪和钇之所以被认为是稀土元素，是因为它们一般与镧系元素出现在同一矿床中，并表现出类似的化学性质。实际上"稀土"的命名并不贴切，因为稀土元素总体而言较为丰富，只是在地壳中比较分散。以"稀土"命名的主要原因仅在于它们在化学性质上彼此相似，在自然界中共同存在且具有相似的三价氧化态。国际纯粹与应用化学联合会将稀土元素主要分为轻稀土元素和重稀土元素，根据其原子量或在元素周期表中的位置进行分类。轻稀土元素由原子序数为 57 至 62 的镧、铈、镨、钕、钷、钐组成，重稀土元素由原子序数为 63 至 71 的铕、钆、铽、镝、钬、铒、铥、镱、镥组成[1]。

　　稀土元素都存在于自然界中，但并非以纯金属的形式存在。在镧系元素原子中，最外层的价电子组成基本都是相同的，只有 4f 轨道随着原子序数的增加而逐渐填充。4f 轨道受电子屏蔽效应影响使稀土元素的物理和化学性质极其相似，还导致了"镧系收缩"，即离子半径从 La^{3+} 的 1.06Å（$1\text{Å}=10^{-10}$ m）逐渐减小到 Lu^{3+} 的 0.85Å。稀土元素由于其独特的磁性、发光特性和催化性能，在相关技术领域内极其重要，从手机、电视到 LED 灯泡、风力涡轮机和各种催化反应等都已有广泛应用。实际上地壳中稀土元素的平均浓度范围大约在 $130\mu g/g$ 至 $240\mu g/g$，含量明显高于其他常见的开采的元素，且远高于稀土各自的球粒陨石丰度。表 1-1 显示了地壳中稀土元素的平均丰度与球粒陨石丰度的比较。

表 1-1   地壳中稀土元素的平均丰度与球粒陨石丰度的比较   单位：$\mu g/g$

元素	Taylor 和 MeLennan[2] (1985)	Wedepohl[3] (1995)	Lide[4] (1997)	球粒陨石丰度	
				Wakita 等[5] (1971)	pourmand 等[6] (2012)
镧	16.0	30	39	0.34	0.2469
铈	33.0	60	66.5	0.91	0.6321
镨	3.9	6.7	9.2	0.121	0.0959
钕	16.0	27	41.5	0.64	0.4854
钐	3.5	5.3	7.05	0.195	0.1556
铕	1.1	1.3	2	0.073	0.0599
钆	3.3	4	6.2	0.26	0.2093
铽	0.6	0.65	1.2	0.047	0.0378
镝	3.7	3.8	5.2	0.30	0.2577
钬	0.8	0.8	1.3	0.078	0.0554
铒	2.2	2.1	3.5	0.20	0.1667
铥	0.3	0.3	0.52	0.032	0.0261
镱	2.2	2	3.2	0.22	0.1694
镥	0.3	0.35	0.8	0.034	0.0256
钇	20.0	24	33	—	1.395
钪	30.0	16	22	—	5.493
总计	136.9	184.3	242.17		9.5118

注：—表示不可用。

本章旨在从稀土元素在高技术产品中的应用、稀土元素的存在状态、稀土元素的最新化学表征技术、稀土元素的循环利用和稀土元素的催化应用简介等方面对稀土元素提供较全面的应用介绍。文中还介绍了稀土元素在农业、医药、环境等方面的应用或影响，及在不同应用中稀土元素作为替代品的实例。

1.1.1　稀土元素的分布

在自然界中，稀土元素并不像金、铜、银等以单独的天然金属形式存在，而是以主要或次要成分的形式共同存在于众多的主矿物或副矿物中。虽然稀土元素存在于硅酸盐、碳酸盐、氧化物和磷酸盐等各种矿物中，但稀土元素并不存在于大多数矿物结构中，只存在于少数地质环境中。稀土矿物的主要来源是氟碳铈矿、独居石、铈铌钙钛矿和红壤的离子吸附黏土。在超过 250 种矿物中，稀土元素是其化学式和晶体结构中的重要组成。表 1-2 列出了稀土矿床中一些含稀土的重要矿物。

表 1-2　与稀土矿床有关的一些重要含稀土矿物的名称和化学式

矿物	化学式
褐石	$(Y,Ln,Ca)_2(Al,Fe^{3+})_3(SiO_4)_3(OH)$
磷灰石	$(Ca,Ln)_5(PO_4)_3(F,Cl,OH)$
氟碳铈矿	$(Ln,Y)(CO_3)F$
异性石	$Na_4(Ca,Ln)_2(Fe^{2+},Mn^{2+},Y)ZrSi_8O_{22}(OH,Cl)_2$
褐钇铌矿	$(Ln,Y)NbO_4$
硅锆钙石	$CaZrSi_2O_7$
伊利石	$Y_2(SiO_4)(CO_3)$
钙钇铈矿	$Ca_2(Y,Ln)_2Si_4O_{12}(CO_3)H_2O$
钛铌钙铈矿	$(Ln,Na,Ca)(Ti,Nb)O_3$
独居石	$(Ln,Th)PO_4$
褐硅铈矿	$(Na,Ca)_3Ca_3Ln(Ti,Nb,Zr)(Si_2O_7)_2(O,OH,F)_4$
氟碳钙铈矿	$Ca(Ln)_2(CO_3)_3F_2$
烧绿石	$(Ca,Na,Ln)_2Nb_2O_6(OH,F)$
绿层矽铈钛矿	$(Ca,Ln)_4Na(Na,Ca)_2Ti(Si_2O_7)_2(O,F)_2$
菱黑稀土矿	$Na_{14}Ln_6Mn_2Fe_2(Zr,Th)(Si_6O_{18})_2(PO_4)_7\cdot 3H_2O$
直氟碳钙铈矿	$Ca(Ln)(CO_3)_2F$
磷钇矿	YPO_4
锆石	$(Zr,Ln)SiO_4$

1.1.2　稀土材料的冶炼

稀土通常作为副产品被开采。例如，中国的白云鄂博矿主要产品为铁矿石，同时世界上大部分的稀土作为副产品也在此出产。如今，含有稀土元素的碳酸盐和磷酸盐已被商业化加工，而含有稀土元素的硅酸盐的商业化仍然需要更多的投资、研究和开发。现在用来生产高纯度稀土元素的高效分离技术已经被开发出来了。Gupta 和 Krishnamurthy[7]对稀土元素冶炼技术的最新进展进行了综述。通常采用酸性或碱性溶液溶解矿石的方法来提取稀土元素，具体选用哪种溶液取决于含稀土元素相的矿物学性质和矿石相的反应性，一般来说，使用酸性溶液更为常见。根据矿物学原理，提取步骤通常是在浓硫酸中以 $400\sim500℃$ 的高温焙烧稀土矿，以除去氟化物和二氧化碳，并改变矿物相使其更易溶于水。通常采用溶剂萃取、离子交换、沉淀等分离技术从酸或碱的浸出母液中回收稀土元素。由于能够处理更多体积的浸出液，溶剂萃取被普遍认为是分离稀土元素最合适的商业技术。例如，磨碎的独居石用氢氧化钠溶液溶解得到磷酸三钠和氢氧化物混合的浆料，这种浆料可用于生产多种稀土元素化合物。Kumari 等[8]发表了基于高温水热或混合技术的商业冶炼工艺的综述，并对独居石中回收稀土金属的工艺进行了系统研究，在不同时间、温度条件下使用不同浓度的酸性或碱性溶液对独居石进行处理获得了其溶解后的溶液。稀土元素的处理通常是先经过热处理，然后在优化的浸出条件下进行稀土元素的回收，最后通过溶剂萃取、沉淀等方法进行提取。Battsengel 等[9]开发了一种方法，通过溶剂提取和剥离技术从浸出的硫酸溶液中分离磷灰石中的轻稀土元素和重稀土元素。目前，从磷灰石中回收稀土元素的主要工艺是用硝酸浸出。硝酸浸出后，稀土元素可以通过加入氨水进行沉淀的方法得到。

近年来，一种被称为 SuperLig 分子识别技术（MRT）的革命性技术被越来越多地应用于选择性分离和回收稀土元素。MRT 是一种在分子水平上利用纳米化学原理进行金属元素分离的绿色化学方法。矿石溶解产生的浸出母液由 SuperLig 工厂进行处理，首先从杂质金属（矿石金属）中将 16 种稀土元素全部分离出来，然后用 SuperLig 树脂分离单个稀土元素。目标稀土元素被选择性地结合到 SuperLig 树脂上。通过柱式洗涤后，树脂结合的稀土元素将被洗脱并以浓缩和提纯的方式回收。MRT 的过程包含金属配体结合和释放的快速动力学、简单的洗脱化学、不使用刺激性化学品/试剂/溶剂、能够在微克/毫升（$\mu g/mL$）或更低的浓度中回收浸出溶液中的稀土元素，以及产生废物少等特点，其潜在的应用包括从原生矿石、尾矿、煤灰和废工业原料（如永磁体、充电电池和 LED 照明系统）中回收稀土元素等[10]。

1.1.3　稀土元素对环境和健康的影响

在现代生活水平提高的同时，科学技术的革新也增加了人体对有毒元素的摄入风险，导致了相应的健康问题。自然环境中各种有毒无机物、有机物和金属有机物的污染是当今世界上最严重的问题之一。导致环境污染的元素中也包括稀土元素，需要更深入地研究以便了解它们对人类健康的影响。环境科学家一直在研究如铅、镉、汞和铀等有毒微量元素的致病原因。而且像稀土元素和铂族元素等许多过去不常使用的其他元素，如今也越来越多地在新材料、新产品的生产中被频繁使用，生产中的工业废料如果处理不当就会向底层土壤和地下水中释放大量稀土元素、铂族元素及其他有毒元素。稀土元素在富含 F^-、Cl^-、HCO_3^-、CO_3^{2-}、HPO_4^{2-}、PO_4^{3-} 离子的溶液中流动性更好，大量稀土元素通过磷肥等进入了农业土壤。如今，使用电感耦合等离子体质谱（ICP-MS）和高分辨率电感耦合等离子体质谱（HR-ICP-MS）等分析技术有助于提高我们对这些金属在近地表环境中的反应性、迁移性、生物利用度和健康效应的理解。稀土元素也正在通过不同的路径进入自然环境中，特别是那些与地表水和地下水有关的路径，因此可能会污染环境和危害人类健康。在自然条件下，从地下水和大气中只能获得少量稀土元素，但稀土元素开采量的增加提高了其在环境中的含量，并为稀土元素在生物积累上（植物、动物和人类）创造了几条新途径。稀土元素的含量在地表水和地下水中差别很大，并且主要取决于当地地质条件。然而，任何国际卫生组织都没有提供饮用水中稀土元素的最大可接受限度值，也没有关于其对人类健康的毒性的足够数据。2013年，Al-Rimawi 等[11]在巴勒斯坦西南岸的地下水样本中观察发现稀土元素和其他几种金属的浓度非常高。他们对此表示了担忧，因为这些元素中的大多数并没有最高可接受限度的规定，也没有足够的数据来表明其对人类健康的毒性程度。不过，Sneller 等[12]对饮用水中不同稀土元素的最大允许浓度作了报告，详见表1-3。

表1-3　几种常用仪器分析技术测定的饮用水中稀土元素的检出限及最大允许浓度（MPC）

元素	MPC /(ng/mL)	波长色散X射线荧光光谱法 WD-XRF /(μg/g)	激光诱导击穿光谱法 LIBS /(μg/g)	微波等离子体原子发射光谱法 MP-AES /(μg/mL)	仪器中子活化分析法 INAA /(μg/g)	电感耦合等离子体发射光谱法 ICP-OES /(μg/g)	辉光放电质谱 GD-MS /(μg/g)	激光烧蚀取样 LA-ICP-MS /(μg/g)	电感耦合等离子体质谱 ICP-MS /(ng/mL)	电感耦合等离子体-飞行时间质谱仪 ICP-TOF-MS /(ng/mL)	高分辨率电感耦合等离子体质谱 HR-ICP-MS /(pg/mL)
La	10.1	3.3	10	4	0.19	0.50	<0.05	0.03	12.74	0.07	0.13
Ce	22.1	6.5	—	3	0.03	0.10	<0.05	0.04	0.61	0.06	0.19
Pr	9.1	2.7	40	—	—	0.02	<0.05	0.03	0.72	0.03	0.06
Nd	1.8	2.1	500	—	3.03	1.00	<0.05	0.07	2.45	0.18	0.24
Sm	8.2	1.7	40	3	0.08	1.30	<0.10	0.08	0.98	0.20	0.16
Eu	—	—	5	0.7	4	2.60	<0.05		0.37	0.06	0.02
Gd	7.1	0.7	200	4	—	0.50	<0.05		0.98	0.11	0.16
Tb	—	—	60	—	0.10	0.70	<0.05	0.07	0.37	0.11	0.07
Dy	9.3	2.7	10	—	—	0.60	<0.05	0.07	1.41	0.07	0.11
Ho	—	—	—	—	—	0.80	<0.05	0.07	0.07	0.05	0.02
Er	—	—	30	3	—	0.10	<0.05	0.05	0.11	0.05	0.02
Tm	—	—	30	—	—				0.37		
Yb	—	—	—	—	0.08	1.60	<0.10	0.07	0.37	0.10	0.08
Lu	—	—	20	—	0.04	0.40	<0.05		0.02	0.02	0.02
Y	6.4	0.4	—	—	—	0.80	—	0.06	3.68	0.06	0.30
Sc	—	—	2	—	—	0.05	—	2.04	11.03	0.39	0.23

注：—代表不可用。HR-ICP-MS：Satyanaryanan 等[13]．（2018a，b）；ICP-TOF-MS：Balaram 等[14]．（2013b）；ICP-MS：Balaram，Rao[15]（2003）；LA-ICP-MS：Maruyama 等[16]．（2016）；ICP-OES：Amaral 等[17]（2017）；INAA：Oliveira 等[18]．（2003）；MP-AES：Varbanova，Stefanova[19]（2015）；LIBS：Cremers，Radziemski[20]（2006）；XRF：Nakayama，Nakamura[21]（2005）；MPC（饮用水中的最大允许浓度极限）：Sneller 等[12]（2000）。

欧洲和美国已经发现了一种污染主要与钆（Gd）有关。Gd 一般作为对比剂应用于磁共振成像（MRI）中。随尿液从人体中排出后，它几乎可以不受影响地通过废水处理厂进入水生系统。因此，越来越多的数据表明，在卫生保健系统高度发达的国家，从人口稠密的城市地区排放的河流预计会呈现巨大的 Gd 含量。包括欧洲、美国、亚洲和澳大利亚，全世界范围内都发现了这种钆异常现象。德国明斯特大学的研究人员调查了通过废水排放而带到环境中的钆基造影剂的去向，并追踪到了德国几个水厂的加工饮用水。另一方面，一份 19 世纪旧金山湾的 Gd 和稀土元素总量记录表明，这些元素的含量已大幅增加。

在美国、印度、马来西亚和巴西等国，稀土矿的频繁开采和生产活动已经对环境和人类健康造成了影响。切割、钻孔、爆破、运输、储存和加工等采矿活动会向空气和周围水体释放带有稀土元素、其他有毒金属和化学物质的粉尘，这些粉尘除了会影响人类之外，还会影响当地的土壤、野生动植物和植被。而且，开采更多的稀土元素意味着带来更多的环境退化和危害人类健康等问题，因为如果不采取适当的监测和保护措施，废物处理区受风化的影响，一些含有大量放射性元素的稀土矿物，例如铀和钍，它们会对空气、水和土壤造成污染。而其中另一个重要问题是某些矿石具有放射性。尽管稀土元素释放到环境中所带来的污染问题越来越为人们所熟知，但稀土元素在各种现代技术中的应用仍然在不断增长。对于人体暴露于稀土元素和其潜在健康影响的研究大部分依靠矿山工人和其他经常接触稀土元素或其产品的人，他们暴露于稀土元素的概率通常远高于一般人群。

电子行业每年产生的电子垃圾高达 4100 万吨，伴随着消费者数量增加的同时设备寿命也由于消费者对最新、最好的产品的需求而缩短，这一现象使电子垃圾在 2018 年已经达到了 4850 万吨。Lange 等[22]研究了巴西圣保罗州车辆废料场土地表层中的几种重金属和稀土元素，发现稀土元素的质量分数均远高于参考值。据观察大多数元素的存在热点是车源。此外，由于大量倾倒含有稀土元素的电子垃圾而造成的底层土壤和地下水污染也越发严重。

目前，我们对稀土元素于人类健康及人类活动水平的不利影响、生物地球化学、稀土循环过程和毒理学效应的认识存在重大差距，今后需要更多的研究来确定人为来源、转移机制、生物积累及其环境行为以尽量减少稀土元素对人类健康的危害。因此，采用新的公共政策和开发更有效的处理技术将决定稀土元素今后对水生系统的影响程度。由于稀土元素在农业和医学中的广泛应用，对稀土元素的毒理学特性需要进行更多的研究以准确评估这些元素对人类健康的影响。

1.1.4 稀土元素的回收

钴、锂、铪、钽、镓、铂族元素等战略性高科技金属元素，特别是稀土元素，是当今世界开发高科技和环保产品的基础。但是大多数稀土元素仅分布在中国、美国和澳大利亚等少数几个国家，因此很难满足日益增长的稀土需求。图 1-1 显示了 2019 年不同国家的稀土元素产量占比情况，图 1-2 显示了 2019 年稀土元素在不同应用领域的利用概况，在工业催化剂领域利用占比较大。

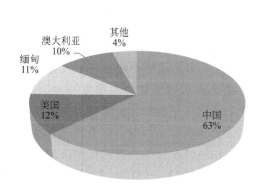

图 1-1　2019 年不同国家的
稀土元素产量占比情况

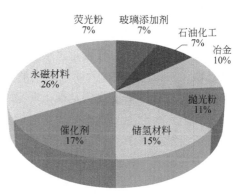

图 1-2　2019 年稀土元素在不同
应用领域的利用概况

　　Dutta 等[23]预测 2020 年以后全球稀土需求将以 5% 的年增长率增长。Graede[24]报道，根据稀土元素供应风险、环境影响和供应限制，在不久的将来，铽、镝和铒还将因为短缺而面临供应风险。与此同时，富含稀土元素的电子垃圾堆积如山，且还在全球范围内不断增加，如果这些垃圾变成可利用的资源，将有利于保护人类健康以及地球日益紧张的稀土资源。因此，许多国家认识到电子垃圾（主要是废弃电子产品）回收利用的价值。对于稀土的安全供应，本质上可以考虑两种选择：一级资源（旧矿山或新矿床、海底沉积物、煤灰等）和二级资源（电子和工业废物）。从理论上讲，电子废弃物回收可以满足很大一部分的稀土需求。全球每年大约有 5000 万吨的电子垃圾被填埋处理，但目前只有 12.5% 的电子垃圾中的金属被全部回收。除此之外，电子垃圾中含有大量的稀土元素及其他贵金属，如金、银、铂、钯和铑等，因此回收利用是传统生产稀土工艺的一个有前景的替代方式。

　　然而，稀土元素的回收利用并非易事，各个方面都面临着挑战。首先，这些元素少量存在于手机等电子产品的微小电子部件中。在一些材料中，例如触摸屏中，这些稀土元素分布均匀，使提取更加困难。稀土元素没有被大量回收，主要原因是回收产量较低，但如果回收成为必需的过程或稀土元素的价格非常高，那么稀土回收量将会被迫提高。为了应对未来稀土供应短缺问题，许多科研工作者希望从电子废物中高效经济地回收稀土。这些研究方向包括自动分解电子废料的方法，以及从中提取稀土元素的化学方法等。

其次，稀土元素的化学分离是一个巨大的挑战，也是大量回收活动难以进行的主要障碍。由于稀土元素之间的化学相似性，其分离提纯变得十分困难。为了开发稀土元素并减少其对环境的影响需要研究新的分离技术，以降低工业规模的生产中稀土分离和回收利用的成本。在这种情况下，Fang 等[25]开发了一种简单、快速、低成本的技术，帮助回收稀土混合物。他们合成了新的有机化合物[tris（2-tert-butylhydroxylaminato）benzylamine（H_3Tri-NO_x）]用于分离稀土。这项研究的中心假设是：根据稀土配合物的溶解度差异可以有效地分离稀土混合物。Schelter 和他的团队开发的方法有望通过向供应链中增加可回收稀土元素的方式来减少稀土浪费及稀土开采活动。美国能源部关键材料研究所（CMI）则开发了一种利用细菌产生酸来溶解和分离电子碎片中的稀土元素的方法，他们利用葡萄糖酸杆菌消耗糖并产生酸，这种方法更为环保。目前该研究所正在进行进一步的研究，以便将这些概念发展成具有实用性和工业上可行的回收方法。从目前的研究和迄今取得的进展来看，回收利用有望成为经济可行的稀土获得方法。

1.2
稀土元素的仪器表征

稀土元素在物理和化学上的相似性使其测定变得困难且复杂，而且如果需要在多种稀土元素的混合物中确定某一种稀土元素，困难程度会大大提高。在过去，用重量法、滴定法、分光光度法、火焰原子吸收光谱法（F-AAS）和石墨炉原子吸收光谱法（GF-AAS）等传统方法在地壳丰度水平上准确测定稀土元素是极其困难且耗时的。现在随着复杂仪器分析技术的普及，准确测定稀土元素开始变得相对简单。在目前可用的仪器方法中，中子活化分析（INAA）和高分辨率电感耦合等离子体质谱具有多元素分析能力、高灵敏度、线性范围宽、干扰度低、易于操作和准确性高等特点。此外，诸如 X 射线荧光光谱（XRF）、电感耦合等离子体发射光谱（ICP-OES）、辉光放电质谱（GD-MS）、激光诱导击穿光谱（LIBS）和最近推出的微波等离子体原子发射光谱（MP-AES）等方法在此类研究中也非常有价值。同位素稀释-热电离质谱（ID-TIMS）和火花源质谱（SSMS）等技术在过去主要用于稀土元素的测定，但由于样品制备方法繁琐、成本高，其应用受到了限制。另一方面，多集电极电感耦合等离子体质谱仪（MC-ICP-MS）与四极电感耦合等离子体质谱仪或热表面电离同位素稀释质谱法

（ID-TIMS）相比，在测定稀土元素的分析重现性方面更有优势。所有稀土元素的精度都可以达到 0.4% 以下。下面简要介绍一些重要的分析技术及其在不同应用中对稀土元素分析的实用性。

1.2.1　X射线荧光光谱

如表 1-3 所示，尽管 X 射线荧光光谱法（XRF）对稀土元素分析敏感度较低，但该技术仍是一种可靠的 $\mu g/g$ 级别的微量元素分析方法。XRF 作为一种常规的稀土元素分析技术，在准确度、速度和成本等方面与其他方法相比具有明显的优势，而它唯一的缺点就是灵敏度相对较低。根据激发、色散和检测方法的不同，可分为波长色散 X 射线荧光光谱法（WD-XRF）和能量色散 X 射线荧光光谱，这两种方法已成功地应用于地质和环境物质中稀土元素的测定。一般而言，由于该技术为稀土元素提供了较高的检测下限，所以许多测定方法都涉及分离和预浓缩步骤，以便准确测定稀土元素。例如，Juras 等[26]发展了一种能快速、灵敏地分析样品中稀土元素的方法，通过离子交换将所有稀土元素与超镁铁质岩和流纹岩中其他成分分离后，用 X 射线荧光光谱法（XRF）分析各种成分。Wu 等[27]对 XRF 分析技术在中国稀土行业中的应用进行了综述，其应用包括矿石和土壤、精矿、化合物、金属、合金及功能材料中的稀土元素分析，和分离过程中的快速在线分析等。Smolinski 等[28]已使用 WD-XRF 测定了波兰煤矿中煤燃烧灰分中 16 种稀土元素的含量。近年来，便携式 XRF 被成功应用于 La、Ce、Pr、Nd 等稀土元素的现场定量，以及 Y、Th、Nb 等元素的化学勘探研究中的稀土元素寻径仪。这些小工具在该领域极具价值，有助于迅速确定勘探、矿石品级控制和环境可持续性研究的下一步行动方向。

1.2.2　激光诱导击穿光谱

激光诱导击穿光谱（LIBS）是一种发射光谱技术，通过超短脉冲激光聚焦样品表面形成等离子体，进而对等离子体发射光谱进行分析以确定样品的物质成分及含量。超短脉冲激光聚焦后能量密度较高，可以将任何物态（固态、液态、气态）的样品激发形成等离子体，LIBS 技术（原则上）可以分析任何物态的样品，仅受到激光的功率以及检测器的灵敏度和波长范围的限制。如表 1-3 所示，大多数稀土元素的检测限在 $10 \sim 100 \mu g/g$ 之间，一般检测精度在 3%～5% 之间，而均匀材料的检测精度通常在 2% 以内。与其他技术相比，LIBS 技术有许多优点，比如它可以快速测量、可以在现场使用、不需要进行样品制备、只消耗少量样品。LIBS 最大的优点是能够在几秒钟内对不同的金属（包括稀土和非金属）进行实时识别。这一特点在从废弃电子产品中回收稀土元素的方面有特殊用途。利用 LIBS 进行固体测量的精度常常可与 XRF 相比拟,而后者也可以在现场测量固体目标中的元素。从整体精度来看,LIBS 原位分析的适用性近似于 XRF 检测。

1.2.3 仪器中子活化分析

仪器中子活化分析(INAA)是一种高灵敏度、多用途的分析技术,可用于测定多种基质中的主要元素、微量元素和痕量元素的浓度。仪器中子活化分析以一定能量和流强的中子轰击试样中元素的同位素发生核反应,通过测定产生的瞬发伽马或放射性核素衰变产生的射线能量和强度(主要是伽马射线),以进行物质中元素的定性和定量分析。并且材料的化学和物理结构不影响核反应和衰变过程,因此该技术非常受欢迎。Ravisankar 等[29]在印度泰米尔纳德邦的海滩沙中用 INAA 测定了稀土元素,以了解它们的地质化学组成。表 1-4 列出了 INAA 测定的印度洋大洋床多金属结核参考样品(2388)的稀土元素结果,并与电感耦合等离子体-飞行时间质谱仪(ICP-TOF-MS)技术所获得的数据进行了比较。由于在此之前没有这个参考样品中包含稀土元素在内的几种元素的相关数据,因此这些数据对未来稀土元素的测定将具有很高的参考价值。尽管中子活化分析技术是一种灵敏的、多元素分析技术,但它也有一定的局限性。为了进行更精确的测定,中子活化分析必须与样品基体匹配的标准物质进行校准。因此,除非参考样品与样品的基体相匹配,否则由稀土元素混合物制备的合成标准品是不合格的。表 1-5 列出了在赤道东印度洋采集的铁锰结壳(钴结壳)样品的 INAA 测试结果,通过使用 Figuelredo 和 Marques[30]所描述的过程测定稀土元素浓度,利用国际多金属结核参考样品 Nod-Al 和 Nod-P-1 进行校准。INAA 是一种非常敏感的技术,因此对于确定地质和环境材料中的稀土元素含量具有极高的价值。但因为某些元素的检测需要较长的冷却时间,INAA 仍不是一种主流的分析技术。

表 1-4　INAA、ICP-OES、ICP-MS、ICP-TOF-MS 对印度多金属结核参比样品 2388 中稀土元素的测定浓度比较　　　　单位:μg/g

元素	INAA	ICP-OES	ICP-MS	ICP-TOF-MS
La	194±4	223.27	187.70	203.31
Ce	798±24	851.68	806.68	841.26
Nd	144±5	243.60	182.40	212.00
Sm	45.0±0.9	—	43.80	48.48
Eu	12.4±0.4	13.32	10.43	9.99

元素	INAA	ICP-OES	ICP-MS	ICP-TOF-MS
Gd	—	43.65	44.52	45.22
Tb	7.9±1.1	7.26	7.42	8.18
Dy	—		40.20	42.32
Ho	—		7.31	7.80
Er	—	22.10	19.81	18.61
Tm	—		2.91	2.95
Yb	16.0±1.3	18.7	17.85	17.60
Lu	2.1±0.2	3.75	3.13	2.96
Y	—	113.10	107.1	133.83
Sc	10.6±0.5	9.80	11.1	—

表 1-5　从赤道东印度洋的 the Afanasy Niktin Seamoun（ANS）
采集的铁锰结壳（钴结壳）样品中稀土元素的浓度　　　单位：$\mu g/g$

元素	CC2-ADR24 锰铁结壳	CC2-ADR25 锰铁结壳	CC1-DR-12 锰铁结壳
La	217±3	189±3	236±5
Ce	1163±34	1186±35	1041±31
Nd	232±8	122±5	185±6
Sm	35.4±0.7	27.0±5	39.0±0.8
Eu	8.5±0.3	6.4±0.2	9.2±0.2
Tb	6.8±0.8	4.7±0.6	6.5±0.7
Yb	17.3±1.5	15.5±1.3	19±2
Lu	2.4±0.2	2.1±0.2	2.5±0.2
Sc	8.8±0.4	9.0±0.4	11.0±0.5

1.2.4　电感耦合等离子体发射光谱

电感耦合等离子体发射光谱法（ICP-OES）是一种多元素分析技术，用于准确测定各种材料中主要元素、微量元素和痕量元素的含量。在等离子体中，样品先经过去溶剂化、蒸发、雾化和电离等步骤，然后原子和离子从等离子体中吸收能量，使其内部的电子从一个能级跃迁到另一个能级。电子回到基态，每种元素都会发出特定波长的光。然后将测量的发射强度与已知浓度的标准物质的强度进行对比，就可以获得未知样品中各种元素的浓度。该技术具有高灵敏度和超宽的线性动态范围，可同时测定多达 60 种元素，这可能是 ICP-OES 的最突出的特征。Bentlin 和 Pozebon[31] 在选择最合适的光谱线后，直接通过 ICP-OES 测定了 14 种天然含镧物质中镧系元素的浓度。但是由于部分地质材料中的稀土元素会遇到一些光谱干扰，因此在通过 ICP-OES 测定稀土元素之前必须采取分离和预浓缩步骤。在样品中稀土元素浓度较大的情况下，由于稀土元素发射出的谱线十分丰富，所以利用 ICP-OES 法准确测定稀土元素和其他微量元素十分困难。Chausseau 等[32] 利用高分辨率 ICP-OES 对氧化铈、氧化钇和 NdFeB 磁性材料基体进行分析，获得了较准确的结果。一般来说，由于光谱的复杂性和不同类型天然材料中相对较低的稀土元素浓度，需要在样品溶解后通过离子交换分离稀土元素，然后由 ICP-OES 进行分析，这使得该技术的测定效率较低。Clarice 等[33] 利用 ICP-OES 测定了地质和农业材料中的稀土元素，从中获取了地球的化学形成历史、植物营养状况、补充需求和可能的污染信息。

1.2.5　微波等离子体原子发射光谱

2011 年另一种分析技术——微波等离子体原子发射光谱（MP-AES）的推出为稀土元素 ICP-OES 的测定提供了一个替代方案。MP-AES 系统采用了一种利用氮气产生高温微波等离子体炬的设计。MP-AES 对于许多稀土元素的检测限在 μg/g 范围内，可以检测几种不同的地质和环境基质（包括工业废水、水、沉积物、土壤、岩石和矿石）。Helmeczi 等[34] 开发了一种快速溶解稀土矿石的新方法，并通过 MP-AES 和动态反应池 ICP-MS 测定稀土元素。MP-AES 法测定的稀土元素结果与电感耦合等离子体质谱法测定的结果一致。目前，MP-AES 是一种具有分析多种地质和环境材料中无机物潜力的技术，因为与火焰原子吸收光谱法和电感耦合等离子体发射光谱法等技术相比，MP-AES 具有许多明显的优势。而且，考虑到 MP-AES 和传统 ICP-OES 样品导入系统的相似性，已经测试的 ICP-OES 样品预浓缩和导入策略将同样适用于 MP-AES，这将使 MP-AES 成本更低，可以在未来成为具有吸引力的替代技术。

1.2.6　电感耦合等离子体质谱

电感耦合等离子体质谱（ICP-MS）因其操作简单、灵敏度高、干扰小、精密度和准确度较高的优点在现代分析实验室中占有非常重要的地位。在 ICP-MS 以及 XRF 和 ICP-OES 等技术出现之前，地质样品中稀土元素的测定一直是一项困难且昂贵的工作，一般通过沉淀、溶剂萃取和离子交换等耗时的方法来分离稀土元素。按照样品的处理和冷却要求，即便是采用 INAA 法来测定稀土元素也很慢。但是，ICP与四极质谱仪的成功连接为分析员提供了最有价值的、作为补充的元素分析技术。ICP光源将样品中元素的原子转化为离子，样品通常以溶液形式通过雾化器和喷雾室后以气溶胶的形式到达等离子体中。除溶液雾化外，其他不同类型的样品引入系统（例如激光烧蚀和不同的色谱技术）也可以与仪器耦合，因此ICP-MS具有直接分析固体样品和连接特定分析仪器的能力。在等离子体源提供的高温下，包括高电离能元素在内的大多数元素几乎都可以完全原子化和电离。产生的一部分离子随后被质谱仪分离和检测，并根据核质比进行分析。

在过去的几十年中，ICP-MS已成为快速多元素分析的有力工具。极低的检测限（如表1-4所示）、样品处理量快、所需样品少、元素含量广（主要、少量、痕量和超痕量元素）以及同位素检测能力，使得ICP-MS成为分析各种材料的优秀分析技术。在过去很长的时间里，世界各地的研究人员已经通过使用电感耦合等离子体质谱测定了不同类型材料中的稀土元素，得到了不同材料的高精度稀土元素数据。如图1-3所示，ICP-MS（包括高分辨率电感耦合等离子体质谱仪）技术相较于INAA、ICP-OES、XRF和UV-Vis分光光度计等其他分析技术，在准确

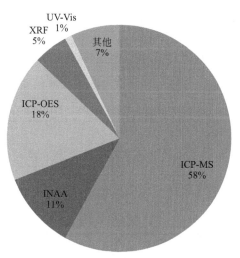

图1-3　不同分析技术在稀土
元素测定中的应用

测定不同类型材料中稀土元素方面得到了更广泛的应用。

　　表1-6显示了使用不同仪器分析技术（包括ICP-MS）测得的美国地质勘探局锰结核标准材料Nod-a-1和Nod-P-1中稀土元素浓度（$\mu g/g$）的比较。电感耦合等离子体-飞行时间质谱仪（ICP-TOF-MS）的发展将最近的微量元素分析带到了另一个维度。ICP-TOF-MS提供极高的数据采集速度和较高的离子传输速度以及对所有离子碎片几乎能同时测量，从而比四极杆ICP-MS有更好的检测限（如表1-3所示）。由于HR-ICP-MS具有极高的灵敏度和解决多种光谱干扰的能力，因此HR-ICP-MS在诸多形式的ICP-MS中具有相对的优势（表1-4）。HR-ICP-MS可以进行痕量或超痕量金属分析和同位素比值测量。该仪器可以在解决大多数复杂干扰的同时在高分辨率模式下使用，并且可以在检测限制少的较低分辨率下使用。当前的HR-ICP-MS仪器具有高达10000的分辨能力，并且通常会在低、中、高的预设分辨率设置下运行，这是当今可用于无机分析的最灵敏的分析技术。

表 1-6　美国地质勘探局锰结核标准物质 NOD-A-1 和 NOD-P-1 中

稀土元素含量的不同仪器分析技术比较　　　　单位：$\mu g/g$

元素	NOD-A-1(采集自大西洋)				NOD-P-1(采集自太平洋)				
	ICP-MS	ICP-OES	INAA	SSMS	ICP-MS	ICP-OES	ICP-OES	INAA	SSMS
La	115	112	133	130	105	103	107	120	82
Ce	656	676	668	>300	318	288	296	289	280
Pr	21.7	—	—	23.0	27.5	—	—	—	27.0
Nd	94	105	85.3	94	114	135	143	113	110
Sm	20.4	24.7	20.9	21.0	27.2	33.8	35.3	30.4	28.0
Eu	5.81	6.10	4.48	4.80	7.44	7.75	9.04	6.57	6.80
Gd	34.3	23.6	26.5	22.0	33.8	27.0	32.5	29.4	24.0
Tb	4.20	—	—	3.80	4.53	—	—	—	4.20
Dy	25.80	22.40	—	22.0	25.99	29.20	27.00	—	25.00
Ho	5.09	4.70	—	5.30	4.73	5.13	4.93	—	5.10
Er	15.6	14.4	—	15.0	13.3	15.2	13.4	—	13.0
Tm	2.19	—	—	—	1.72	—	—	—	—
Yb	15.40	11.80	16.30	13.50	13.26	12.30	11.50	13.8	13.00
Lu	2.21	1.92	2.16	—	1.75	1.89	1.66	1.85	—

　　多收集器 ICP-MS（MC-ICP-MS）系统结合了等离子体源（ICP）、能量过滤器、磁扇形分析仪和多个收集器同时测量不同的同位素。这个高效的分析技术测量了美国地质勘探局锰结核标准物质 Nod-A-1 和 Nod-P-1 中 REE 浓度（$\mu g/g$）的精确同位素比值，这使我们对地球及地球以外的地质、生物和物理过程的分析与理解有了重大进步。这项技术可能是目前精确测定稀土元素和同位素比值的最为高效的技术。MC-ICP-MS 可以快速地重现地质材料中所有稀土元素的数据，除此之外，使用同位素稀释 MC-ICP-MS 还可以获得极其精确的稀土元素数据。

1.2.7　辉光放电质谱

　　像大多数质谱技术一样，辉光放电质谱（GD-MS）也已成为一种成熟的分析工具，应用于较宽的动态范围内分析地质冶金和半导体材料（导电和非导电）的主要、痕量和超痕量成分，其应用范围跨越多个学科。第一台商用 GD-MS 于1985 年建造。如表 1-3 所示，GD-MS 对各种稀土元素的检测限度低于 $\mu g/g$ 水平，这项技术在检查单个稀土氧化物的纯度方面具有很高的应用价值。

1.2.8　原位分析技术

固体样品中元素浓度的直接微观分析已成为分析科学发展的一个极具吸引力的前沿领域。Gray[35]首次论证了利用激光烧蚀取样（LA-ICP-MS），并通过 ICP-MS 直接分析固体颗粒的可行性，简称为 LA-ICP-MS。与用于样品整体分析的溶液雾化 ICP-MS 相比，LA-ICP-MS 分析具有许多优点，例如氧化物和氢氧化物的干扰水平较低、样品制备过程更简单、分析速度更快且成本低。而且，为 XRF 分析准备的样品也可以通过 LA-ICP-MS 测定主要、少量元素和一些选定的包括稀土元素在内的微量元素。John 等[36]开发了一种利用 LA-ICP-MS 在岩石熔融玻璃上分析稀土元素和其他一些元素的快速分析方法。在一项研究中，Tanaka 等[37]使用 LA-ICP-MS 测定了碳酸盐样品中的稀土元素浓度，以 NIST 玻璃和掺有稀土合成碳酸钙为校准标准，研究了基质对 ICP-MS 分析的影响，发现基质对 LA-ICP-MS 分析的影响相对较小。Liu 等[38]对 LA-ICP-MS 在地质样品中主要、少量元素和包括稀土元素在内的几种微量元素分析中的应用进行了很好的综述。二次离子质谱（SIMS）或离子微探针是分析地质材料中稀土元素的最佳技术之一。基于一次离子与样品表面的互相作用可以得到二次离子质谱。带有几千电子伏特能量的一次离子轰击样品表面，在轰击的区域引发一系列物理及化学过程，包括一次离子散射及表面原子、原子团、正负离子的溅射和表面化学反应等，产生二次离子，这些带电粒子经过质量分析后得到关于样品表面信息的质谱，简称二次离子质谱。以上这些仪器能够进行同位素比值分析和亚 $\mu g/g$ 元素分析，具有极高的空间分辨率。SIMS 的空间分辨率（5～10mm）优于 LA-ICP-MS（一般大于 10mm）。然而，与 LA-ICP-MS 相比，SIMS 是一种速度较慢且更为复杂的分析技术。类似的、高度复杂的分析工具——高分辨率离子探针（SHRIMP）的特殊分辨率为 $25\mu m$，主要用于高精度同位素比值的测定，还可用于测定稀土元素在玻璃中的分布情况。

1.3　稀土材料的催化应用简介

1.3.1　石油化学工业的催化裂化应用

催化裂化（FCC）是石油加工的重要过程，国外 1/3 以上的汽油来自催化裂化，国内成品汽油的 80% 和成品柴油的 35% 均来自催化裂化。而实现催化裂化的基本条件是高温和适当的催化剂。分子筛具有较大比表面积、复杂的孔道结构和形状选择性等优点，因此被作为催化剂广泛地应用于催化裂化、加氢裂化、异构化、芳构化和烷基化等过程中，从而产生了巨大的经济和社会效益。早在 20世纪 60 年代，由于 Y 沸石拥有较高的硅铝比，而且其在高温下既更活泼又更稳定，因此 Y 沸石在高温催化裂化过程逐渐取代了非晶态硅-氧化铝，从而使汽油产率提高了 10% 以上，这被称为炼油工业的革命。

在分子筛中引入稀土（RE）可以调节催化剂的酸性和孔径分布。根据稀土离子的种类、交换量和引入方式的不同，可对分子筛的酸位的数量、强度分布等进行调节，从而调变催化剂的性能。稀土 Y 型分子筛催化裂化催化剂（RE-Y）的 Brønsted 酸量与它高稀土含量有关，这是由于在分子筛空腔中 RE^{3+} 经过水解反应生成 $[REOH]^{2+}$ 和 H^+。例如，在稀土 Y 型分子筛催化裂化催化剂中约有 17% 的 RE_2O_3，而在稀土超稳 Y 型分子筛催化裂化催化剂（RE-USY）中有 6%～7% 的 RE_2O_3，在超稳分子筛催化剂中则没有稀土，因此稀土 Y 型分子筛催化裂化催化剂表现出更高的催化裂化活性。

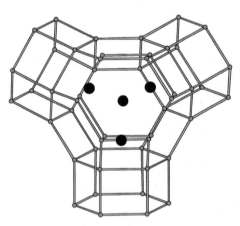

图 1-4 　RE^{3+} 在 RE-Y 沸石 β 笼内的分布

催化裂化催化剂一般用于石油工业的高温和水热环境，而这些环境条件通常导致催化剂结晶度下降、骨架铝脱除，最终导致分子筛结构坍塌，分子筛基催化裂化催化剂失活。在分子筛中引入稀土材料可维持铝骨架并提高分子筛结构的稳定性。如图 1-4所示，La^{3+} 已经取代了 Y 型分子筛中的 Na^+ 或 H^+，位于 β 笼内[39]。从而稳定了 Y 型分子筛骨架，提高了水热稳定性。

为了生产无铅汽油，低稀土含量的超稳 Y 型分子筛催化裂化催化剂已经取代了高稀土含量的稀土 Y 型分子筛催化裂化催化剂。但催化裂化汽油中的烯烃含量较高（约 40%～45%），不符合当前全球清洁燃料发展的要求，因此人们开始寻找能够降低汽油中的烯烃含量的催化剂，于是在沸石晶体中引入微孔之外的次生孔隙成为了一个重要的研究热点，这就是分级沸石的合成。其中，ZSM-5 沸石是分级沸石的一种，是高硅沸石中最重要的催化剂之一。与 Y 型分子筛相比，ZSM-5 型分子筛具有较小的孔径，能使汽油中的烯烃有选择地裂解为 C_3 和 C_4 烯烃。这在增加 FCC 汽油中的丙烯含量同时，也伴随着烯烃含量的降低[40]。在 ZSM-5 分子筛中引入稀土可以有效地调节酸中心的数量和强度分布，以减少 FCC 汽油中的烯烃含量。例如，La 改性的 ZSM-5 分子筛比 ZSM-5 分子筛具有更多的强酸性中心。在 FCC 汽油的裂化反应中应用 La 改性 ZSM-5 分子筛，烯烃转化率和丙烯选择性增加，在 550℃常压和蒸汽条件下，烯烃转化率为 74.3%，烯烃质量分数为 18.2%，丙烯选择性为 45.9%[41]。同样，在使用分子筛涂层的大块催化剂对石脑油的后期处理中，通过离子交换或沉淀法将稀土材料引入 ZSM-5 分子筛，可以促进石脑油中烯烃的转化，提高丙烯的选择性，得到的气相产物主要由近 60% 的丙烯和 C_4 烯烃组成，丙烯收率约为 31%，而石脑油中的烯烃含量可降低至 15%[42]。

稀土元素（如镧）主要用于裂化催化剂，以将原油提炼成汽油、馏分油、轻质石油产品和其他燃料。除此之外，稀土元素还可以消除汽油中的铅元素、增强 FCC 催化剂的水热稳定性、提高沸石催化剂的酸位的活性从而提高汽油产量。稀土材料也可以作为许多催化剂的主要活性组分。例如采用 Ce-AlPO-5 分子筛催化剂，对无溶剂的环己烷催化氧化制环己酮和环己醇具有很高的活性和选择性，催化剂经 5 次重复使用后仍保持良好的催化活性[43]。

1.3.2 天然气和煤炭的催化燃烧应用

催化燃烧作为一种较为环保的燃烧过程，越来越受到人们的关注。催化燃烧是在催化剂的作用下，使燃料与空气在催化剂表面进行非均相的氧化反应。与传统的火焰燃烧相比，催化燃烧具有以下优点：

① 起燃温度低，燃烧稳定；
② 在较大的油/气比范围内燃烧稳定；
③ 燃烧效率高；
④ 污染物排放少。

高活性耐高温氧化催化剂的开发是催化燃烧技术的关键。

天然气的催化燃烧一直是与天然气、液化石油气和煤气有关的最受关注的领域。天然气燃烧催化剂主要有以下三种：

① 负载型贵金属（Pt、Pd）催化剂；
② 过渡金属（Ni、Co、Cu 和 Fe）催化剂；
③ 复合氧化物催化剂（含稀土元素的钙钛矿、尖晶石和六铝酸盐）。

其中贵金属催化剂具有其他催化剂不可比拟的高活性，特别是钯（Pd），被称为是天然气催化燃烧的最佳催化剂。Pd·CeO_2/Al_2O_3 核壳催化剂在减少 Pd 和二氧化铈（CeO_2）用量的同时为甲烷的催化燃烧提供了极高的活性，其在空速为 200000mL/(g·h)、400℃、0.5% CH_4 和 2.0% O_2（均为体积分数）的 Ar 气流中可以将 CH_4 完全转化。在甲烷催化燃烧反应中，载体的种类、性质、载体与 Pd 之间的相互作用等对反应性能有很大的影响。虽然贵金属催化剂具有高催化活性，但贵金属在高温环境下会发生烧结和蒸发流失从而导致催化活性降低甚至失活，而且价格昂贵。氧化物载体上分散 PdO 催化剂表现出较高的甲烷燃烧活性，但 PdO 颗粒会在高温（700℃以上）环境下被还原成金属 Pd，导致 PdO 催化剂失活。避免金属 Pd 形成的一种方法是将钯分散在 CeO_2 等可还原载体上。Hoflund 等[44]测试了 CeO_2 对 Pd/CeO_2 催化剂对甲烷燃烧活性的影响，得到了 Pd/纳米晶 CeO_2＞纳米晶 CeO_2＞Pd/多晶 CeO_2 的反应活性顺序。此外，在 CeO_2 中加入低价金属离子可以提高氧空位浓度和迁移率，有助于提高催化燃烧的活性。研究表明在 Pd/Al_2O_3 催化剂中由于 PdO/Pd 之间的相互转化会导致甲烷燃烧反应性能的不稳定，而引入 CeO_2 可抑制 PdO/Pd 之间的相互转化，因为 CeO_2 具有储释氧性能[45]。

尽管负载型贵金属催化剂对甲烷的催化燃烧具有较高的活性，但由于贵金属的烧结或蒸发，它们会在高温下逐渐失活。相比之下，氧化物催化剂表现出优越的热稳定性，越来越受到人们的关注。

六铝酸盐具有良好的结构稳定性，利用一些可变价态的过渡金属离子取代六铝酸盐（$A_{1-x}A^*{}_xB_xAl_{12-x}O_{19}$）中的 A 位和 B 位，可在保持体系热稳定性的同时，提高其催化氧化活性。Zarur 和 Ying[46]采用反相微乳法制备了六铝酸钡（BHA）纳米颗粒，由于其具有较高的比表面积和较高的热稳定性，表现出良好的甲烷燃烧活性。在 CeO_2-BHA 纳米复合催化剂上，CH_4 可以在大约 400℃的低温、60000h^{-1} 的高空速中起燃。与传统制备方法相比，尿素燃烧法可以降低 $La_xSr_{1-x}MnAl_{11}O_{19}$（$x=0.2\sim0.8$）六铝酸盐的制备温度和时间，从而使其在甲烷燃烧反应中具有更高的比表面积和更高的活性。

钙钛矿材料（ABO_3）因其优异的热稳定性，成为甲烷燃烧的另一种重要催化剂。其离子半径不同会产生不同的氧缺陷或空位，通过部分掺杂或替代 A 离子或 B 离子，可提高 ABO_3 催化活性。其中最具代表性的有 $LaMnO_3$ 和 $LaCoO_3$。由于钙钛矿结构的氧化物通常在高温下制备，其比表面积较低（$\leqslant 10m^2/g$），这对其活性造成了影响，且限制了其应用。据报道，在一定范围的比表面积内，钙钛矿对甲烷催化燃烧的活性与比表面积线性相关。增加钙钛矿结构氧化物的比表面积以提高其对甲烷燃烧的催化活性是当下的研究热点。

一种方法是通过设计特定的合成方法来增加甲烷燃烧的比表面积和催化活性。例如，以有序介孔立方乙烯基二氧化硅为模板，采用纳米铸造法合成了比表面积为 $96.7m^2/g$ 的有序介孔 $LaCoO_3$ 钙钛矿[47]。与常规的 $LaCoO_3$ 钙钛矿相比，这种单钙钛矿具有更高的甲烷燃烧活性。起燃温度（T_{10}）和半转换温度（T_{50}）分别为 335℃和 470℃。此外，与共沉淀法制备的纳米颗粒相比，水热法制备的 $La_{0.5}Ba_{0.5}MnO_3$ 纳米立方体在甲烷燃烧中也表现出更高的催化活性和更好的稳定性[48]。在甲烷燃烧反应条件下，在560℃环境中运行50h后，纳米颗粒的比表面积会显著减小，但纳米立方体仍能很好地保持其比表面积。

另一种方法是将钙钛矿氧化物负载在表面积大的载体（如Al_2O_3、SiO_2、ZrO_2等）。Cimino等[49]使用沉积沉淀法将$LaMnO_3$钙钛矿活性组分负载于La/Al_2O_3涂覆的堇青石载体上，在800~1000℃条件下，反应120h后仍然能够保持稳定性和较高的活性。Yi等[50]通过新型微波辅助工艺在介孔SBA-15二氧化硅的主孔隙中制备了结晶$LaCoO_3$钙钛矿颗粒。与常规方法制备的$LaCoO_3$/SBA-15样品相比，该样品在甲烷燃烧中表现出了相当高的催化活性，这是因为在微波辅助过程中合成的$LaCoO_3$纳米晶体具有大比表面积和较多晶格缺陷。

1.3.3 汽车尾气的催化净化应用

近年来，全球汽车工业发展迅速，汽车尾气排放增加了大气污染物的含量。减少机动车尾气排放和安装催化转换器是控制和净化汽车尾气最有效的方法。因此，开发高性能的三效催化剂以满足更严格的排放标准具有重要意义。

汽车尾气的组成取决于使用的燃料（如汽油、柴油、液化石油气和压缩天然气）。在柴油排放控制方面，处理颗粒物和NO_x比处理CO和碳氢化合物（HC）更难。当使用压缩天然气或液化石油气作为燃料时，尽管CO和HC的排放远低于普通汽车汽油，但不能解决NO_x的排放问题。对于贫燃汽油机的尾气排放处理，主要困难是在富氧条件下的NO_x选择性还原。

根据发展现状，研发汽车尾气净化催化剂面临的挑战如下：①在大范围的空燃比（A/F）下，特别是富氧条件下，提高对NO_x还原的选择性；②降低起燃温度，减少冷启动过程中的污染物排放，并为此开发了用于紧密耦合和HC吸附的催化剂；③提高催化剂的耐久性和高温稳定性，如Nishihata等[51]在钙钛矿型复合氧化物中引入贵金属制备的$LaFe_{0.57}Co_{0.38}Pd_{0.05}O_3$显示了很高的热稳定性。

汽车尾气处理中使用的三效催化剂由三部分组成：催化剂载体（堇青石蜂窝状载体、金属载体）、活性涂层（也称第二载体，主要由Al_2O_3、BaO、CeO_2和ZrO_2组成）和活性组分（Pd、Pt、Rh）。自1971年Libby开发含稀土材料的汽车尾气净化催化剂以来，稀土氧化物在汽车尾气净化催化剂中得到了广泛的应用。目前研究最多的为CeO_2-ZrO_2固溶体，大量的研究表明，铈锆固溶体可起到增强催化剂的储/释氧能力、扩大操作窗口、改善高比表面涂层的热稳定性、提高贵金属组分的分散度、增强其抗中毒性和延长其使用寿命等作用。

铈锆固溶体的储氧能力由总储氧能力和动态储氧能力两部分组成。迄今为止，人们更多地进行铈锆固溶体总储氧容量及其影响因素的研究。一般认为，结构均匀性和预处理条件对铈锆固溶体的总储氧能力有显著影响。相比之下，有关铈锆固溶体动态储/释氧性能影响因素的研究相对较少。Dong 等[52]结合 $^{18}O/^{16}O$ 同位素交换和 CO 氧化，研究了制备方法对 Pt/CeO_2-ZrO_2 动态释放氧速率和储氧能力的影响。Kašpar 等[53]采用 CO-He 脉冲和 CO-O_2 脉冲方法研究了 $Ce_{0.67}Zr_{0.33}O_2$ 经氧化还原和水热处理后的动态储氧能力，发现其动态储氧能力与相同组分的铈锆固溶体比表面积密切相关[54]。稳定性是影响铈锆固溶体性能的另一个主要因素。为了提高铈锆固溶体的稳定性和储氧能力，铈锆固溶体常与其他组分一起制备成三组分或四组分 CeO_2 基储氧材料，例如，由 Engelhard 和 Delphi 公司开发的含有 La/Pr/Nd/Y/Sm 的铈锆固溶体和由丰田公司开发的含有 Al_2O_3 的铈锆固溶体。

目前的研究表明，CeO_2 在 400℃ 以下具有良好的 NO_x 储存能力，拓宽了 NO_x 储存还原（NSR）催化剂净化贫燃发动机排放 NO_x 的温度范围。随后，以 CeO_2 或含 Ce 复合氧化物为载体催化剂受到了广泛的关注。Piacentini 等[55]研究了负载在 Al_2O_3、CeO_2、SiO_2 和 ZrO_2 上的 Pt-Ba 催化剂。因为 CeO_2 和 ZrO_2 上负载的 Pt-Ba 催化剂具有稳定碳酸盐的能力，所以 Pt-Ba 催化剂具有很高的催化性能。Ce-Zr 复合氧化物还具有较好的热稳定性，因此通常也用作 NSR 催化剂载体。另一方面，NO 氧化成 NO_2 是 NSR 中的一个重要步骤，因为在吸附到 NSR 催化剂存储部分之前，必须先将 NO 氧化成 NO_2。最近，Kim 等[56]采用柠檬酸盐法制备了一系列钙钛矿催化剂，包括 $La_{1-x}Sr_xCoO_3$ 和 $La_{1-x}Sr_xMnO_3$ 催化剂。$LaCoO_3$ 和 $LaMnO_3$ 催化剂对 NO 氧化具有很高的催化活性，$LaCoO_3$ 比 $LaMnO_3$ 更具活性。$LaCoO_3$ 的催化活性还可以用 Sr 部分取代 La 得到进一步的提高，在 300℃ 时 NO 转化率为 86%，这比商用 Pt 基催化剂的活性更高。

1.3.4 工业废气的催化净化应用

除汽车尾气排放外，工业过程中产生的 SO_x、NO_x 和挥发性有机化合物（VOCs）是主要的大气污染物。解决排放问题的关键是发展经济、高效的净化技术，其中催化净化是最有效的方法。

根据脱硫剂形态的不同，可将烟气脱硫技术分为干法、半干法和湿法三种。由于湿法烟气脱硫的限制，近年来干法烟气脱硫研究及开发得到迅速发展。稀土氧化物作为吸收剂或催化剂的干法脱硫研究受到普遍关注。稀土氧化物是非常有应用前景的吸收剂，如 CeO_2/Al_2O_3 用于同时去除烟气中的 SO_2 和 NO_x，脱硫脱硝效率均高于 90%。催化氧化脱硫中，CeO_2 将 SO_2 氧化为 SO_3，吸附 SO_x 生成硫酸盐，然后经还原和克劳斯反应转化为单质硫。同时含 La 或者 Ce 元素的钙钛矿型、萤石型的稀土复合氧化物在烟气催化还原脱硫方面也显示良好的应用前景。

目前 NO_x 的控制技术可分为两大类：第一类是在燃料燃烧前后进行脱硝处理，如燃料脱硝处理、低 NO_x 燃烧技术、分段燃烧技术等；第二类是对燃烧后产生的烟气进行脱硝处理技术，如选择性催化还原技术（selective catalytic reduction，SCR）、选择性非催化还原技术（selective non-catalytic reduction，SNCR）、活性炭吸附技术、等离子体技术等。其中 SCR 技术最为成熟，其脱硝效率高达 70%～90% 且操作温度较选择性非催化还原技术更低，已成为目前工业上应用范围最广的烟气脱硝技术。另一方面，稀土氧化物（主要是 CeO_2）具有优异的储/释氧能力、良好氧化还原性能以及适当的表面酸度，在 SCR 催化剂中具有广泛的应用前景。已有研究表明，CeO_2 或铈基复合氧化物可作为 SCR 催化剂表面负载组分、载体组分甚至催化活性组分，以改善催化剂的催化性能，提高催化效率。此外，燃烧烟气中常含有水蒸气、SO_2、碱（土）金属元素等可引起 SCR 催化剂表面活性位点堵塞致使催化活性下降甚至失活的有害物质，极大程度地限制了催化剂的工业应用。而稀土基催化剂在 SCR 中表现出良好的抗中毒性，如 TiO_2/CeO_2 催化剂在 $200\mu g/g$ SO_2 或/和 $300℃$、5% H_2O（体积分数）条件仍保持着较高的 NO 转化率。另外，通过引入第三金属改性、增大催化剂活性组分的酸位点数量和强度、制备酸化催化剂等方式可有效提高稀土基催化剂抗碱金属中毒能力，如经 Co 改性的 K 金属中毒的 $Mn/Ce-ZrO_2$ 催化剂比未改性时在 $240℃$ 下 NO 转换率提高了 50%。

VOCs 催化氧化技术操作温度低、净化效率高、无二次污染物，被认为是最有效的和最有应用前景的 VOCs 净化技术。目前的研究主要集中在：①苯、甲苯和二甲苯；②挥发性含氯有机废气；③萘和蒽等多环芳烃（PAHs）。

稀土元素（主要是稀土氧化物）在工业有机废气催化燃烧催化剂中发挥着重要作用。现有研究证明，稀土元素可作为活性组分、催化剂助剂或载体存在于催化剂中，从而提高催化剂的热稳定性、反应活性和使用寿命等，特别是用于传统贵金属催化剂中，可减少贵金属用量以降低催化剂成本；提高载体热稳定性以延长催化剂使用寿命；提高催化剂活性组分分散程度以增强催化剂反应活性等。同时，含有稀土氧化物的催化剂在氯代烃类有机污染物的催化净化方面表现出优异的活性，包括蒸气中氯代有机物的催化分解和低温下三氯乙烯的催化燃烧。已有研究证实 CeO_2 对低分子量的氯代脂肪烃和氯代芳香烃的催化燃烧具有很高的催化活性，但是由于含氯有机废气在 CeO_2 表面上分解产生的 HCl 或 Cl_2 的强烈吸附以及对活性位点的封闭，其活性会迅速降低。目前用于含氯有机废气催化燃烧的催化剂包含贵金属、过渡金属氧化物和固体酸催化剂，而过渡金属氧化物催化剂通常可以抵抗氯中毒引起的失活。因此，通过在 CeO_2 中掺杂过渡金属氧化物形成铈基复合氧化物催化剂，从而增强 CeO_2 在含氯有机废气催化燃烧中的反应活性，已成为了目前研究的热点。例如，由溶胶-凝胶法制备的 $MnCeO_x$ 混合氧化物在氯苯的催化燃烧中表现出了较高的催化活性和稳定性[57]。$MnCeO_x$ 催化剂的催化活性和稳定性与 $MnCeO_x$ 固溶体的粒径有关，$MnCeO_x$ 固溶体具有类似萤石的结构，具有大量的表面氧，能够充分提供氧化反应，最终去除形成的氯。将 La 加入 $MnCeO_x$ 固溶体后，$MnCeO_x$ 的稳定性进一步提高，因为 La 提高了氧的迁移率，可以去除吸附的氯。

1.3.5　光催化应用

自 1972 年 Fujishima 等[58]报道 TiO_2 电极光分解水以来，多相光催化技术受到了人们的普遍重视。光催化虽然在贵金属回收、化学合成等方面也有应用，但最为人们关注的仍然是在分解水制氢和去除环境污染物中的应用。在光催化剂中，将稀土材料与 TiO_2 结合可以有效地将光吸收范围从紫外光扩展到可见光区域，促进了 TiO_2 在室内昏暗和可见光条件下的有效应用。无论何种光催化体系，稀土元素都以其特有的性质，发挥着重要的作用，它们不仅能够显著提升传统的 TiO_2 基光催化剂的性能，而且通过掺杂已经构造出了 $CeTiO_4$ 和 R_3NbO_7 （R＝Y、Yb、Gd 或 La）等新型光催化剂。深入研究稀土元素在光催化剂中的作用机制，对指导相关材料的设计与制备、拓展稀土元素的应用范围等，有着重要的理论和实际意义。

稀土元素具有丰富的能级和 4f 电子跃迁特性，易产生多电子组态，有着特殊的光学性质，其氧化物也具有晶型多、吸附选择性强、导电性和热稳定性好等特点，在 TiO_2 改性和构造新型光催化剂体系方面，正得到人们越来越多的重视。研究表明，某些稀土氧化物本身也有希望作为光催化剂使用，Chung 等[59]发现 CeO_2 能够光催化分解水产生 H_2，且负载一定量的铯后，活性能够明显提升，Bamwenda 等[60]则证实 CeO_2 的光吸收带边位于 420nm（对应于 2.95eV 的禁带宽度），能够在 Xe 灯照射下光催化分解水产生 O_2。目前稀土元素主要还是与其他金属元素一同参与构成光催化剂体系，主要包括：

① 对 TiO_2 等进行稀土离子掺杂；

② 稀土氧化物与 TiO_2 等材料进行复合；

③ 在稀土元素的参与下构造出非 TiO_2 基的新型光催化剂。

除 TiO_2 型光催化剂外，许多其他类型的光催化剂也是稀土改性的应用领域。相对于可见光催化活性较低的 TiO_2，许多新型的光催化剂在紫外光区和可见光区均具有较高的催化活性，但是因为光量子效率较低、对长波长的光缺少吸收能力、循环利用效率低等缺点，其应用受到了一定程度的限制。因此，利用稀土改性以获得可见光效率高、光量子效率高、循环利用效率好的光催化剂，是一个较重要的研究方向。

1.3.6 电催化应用

现在世界各国现代化工业发展迅猛，提高各种电催化剂的催化活性对于实现电能和化学能之间的有效转换，实现可持续发展具有重要意义。近年来，利用外来元素对过渡金属基电催化剂的改性正在迅速发展，而稀土元素因其特殊的结构特征在各种元素中尤其受关注。稀土元素被用于调节和提高各种过渡金属基电催化剂的催化性能，推动了电催化技术的发展，在电催化领域得到了越来越多的关注。虽然稀土电催化剂在设计、结构优化、机理研究和技术应用方面还存在着挑战，但在纳米科学和纳米技术的发展和帮助下，使得稀土电催化剂在各种电催化技术中都得到了广泛应用，其中包括析氢反应（HER）、析氧反应（OER）、氧还原反应（ORR）、甲醇氧化反应（MOR）和其他反应。

在 HER 反应中人们研究 $LaNi_5$ 和 $MmNi_5$，发现他们在碱性溶液中表现出比纯镍更好的电催化产氢性能。其次人们通过掺杂 Ce 离子和与 CeO_2 合成复合材料的方法来提高电催化剂的 HER 性能。除 Ce 基元素外，其他稀土元素对 HER 的催化活性也有促进作用。

OER 是一个比较迟缓和复杂的半反应。可通过掺杂稀土元素使得 OER 活性提高，如在过渡金属基电催化剂中掺杂 Ce 离子是调节其 OER 性能的一种可行途径。另外，CeO_2 的加入不仅提高了催化剂的活性，而且能够维持催化剂的长期稳定，CeO_2 能保护金属和合金免受腐蚀。CeO_2 与其他过渡金属电催化剂主体之间的相互作用对 OER 活性的促进作用已经得到了广泛的研究和证实。

通过与稀土氧化物复合或者掺杂稀土元素以调节催化剂结构和催化性质可以提高 ORR 催化活性。一些典型的碳包裹的缺陷 CeO_{2-x}、含 N/S 双掺杂碳的 Ce_2O_2S、CeO_2/还原的氧化石墨烯被报道作为 ORR 的催化活性材料。

在 MOR 反应中，在电催化剂中引入二氧化铈是调节其活性中心的晶体结构和电子结构以及防止贵金属 CO 中毒从而提高其寿命的有效途径。此外，CeO_2 负载非贵金属催化剂也能够提高其对 MOR 的催化活性。

总而言之，稀土氧化物和其他稀土基（特别是 Ce 基）材料可显著促进多种电催化反应的性能。

参考文献

[1] Omodara L，Pitkäaho S，Turpeinen E M，et al. Recycling and substitution of light rare earth elements，cerium，lanthanum，neodymium，and praseodymium from end-of-life applications-A review [J]. Journal of Cleaner Production，2019，236：117573.

[2]　Taylor S R，McLennan S M. The continental crust: its composition and evolution [J]. 1985.

[3]　Wedepohl K H. The composition of the continental crust [J]. Geochimica et cosmochimica Acta, 1995, 59 (7): 1217-1232.

[4]　Lide D R. Abundance of elements in the Earth's crust and in the sea [J]. CRC handbook of chemistry and physics, Internet Version, 2005: 14-17.

[5]　Wakita H，Rey P，Schmitt R A. Abundances of the 14 rare-earth elements and 12 other trace elements in Apollo 12 samples: five igneous and one breccia rocks and four soils [C]. Lunar and Planetary Science Conference Proceedings. 1971, 2: 1319.

[6]　Pourmand A，Dauphas N，Ireland T J. A novel extraction chromatography and MC-ICP-MS technique for rapid analysis of REE, Sc and Y: Revising CI-chondrite and Post-Archean Australian Shale (PAAS) abundances [J]. Chemical Geology, 2012, 291: 38-54.

[7]　Gupta C K，Krishnamurthy N. Extractive metallurgy of rare earths [J]. International Materials Reviews, 1992, 37 (1): 197-248.

[8]　Kumari A，Panda R，Jha M K，et al. Process development to recover rare earth metals from monazite mineral: A review [J]. Minerals Engineering, 2015, 79: 102-115.

[9]　Battsengel A，Batnasan A，Haga K，et al. Selective separation of light and heavy rare earth elements from the pregnant leach solution of apatite ore with D2EHPA [J]. Journal of Minerals and Materials Characterization and Engineering, 2018, 6 (5): 517-530.

[10]　Izatt R M，Izatt S R，Izatt N E，et al. Industrial applications of molecular recognition technology to separations of platinum group metals and selective removal of metal impurities from process streams [J]. Green chemistry, 2015, 17 (4): 2236-2245.

[11]　Al-Rimawi F，Kanan K，Qutob M. Analysis of different rare metals, rare earth elements, and other common metals in groundwater of South West Bank/Palestine by ICP/MS-Data and health aspects [J]. 2013.

[12]　Sneller F E C，Kalf D F，Weltje L，et al. Maximum permissible concentrations and negligible concentrations for rare earth elements (REEs) [R]. 2000.

[13]　Satyanarayanan M，Balaram V，Sawant S S，et al. Rapid determination of REEs, PGEs, and other trace elements in geological and environmental materials by high resolution inductively coupled plasma mass spectrometry [J]. Atomic Spectroscopy, 2018, 39 (1): 1-15.

[14]　Balaram V，Satyanarayanan M，Murthy P K，et al. Quantitative multi-element analysis of cobalt crust from Afanasy-Nikitin seamount in the north central Indian Ocean by inductively coupled plasma time-of-flight mass spectrometry, MAPAN-J [J]. Metrol. Soc. India, 2013, 28 (2): 63-77.

[15]　Balaram V，Rao T G. Rapid determination of REEs and other trace elements in geological samples by microwave acid digestion and ICP-MS [J]. Atomic spectroscopy, 2003, 24 (6): 206-212.

[16]　Maruyama S，Hattori K，Hirata T，et al. Simultaneous determination of 58 major and trace elements in volcanic glass shards from the INTAV sample mount using femtosecond laser ablation-inductively coupled plasma-mass spectrometry [J]. Geochemical Journal, 2016, 50 (5): 403-422.

[17]　Amaral C D B，Machado R C，Barros J A V A，et al. Determination of rare earth elements in geological and agricultural samples by ICP-OES [J]. Spectroscopy, 2017, 32 (10): 32.

[18]　Oliveira S M B，Larizzatti F E，Fávaro D I T，et al. Rare earth element patterns in lake sediments as studied by neutron activation analysis [J]. Journal of radioanalytical and nuclear chemistry, 2003,

258 (3): 531-535.

[19] Varbanova E, Stefanova V. A comparative study of inductively coupled plasma optical emission spectrometry and microwave plasma atomic emission spectrometry for the direct determination of lanthanides in water and environmental samples [J]. Ecol Saf, 2015, 9: 362-374.

[20] Cremers D A, Radziemski L J. Handbook of laser-induced breakdown spectroscopy [M]. John Wiley & Sons, 2013.

[21] Nakayama K, Nakamura T. X-ray fluorescence analysis of rare earth elements in rocks using low dilution glass beads [J]. Analytical sciences, 2005, 21 (7): 815-822.

[22] Lange C N, Figueiredo A M G, Enzweiler J, et al. Trace elements status in the terrain of an impounded vehicle scrapyard [J]. Journal of Radioanalytical and Nuclear Chemistry, 2017, 311 (2): 1323-1332.

[23] Dutta T, Kim K H, Uchimiya M, et al. Global demand for rare earth resources and strategies for green mining [J]. Environmental Research, 2016, 150: 182-190.

[24] Graede T. Metals used in high-tech products face future supply risks [J]. Proceedings of the National Academy of Sciences of the United States of America, 2015.

[25] Fang H, Cole B E, Qiao Y, et al. Electro-kinetic Separation of Rare Earth Elements Using a Redox-Active Ligand [J]. Angewandte Chemie International Edition, 2017, 129 (43): 13635-13639.

[26] Juras S J, Hickson C J, Horsky S J, et al. A practical method for the analysis of rare-earth elements in geological samples by graphite furnace atomic absorption and X-ray fluorescence [J]. Chemical Geology, 1987, 64 (1-2): 143-148.

[27] Wu W Q, Xu T, Hao Q, et al. Applications of X-ray fluorescence analysis of rare earths in China [J]. Journal of Rare Earths, 2010, 28: 30-36.

[28] Smoliński A, Stempin M, Howaniec N. Determination of rare earth elements in combustion ashes from selected Polish coal mines by wavelength dispersive X-ray fluorescence spectrometry [J]. Spectrochimica Acta Part B: Atomic Spectroscopy, 2016, 116: 63-74.

[29] Ravisankar R, Manikandan E, Dheenathayalu M, et al. Determination and distribution of rare earth elements in beach rock samples using instrumental neutron activation analysis (INAA) [J]. Nuclear Instruments and Methods in Physics Research Section B: Beam Interactions with Materials and Atoms, 2006, 251 (2): 496-500.

[30] Figuelredo, A. M. G, Marques, L. S. Determination of rare earth elements and other trace elements in Brazilian geological standards, BB-1 and GB-1 by neutron activation analysis [J]. Geochimica Brasiliensis, 1989, 3 (1): 1-8.

[31] Bentlin F R S, Dirce P. Direct determination of lanthanides in environmental samples using ultrasonic nebulization and ICP OES [J]. Journal of the Brazilian Chemical Society, 2010, 21 (4): 627-634.

[32] Chausseau M, Stankova A, Li Z, et al. High-Resolution ICP-OES for the determination of trace elements in a rare earth element matrix and in NdFeB magnetic materials [J]. Spectroscopy, 2014, 29 (11): 30-41.

[33] Amaral C D B, Machado R C, Barros J A V A, et al. Determination of rare earth elements in geological and agricultural samples by ICP-OES [J]. Spectroscopy, 2017, 32 (10): 32.

[34] Helmeczi E, Wang Y, Brindle I D. A novel methodology for rapid digestion of rare earth element ores and determination by microwave plasma-atomic emission spectrometry and dynamic reaction cell-in-

ductively coupled plasma-mass spectrometry [J]. Talanta, 2016, 160: 521-527.

[35] Gray A L. Solid sample introduction by laser ablation for inductively coupled plasma source mass spectrometry [J]. Analyst, 1985, 110 (5): 551-556.

[36] Fedorowich J S, Richards J P, Jain J C, et al. A rapid method for REE and trace-element analysis using laser sampling ICP-MS on direct fusion whole-rock glasses [J]. Chemical Geology, 1993, 106 (3-4): 229-249.

[37] Tanaka K, Takahashi Y, Shimizu H. Determination of rare earth element in carbonate using laser-ablation inductively-coupled plasma mass spectrometry: An examination of the influence of the matrix on laser-ablation inductively-coupled plasma mass spectrometry analysis [J]. Analytica chimica acta, 2007, 583 (2): 303-309.

[38] Liu Y S, Hu Z C, Li M, et al. Applications of LA-ICP-MS in the elemental analyses of geological samples [J]. Chinese Science Bulletin, 2013, 58 (32): 3863-3878.

[39] Li B, Li S J, Li N, et al. Structure and acidity of REHY zeolite in FCC catalyst [J]. Chinese Journal of Catalysis, 2005, 26 (4): 301-306.

[40] Dai Z, Shao Q, Li Y, et al. Molecular simulation for the diffusion characteristics of model compounds of FCC Gasoline in the channel of different zeolites [J]. Acta Petrolei Sinica Petroleum Processing Section, 2007, 23 (1): 41.

[41] Shao Q, Li Y, Tian H, et al. The effects of zrp zeolites on FCC gasoline catalytic cracking for propylene [J]. Acta Petrolei Sinica Petroleum Processing Section, 2007, 23 (2): 8.

[42] Shao Q, Wang P, Tian H, et al. Study of the application of structural catalyst in naphtha cracking process for propylene production [J]. Catalysis Today, 2009, 147: S347-S351.

[43] Li J, Li X, Shi Y, et al. Selective oxidation of cyclohexane by oxygen in a solvent-free system over lanthanide-containing AlPO-5 [J]. Catalysis letters, 2010, 137 (3-4): 180-189.

[44] Hoflund G B, Li Z, Epling W S, et al. Catalytic methane oxidation over Pd supported on nanocrystalline and polycrystalline TiO_2 Mn_3O_4, CeO_2 and ZrO_2 [J]. Reaction Kinetics and Catalysis Letters, 2000, 70 (1): 97-103.

[45] Deng Y, Nevell T G. Non-steady activity during methane combustion over Pd/Al_2O_3 and the influences of Pt and CeO_2 additives [J]. Catalysis today, 1999, 47 (1-4): 279-286.

[46] Zarur A J, Ying J Y. Reverse microemulsion synthesis of nanostructured complex oxides for catalytic combustion [J]. Nature, 2000, 403 (6765): 65-67.

[47] Wang Y, Ren J, Wang Y, et al. Nanocasted synthesis of mesoporous $LaCoO_3$ perovskite with extremely high surface area and excellent activity in methane combustion [J]. The Journal of Physical Chemistry C, 2008, 112 (39): 15293-15298.

[48] Liang S, Xu T, Teng F, et al. The high activity and stability of $La_{0.5}Ba_{0.5}MnO_3$ nanocubes in the oxidation of CO and CH_4 [J]. Applied Catalysis B: Environmental, 2010, 96 (3-4): 267-275.

[49] Cimino S, Di Benedetto A, Pirone R, et al. Transient behaviour of perovskite-based monolithic reactors in the catalytic combustion of methane [J]. Catalysis Today, 2001, 69 (1-4): 95-103.

[50] Yi N, Cao Y, Su Y, et al. Nanocrystalline $LaCoO_3$ perovskite particles confined in SBA-15 silica as a new efficient catalyst for hydrocarbon oxidation [J]. Journal of Catalysis, 2005, 230 (1): 249-253.

[51] Nishihata Y, Mizuki J, Akao T, et al. Self-regeneration of a Pd-perovskite catalyst for automotive emissions control [J]. Nature, 2002, 418 (6894): 164-167.

[52] Dong F, Suda A, Tanabe T, et al. Characterization of the dynamic oxygen migration over Pt/CeO_2-ZrO_2 catalysts by $^{18}O/^{16}O$ isotopic exchange reaction [J]. Catalysis today, 2004, 90 (3-4): 223-229.

[53] Kašpar J, Di Monte R, Fornasiero P, et al. Dependency of the oxygen storage capacity in zirconia-ceria solid solutions upon textural properties [J]. Topics in Catalysis, 2001, 16 (1-4): 83-87.

[54] Zhao M, Shen M, Wang J. Effect of surface area and bulk structure on oxygen storage capacity of $Ce_{0.67}Zr_{0.33}O_2$ [J]. Journal of Catalysis, 2007, 248 (2): 258-267.

[55] Piacentini M, Maciejewski M, Baiker A. Role and distribution of different Ba-containing phases in supported Pt-Ba NSR catalysts [J]. Topics in Catalysis, 2007, 42 (1-4): 55-59.

[56] Kim C H, Qi G, Dahlberg K, et al. Strontium-doped perovskites rival platinum catalysts for treating NO_x in simulated diesel exhaust [J]. Science, 2010, 327 (5973): 1624-1627.

[57] Wang X Y, Kang Q, Li D. Catalytic combustion of chlorobenzene over MnO_x-CeO_2 mixed oxide catalysts [J]. Applied Catalysis B: Environmental, 2009, 86 (3-4): 166-175.

[58] Fujishima A, Honda K. Electrochemical photolysis of water at a semiconductor electrode [J]. Nature, 1972, 238 (5358): 37-38.

[59] Chung K H, Park D C. Water photolysis reaction on cerium oxide photocatalysts [J]. Catalysis Today, 1996, 30 (1/3): 157-162.

[60] Gratian R Bamwenda, et al. Cerium dioxide as a photocatalyst for water decomposition to O_2 in the presence of Ce_{aq}^{4+} and Fe_{aq}^{3+} species [J]. Journal of Molecular Catalysis A Chemical, 2000, 161 (1-2): 105-113.

第2章

稀土材料在石油化工中的应用

2.1
催化裂化工艺

2.1.1 催化裂化概念

早在 1925 年以前，人们称高沸点的重质原油分子通过热分解转变为较小的汽油分子为裂化过程。现在人们习惯于将"裂化"一词用于各种石油馏分转化为气、汽油和柴油等的工艺。实际上"裂化"一词的使用并不恰当，它的意思是将高分子量的化合物简单分解为低分子量的化合物，在这个过程中分子片段的结构没有实质性的重排，通过简单的 C—C 键断裂，长链烷烃分子的分解可能得到的主要是较短链的烷烃和烯烃。而催化裂化通过高温和催化剂从较重的石油馏分中提取气、汽油和柴油等，在生产过程中只要生成物的分子量小到一定程度，就可以被蒸馏出来，这种裂化过程涉及二次反应，所以在严格意义上来说不应该被称为裂化反应。

大多数石油加工工艺，无论是催化的还是非催化的，除了真正的裂化反应外，在很大程度上还必须通过其他的反应来提高汽油的质量，这些反应包括与裂化无关的聚合和烷基化反应以及异构化反应。尽管"裂化"没有准确的描述，但它却是个行之有效的术语，只要是反应产物分子量比反应物大量减少，或者有大量石油馏分被转化为小分子，都可以叫做"裂化"。裂化的实际定义包括汽油生产过程中的"重构"，即主要通过脱氢和异构化反应，将汽油内的石油馏分转化为质量更高的汽油。在这种重构过程中也会发生大量的裂化反应[1]。

19 世纪末 20 世纪初，人们生产汽油主要靠真空蒸馏法，即通过降低原油的蒸气压，蒸馏出指定沸点的产物，但这种办法不仅所需设备昂贵，汽油产率也只有 40％左右。随着催化剂和添加剂性能的不断提高，采用真空蒸馏法制备的办法已经过时，现如今的常压渣油可直接在催化裂化装置中进行处理。得益于改造现有的催化裂化装置或建造特殊的新型催化裂化装置和重油裂化装置，使得裂化反应可直接处理的原油范围得到了扩大。

石油组成复杂，其主要成分是分子量较大的烷烃、环烷烃和芳烃。从地壳中开采出来的原油必须经过脱盐、脱水后送往炼化工厂，并根据其性质进行蒸馏（常压蒸馏、减压蒸馏）、加氢、裂化、焦化和溶剂脱沥青等一系列加工。如图 2-1 所示，首先原料油经常、减压蒸馏后，按沸点大小被切割成不同的馏分，其中轻组分（30％～60％）如汽油、煤油、柴油和润滑油可用作化工原料或燃料，塔釜中的重组分（12％～30％）如常压渣油和减压渣油以及不能直接用于蒸馏的重油则必须经过减黏裂化、催化加氢、催化裂化、溶剂脱沥青或延迟焦化等轻质化处理后再被分馏利用[2]。在此之中，催化裂化从 20 世纪起就广受炼油厂青睐，就原油的二次加工能力而言，催化裂化工艺名列前茅，就技术复杂程度而言，它也位居首位。

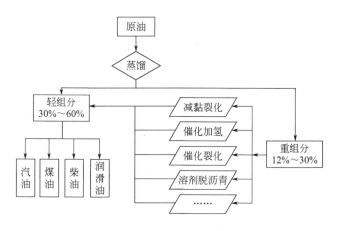

图 2-1　原油加工过程

催化裂化是靠催化剂的作用在一定温度（460～550℃）条件下，将重油和石油残渣转化为较轻的产品的过程。催化裂化主要产品有烷基化汽油、甲基叔丁基醚，这些产品可以转化为汽油、柴油、加热油、重循环油等[3]。催化裂化具有生产效率高、汽油辛烷值高、副产气中含 C_3～C_4 组分多等特点。催化裂化产品复杂，主要产品有轻质油（汽油和柴油等）、液化气、油浆、干气及焦炭，其中反应器内生成的焦炭会重新回炉再利用。在一般的催化裂化工业条件下，气体（液化气和干气）产率约为原料的 $10\%\sim20\%$，主要由 $C_3\sim C_4$ 组成，其中丙烯、丁烯和异丁烷占一半以上；汽油产率为原料的 $38\%\sim54\%$，化学组成主要为异构烷烃、异构烯烃和芳烃，催化裂化汽油的辛烷值在 $88\sim92$ 之间，一般中间基原料高于石蜡基原料，渣油原料高于馏分油原料；柴油产率约为原料的 $20\%\sim40\%$，其中芳烃含量较多，十六烷烃含量较低。

从催化裂化的原料和产品可以看出，催化裂化过程在炼油工业以至国民经济中占有重要地位。因此，在一些原油加工深度较大的国家，例如中国和美国，催化裂化的处理能力达原油加工能力的 30% 以上。在我国，多数原油偏重，氢碳质量比相对较高且金属含量相对较低，而重油催化裂化所产汽油辛烷值高（马达法辛烷值 80 左右），因此催化裂化尤其是重油催化裂化过程的地位就显得更为重要。

2.1.2 催化裂化工艺类型

汽油辛烷值是衡量汽油在气缸内抗爆震燃烧能力的一种数字指标，辛烷值越高，抗爆性就越好，汽油的品质就越好。早期催化裂化装置的主要目的是生产催化裂化汽油，以取代辛烷值较低的热裂化汽油。这一目的很快实现了，在 20 世纪 20 年代的洛杉矶，Eugene 发现，催化裂化过程可以产生更多的高辛烷值汽油。此后，第一个完全商业化的固定床催化裂化装置在 1937 年开始生产。之后，在 20 世纪的法国，Eugene 发现的催化裂化技术由美国索康尼真空油公司和太阳石油公司合作实现工业化生产。当时工厂采用的是固定床反应器，在反应器内，催化反应和催化剂再生重复交替进行。但随着高压缩比汽油发动机的问世，发动机对于燃料品质的要求更高，各大公司开始追求具有较高辛烷值的汽油。

旧有的固定床反应器不仅反应速率缓慢，而且生产量达不到市场要求，因而被逐渐淘汰，20 世纪 40 年代初，催化裂化向移动床（反应和催化剂再生在移动床反应器中进行）和流化床（反应和催化剂再生在流化床反应器中进行）两个方向发展。而在移动床反应器里，原油在催化剂表面上通过裂化等反应生成较小分子产物的同时，易发生缩合反应生成焦炭，从而使催化剂活性下降[4]。这种含碳催化剂需要用空气烧去其表面炭层使催化剂再生，恢复催化活性的同时也提供裂化反应所需热量，但是与反应时间相比，再生时间就慢了很多，严重削减了生产速率，因此移动床催化裂化因设备复杂逐渐被淘汰。

与此同时，流化床催化裂化（FCC）设备因为催化剂颗粒细小，采用流化风来移动粉状催化剂，避免了催化剂有效接触面积小以及其内外温差的问题，同时也因其催化裂化设备较为简单、处理能力大、较易操作而得到较大发展。第一个商业循环流化床工艺于 1942 年在路易斯安那州的巴吞鲁日（Baton Rouge）开始生产。此后，1970 年 FCC 装置取代了大多数固定和移动床装置[5]。

具体催化裂化的工艺分为以下几种：

（1）固定床催化裂化

最先在工业上采用的反应器型式是固定床反应器，如图 2-2 所示。预热后的原料进入反应器内进行反应。通常只经过几分钟到十几分钟，催化剂的活性就因表面积炭而下降，这时停止进料，用水蒸气吹扫过后，再通入空气进行再生。因此，反应和再生是轮流间歇地在同一个反应器内进行。为了在反应时供热及在再生时取走热，在反应器内装有取热的管束，用一种融盐循环取热。为了使生产连续化，可以将几个反应器组成一组，轮流地进行反应和再生。但固定床催化方式不同于流化床体，它是固定不动的，所以存在难以散热的缺陷，催化过程中反应器温度升高但其内部温度分布不均匀。为此在实际应用中又改进了其内部结构，将反应器改进为一种温度分布更加均匀的非等温式反应器，这种非等温式反应器又细分为绝热反应器和非绝热反应器两种。在如今的石油工业生产中，固定床催化裂化技术因操作复杂，已渐渐被其他的先进催化裂化技术所取代，但它也存在一些优点，如其设备体积小且催化耗能低等。因此，尽管在工业上已被其他型式所代替，但是在试验研究中它还有一定的使用价值。

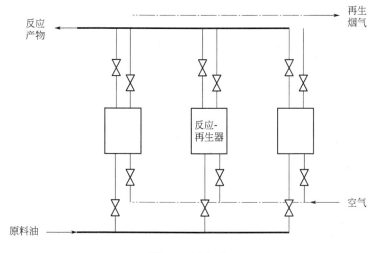

图 2-2　固定床

（2）移动床催化裂化

20 世纪 60 年代初，移动床催化裂化和流化床催化裂化先后发展起来。移动床催化裂化的反应和再生分别在反应器和再生器内进行，如图 2-3 所示。原料油与催化剂同时进入反应器的顶部，它们互相接触相互反应的同时不断向下移动。

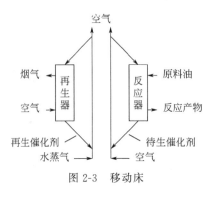

图 2-3 移动床

当它们移动至反应器的下部时，催化剂表面上已沉积了一定量的焦炭，于是油气从反应器的中下部导出而催化剂则从底部下来，再由气升管用空气提升至再生器的顶部，然后，在再生器内向下移动的过程中进行再生。再生过的催化剂经另一根气升管又提升至反应器。为了便于移动和减少磨损，将催化剂做成直径为 $20 \sim 100 \mu m$ 的小球。由于催化剂在反应器和再生器之间循环起到热载体的作用，因此，移动床内可以不设加热管。但是在再生器中，由于再生时放出的热量很大，虽然循环催化剂可以带走一部分热量，但仍不能维持合适的再生温度。因此，在再生器内还需分段安装一些取热束管，用高压水进行循环以取走剩余的热量。移动床催化裂化技术在催化裂化技术发展的初期阶段得到了比较广泛的应用，但是随着技术的不断改革与创新，其已经逐渐被 FCC 等新技术所代替。

（3）流化床催化裂化

流化床催化裂化（FCC）的反应和再生也是分别在两个设备中进行，如图 2-4 所示，其原理与移动床相似，只是在反应器和再生器内，催化剂与油气或空气形成与沸腾的液体相似的流化状态。为了便于流化，一般把催化剂制成直径为 $20 \sim 100 \mu m$ 的微球。由于在流化状态时，反应器或再生器内温度分布均匀，而且催化剂的循环量较大，可以携带的热量较多，减少了反应器和再生器内温度变化的幅度，因而不必再在设备内专设取热设施，从而大大简化了设备的结构。

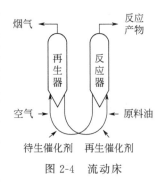

图 2-4 流动床

流化催化裂化装置一般由三个部分组成：即反应-再生系统、分馏系统和吸收-稳定系统。在处理量较大或反应压力较高（例如 0.25MPa）的装置，常常还有再生油烟的能量回收系统。图 2-5 是一个典型的 FCC 装置工艺流程。

由图 2-5 可知，FCC 工艺的主要流程如下：将原料油经换热后与回炼油混合，经加热炉加热至 $200 \sim 400 ℃$ 后至提升管反应器下部喷嘴，原料油由蒸气雾化并喷入提升管内，在其中与来自再生器的高温催化剂（$600 \sim 750 ℃$）接触，随即汽化并进行反应。油气在提升管内的停留时间很短，一般只有几秒钟。反应产物经旋风分离器分离出夹带的催化剂后离开反应器去分馏塔。积有焦炭的催化剂由沉降器落入下面的汽提塔。汽提塔内装有多层人字形挡板，并在底部通入过热

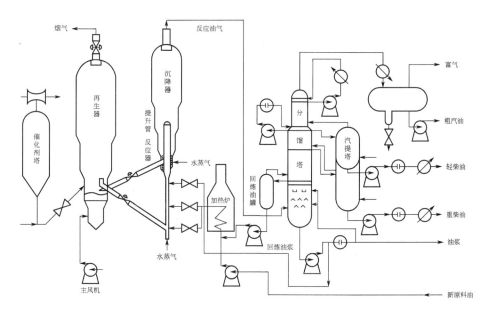

图 2-5　FCC 装置工艺流程

水蒸气。待生催化剂上吸附的油气和颗粒之间的油气被水蒸气置换出而返回上部。经汽提后的待生催化剂通过待生斜管进入再生器。

　　根据裂化机理，原料油在催化剂上进行催化裂化时，一方面通过分解等反应生成气体、汽油等较小分子的产物；另一方面同时发生缩合反应生成焦炭。这些焦炭沉积在催化剂表面上，使催化剂的活性下降。因此，经过一段时间的反应后，必须烧去催化剂上的焦炭以恢复催化剂的活性。这种用空气烧去积炭的过程称作"再生"。由此可见，一个工业催化裂化装置必须包括反应和再生两个部分[6]。而再生器的主要作用是烧去催化剂上因反应而生成的积炭，使催化剂的活性得以恢复。再生用空气由主风机供给，空气通过再生器下面的辅助燃烧室及分布管进入流化床层。对于热平衡式装置，辅助燃烧室只是在开工升温时才使用，正常运转时并不燃烧油。再生后的催化剂（即再生催化剂）落入淹流管，再经再生斜管送回反应器循环使用。

　　再生烟气经旋风分离器分离出夹带的催化剂后，经双动滑阀排入大气。在加工生焦率高的原料时，例如加工含渣油的原料时，因焦炭产率高，再生器的热量过剩，需要在再生器上设置取热设施以取走过剩的热量。再生烟气的温度很高，不少催化裂化装置设有烟气能量回收系统，利用烟气的热能和压力能做功，可以通过驱动主风机以节约电能，甚至可对外输出剩余电力。对一些不完全再生的装置，再生烟气中含有 5%～10%的 CO，可以设 CO 锅炉使 CO 完全燃烧以回收能量。在生产过程中，催化剂难免会损伤或失活，为了维持系统内的催化剂的数量和活性，需要定期地向系统补充新鲜催化剂。为此，装置内至少应设两个催化剂储罐。装卸催化剂通常采用稀相输送的方法，输送介质为压缩空气。

这种FCC工艺是炼油厂中最重要的转化工艺之一，是第一个同时拥有反应堆和再生器还具有循环流化床形式的商用催化裂化技术，与固定床和移动床不同，这种流化床不仅扩大了催化剂的有效接触面积，也避免了催化剂内外温度相差过大。工业生产中，FCC技术的应用都是在使用流化床等设备的基础上实现的，目前已经有超过350个FCC设备在全球范围内运行。当前我国众多石油工业生产企业中大都采用这种流化床来进行石油的催化裂化。同固定床催化裂化相比较，移动床或FCC都具有生产连续、产品性质稳定及设备简化等优点。在设备简化方面，流化床的优点更加突出，特别是流化床更适用于大处理量的生产模式。由于FCC的优越性，它很快就在各种催化裂化型式中占据了主导地位。

在竞争激烈的炼化领域和渣油转化领域，催化裂化工艺必须与其他催化和非催化渣油转化工艺（如加氢裂化、热裂化、减黏和焦化）竞争。现在，催化裂化过程得到了快速而成功的发展，其硬件和催化剂种类一直在与不断变化的经济和环境共同发展。

2.1.3 催化裂化反应机理

催化裂化是石油炼制过程之一，是指在热和催化剂的作用下使重质油发生裂化反应，转变为裂化气、汽油和柴油等的过程。催化裂化的炼制原料可以是通过原油蒸馏或其他石油炼制分馏所得的重质馏分油，或经过脱沥青后的脱沥青渣油，或是常压渣油和减压渣油[7]。

迄今为止，碳正离子机理被公认为是解释催化裂化反应比较好的一种机理。碳正离子机理解释了催化裂化反应过程中的许多现象。

关于碳正离子的概念早在1922年就由Meerwein提出，但这个概念直至19世纪50年代才被用于解释催化裂化反应的机理。Haensel和Bruce对催化裂化中的碳正离子反应机理方面的研究曾作过很好的总结。

所谓碳正离子，是指缺少一对价电子的碳所形成的烃离子，如式(2-1)：

$$\underset{+}{RCH_2} \tag{2-1}$$

碳正离子的基本来源是由一个烯烃分子获得一个氢离子 H^+ 而生成。如式(2-2)：

$$C_nH_{2n} + H^+ \longrightarrow C_nH_{2n+1}^+ \tag{2-2}$$

氢离子来源于催化剂的表面，裂化催化剂如硅酸铝、分子筛催化剂的表面都有酸性，所以能够提供氢离子，下面我们通过正十六烯的催化裂化反应来说明碳正离子学说。正十六烯是一种无色液体，可由直馏原油吸附分离得到的正构烷烃蒸馏制得或由乙烯齐聚法制得，亦可从石蜡裂解所得的 $C_{15} \sim C_{18}$ 烯馏分中分出。主要用作合成洗涤剂、合成增塑剂及其他化工产品和精细化工产品的原料。

① 正十六烯从催化剂表面或已生成的碳正离子获得一个 H^+，而生成碳正离子。例如式(2-3) 和式(2-4)：

$$C_{16}H_{32} + H^+ \longrightarrow C_5H_{11} - \overset{\displaystyle H}{\underset{\displaystyle +}{C}} - C_{10}H_{21} \tag{2-3}$$

$$C_{16}H_{32} + C_3H_7^+ \longrightarrow C_3H_6 + C_3H_{11} - \overset{\displaystyle H}{\underset{\displaystyle +}{C}} - C_{10}H_{21} \tag{2-4}$$

② 大的碳离子不稳定，容易在 β 位上断裂。例如式(2-5)：

$$C_5H_{11} - \overset{\displaystyle H}{\underset{\displaystyle +}{C}} - CH_2 \overset{\beta}{-} C_9H_{19} \longrightarrow C_5H_{11} - \overset{\displaystyle H}{\underset{\displaystyle +}{C}} = CH_2 + CH_2 - C_8H_{17} \tag{2-5}$$

③ 生成的碳正离子是伯碳正离子，不够稳定，易于变成仲碳正离子，接着在 β 位上断裂。例如式(2-6)：

$$\underset{+}{CH_2} - C_8H_{17} \longrightarrow CH_3 - \underset{+}{CH} - C_7H_{15} \longrightarrow CH_3 - CH = CH_2 + \overset{+}{CH_2} - C_5H_{11} \tag{2-6}$$

以上所述的伯碳正离子的异构化、大碳正离子在 β 位置上断裂、烯烃分子生成碳正离子等反应可以继续下去，直至生成不能再断裂的小碳正离子为止。

④ 碳正离子的稳定程度依次是：叔碳正离子＞仲碳正离子＞伯碳正离子，因而生成的碳正离子趋向于异构成叔碳正离子。例如式(2-7)：

$$C_5H_{11} - \overset{+}{CH_2} \longrightarrow C_4H_9 - \overset{+}{CH} - CH_3 \longrightarrow CH_3 - \underset{\displaystyle CH_3}{\overset{\displaystyle +}{C}} - C_3H_7 \tag{2-7}$$

⑤ 碳正离子将 H^+ 还给催化剂，本身变成烯烃，反应终止。例如式(2-8)：

$$C_3H_7^+ \longrightarrow C_3H_6 + H^+（催化剂） \tag{2-8}$$

关于烷烃的反应过程，可以认为是烷烃分子与已生成的碳正离子作用而生成一个新的碳正离子，然后再继续进行以后的反应。用碳正离子反应机理也可以较好地解释带烷基侧链的芳烃在反应时与苯核连接的氢键断裂的原因。

碳正离子学说可以解释烃类催化裂化反应中的诸多现象。例如碳正离子分解时不生成比 C_3、C_4 更小的碳正离子，但裂化气中却含 C_1、C_2（催化裂化条件下总不免伴随有热裂化反应发生，因此总有部分 C_1、C_2 产生）；由于伯、仲碳正离子趋向于转化成叔碳正离子，因此裂化产物中含异构烃多；由于具有叔碳正离子的烃分子易于生成碳正离子，因此异构烷烃、烯烃、环烷烃和带侧链的芳烃的反应速率高等。碳正离子学说还说明了催化剂的作用，催化剂表面提供 H^+，使烃类通过生成碳正离子的途径来进行反应，而不像热裂化那样通过自由基来进行反应（烃类的催化裂化反应同热裂化反应的比较见表 2-1），从而使反应的活化能降低，提高了反应速率。

表 2-1 烃类的催化裂化反应同热裂化反应比较

裂化机理	催化裂化	热裂化
反应机理	碳正离子反应	自由基反应
烷烃	1. 异构烷烃反应速率比正构烷烃的高得多； 2. 裂化气中的 C_3、C_4 多，$\geqslant C$ 的分子中含 α-烯少，异构物多	1. 异构烷烃的反应速率比正构烷烃的快得不多； 2. 裂化气中的 C_1、C_2 多，$\geqslant C_2$ 的分子中含 α-烯多，异构物少
烯烃	1. 反应速率比烷烃的快得多； 2. 氢转移反应显著，产物中烯烃尤其是二烯烃较多	1. 反应速率与烷烃的相似； 2. 氢转移反应很少，产物的不饱和度高
环烷烃	1. 反应速率与异构烷烃的相似； 2. 氢转移反应显著，同时生成芳烃	1. 反应速率比正构烷烃的低； 2. 氢转移反应不显著
烷基侧链（$\geqslant C_3$）的芳烃	1. 反应速率比烷烃的快得多； 2. 在烷基侧链与苯环链接的键上断裂	1. 反应速率比烷烃的慢； 2. 烷基侧链断裂时，苯环上留有 1~2 个 C 的短侧链

碳正离子学说的发展已有 50 多年的历史。它主要是根据在无定形硅酸铝催化剂上反应的研究结果来阐述的。关于烃类在结晶型分子筛催化剂上的反应机理，经过 20 多年的研究，大多数的研究结果证明它也是碳正离子反应，碳正离子反应机理也同样适用。

2.1.4 催化裂化各种烃的反应过程

与按自由基反应机理进行的热裂化不同，催化裂化是按碳正离子机理进行的，催化剂促进了裂化、异构化和芳构化反应，催化裂化产物比热裂化产物具有更高的经济价值，气体中 C_3 和 C_4 较多；产物汽油中异构烃多，二烯烃极少，芳烃较多。其主要反应包括：

（1）烷烃

烷烃主要是发生分解反应，分解成较小分子的烷烃和烯烃。例如式（2-9）：

$$C_{16}H_{34} \longrightarrow C_8H_{16} + C_8H_{18} \tag{2-9}$$

（2）烯烃

烯烃的主要反应有分解反应、异构化反应、氢转移反应以及芳构化反应等。

① 分解反应：

分解反应使重质烃转变为轻质烃，是烃分子中 C—C 键断裂的反应，几乎所有的烃类化合物都可进行催化裂化，特别是烷烃和烯烃。

烷烃的分解，见式（2-10）：

$$C-C-C-C-C-C \longrightarrow C-C-C-C+C=C-C \qquad (2\text{-}10)$$

烯烃的分解，见式(2-11)：

$$C-C-C-C-C-C-C-C=C-C \longrightarrow C-C-C-C-C-C=C+C=C-C \qquad (2\text{-}11)$$

② 异构化反应：

分子量不变只改变分子结构的反应叫异构化反应。异构化反应是催化裂化反应的一个重要反应。在催化裂化的条件下烃类的异构化反应也是较多的，其主要的反应方式有骨架异构和双键位置异构。

骨架异构，见式(2-12)：

$$C-C-C=C \longrightarrow C-\underset{\underset{C}{|}}{C}-C=C \qquad (2\text{-}12)$$

双键位置异构，见式(2-13)：

$$C-C-C-C-C=C \longrightarrow C-C-C=C-C-C \qquad (2\text{-}13)$$

③ 氢转移反应：

环烷烃或环烷-芳烃（如四氢萘、十氢萘等）放出氢使烯烃饱和而自身逐渐变成稠环芳烃。两个烯烃分子之间也可以发生氢转移反应，例如两个己烯分子之间发生氢转移反应，一个变成己烷而另一个则变成己二烯。可见，氢转移反应的结果是一方面某些烯烃转化为烷烃，另一方面，给出氢的化合物转化为多烯烃及芳烃或缩合程度更高的分子，直至缩合至焦炭。氢转移反应是造成催化裂化汽油饱和度较高的主要原因。氢转移反应的速率较低，需要活性较高的催化剂。在高温下（500℃左右），氢转移反应速率比分解反应速率低得多，所以在高温时，裂化汽油的烯烃含量高；在较低温度下（400~450℃），氢转移反应速率降低的程度不如分解反应速率降低的程度大（因分解反应速率常数的温度系数较大），于是在低温反应时所得汽油的烯烃含量就会低些。了解这些规律对指导生产是有实际意义的，例如提高反应温度可以提高汽油的辛烷值。

④ 芳构化反应：

烯烃环化并脱氢生成芳烃。在催化裂化反应中所有能生成芳烃的反应都属于芳构化反应，如烯烃环化并脱氢生成芳烃。如式(2-14)：

$$\text{/\\/\\/=\\} \longrightarrow \bigcirc \qquad (2\text{-}14)$$

（3）环烷烃

环烷烃的环可断裂生成烯烃，烯烃再继续进行上述各项反应。如式(2-15)：

$$\text{环戊烷侧链} \longrightarrow \text{/\\/\\/\\/} \qquad (2\text{-}15)$$

与异构烷烃相似，环烷烃的结构中有叔碳原子，因而分解反应速率较快。如果环烷烃带有较长的侧链，则侧链本身也会断裂。环烷烃也能通过氢转移反应转化为芳烃。带侧链的五元环烷烃也可以异构化成六元环烷烃，再进一步脱氢生成芳烃。

（4）芳香烃

芳香烃的芳核在催化裂化条件下十分稳定，例如苯、萘就难以进行反应。但是连接在苯环上的烷基侧链则很容易断裂生成较小分子的烯烃，而断裂的位置主要是发生在侧链和苯环连接的键上。多环芳香烃的裂化反应速率很低，它们的主要反应是缩合成稠环芳烃，最后成为焦炭，同时放出氢使烯烃饱和。

由以上列举的化学反应可以看到：在催化裂化条件下，烃类进行的反应不仅仅是分解这一种反应，既有大分子分解为小分子的反应，而且又有小分子缩合成大分子的反应（甚至缩合至焦炭）。与此同时，还进行异构化、氢转移和芳构化等反应。在这些反应中分解反应是最主要的反应，催化裂化这一名称就是因此而得。

2.2
催化裂化催化剂

催化剂的应用是一种重要的发现，它的应用不仅可提高反应的速率，更能起到大幅提升原材料使用效率的作用。针对石油原材料实施的催化裂化反应，通过使用催化剂，可以保证反应更加充分和有效。在催化裂化发展的初期，主要是利用天然的活性白土作催化剂。从 20 世纪 60 年代起人们才开始广泛采用人工合成的硅酸铝催化剂，60 年代才出现分子筛催化剂。由于分子筛催化剂具有活性高、选择性和稳定性好等特点，自从出现后就很快被广泛采用，因此促进了催化裂化装置的流程和设备的重大改革。除了推动提升管反应技术的发展外，分子筛催化剂还促进了再生技术的迅速发展，甚至还陆续出现了两段再生、高效再生、完全再生等新技术。

2.2.1 催化裂化催化剂组成

影响 FCC 装置设计和操作的因素之一是该工艺中使用的催化剂类型。大多数 FCC 催化剂由活性成分（例如沸石）、基质（例如提供催化部位和大孔径的无定形二氧化硅-氧化铝）、黏合剂和填料组成[8]，如图 2-6 所示。由球形颗粒组成的 FCC 催化剂，通常适用于流化循环反应器，其中的沸石晶体与黏土颗粒一起分散在氧化铝或二氧化硅-氧化铝的活性基质中。这些球形颗粒包含较大的孔隙，这些孔隙是重质馏分大量扩散所必需的。

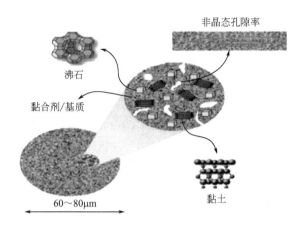

图 2-6　FCC 催化剂的示意

在当今的传统 FCC 工艺中，超稳定 Y 沸石（USY）被用作主要的活性沸石。该材料内部不仅包含多孔结构，还存在酸位，可以将较大的分子转化为所需的汽油分子。FCC 催化剂的基质同时具有物理功能和催化功能。物理功能包括使颗粒具有完整性和耐磨性、充当传热介质以及提供多孔结构以允许烃类自由扩散。基质也会影响催化剂的选择性、抗毒性和产品质量。各种二氧化硅-氧化铝可用于生产介孔和大孔基质，原油中的较大分子可进入基质并开始预裂化。附加组分包括稀土金属或用于捕集钒（V）和镍（Ni）特定金属的陷阱。通常将这些组分混合在含水浆料中，然后以喷雾干燥的方式形成大小均匀的球形颗粒，该颗粒与 FCC 催化剂混合后即可投入再生器中流化。

FCC 催化剂颗粒的排列形成了一个从大孔到中孔再到微孔的分层孔结构，如图 2-7 所示。每一个孔隙在整个催化过程中都具有确切的作用。反应物中的重分子可在中孔和微孔中转化为理想的产物（瓦斯油和汽油）。

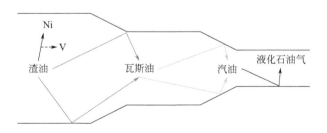

图 2-7　FCC 催化剂中分层孔结构的示意

尽管 FCC 装置是专为帮助将低价油转化为更多汽油而开发的，但该装置和工艺已进行了几处修改。为了生产更多的理想产物，更多的 ZSM-5 分子筛替代原有的 Y 沸石用作 FCC 单元中催化剂的主要活性成分。

FCC 装置的主要目标是提高低价值的碳氢化合物质量，例如残渣进料，其中通常包含较高含量的污染物，例如镍、钒、钠、铁和钙，这些污染物会降低催化剂的活性。在所有这些金属中，钒对 FCC 催化剂的毒害作用最为强烈，因为钒的毒性可以从一颗催化剂颗粒移动到另一颗，从而污染了较新的活性位点和老化后的催化剂。有时也可以用钒来衡量 FCC 中新鲜催化剂的量，以通过测量催化剂中的钒含量来判断催化剂的整体活性[9]。钒不仅能促进脱氢反应，生成更多的焦炭，还能侵蚀沸石的晶体结构，导致沸石孔隙塌陷、表面积降低，从而最后引起结构塌陷。

2.2.2　沸石催化剂

FCC 催化剂的主要活性成分是沸石分子筛，大多数天然沸石是由于火山活动而形成的。火山爆发时，地球内部的熔融岩浆将穿透地壳，以熔岩并伴有气体、灰尘和浓灰的形式流出。这些火山通常形成在大陆板块发散或汇聚的地方，如岛上或海洋附近等。因此喷出的熔岩和灰烬经常流入海中，这些滚烫的熔岩接触到海水后，热熔岩、水与海水中的盐类会发生化学反应，这些反应在数千年的过程中形成了结晶硅铝酸盐，后人们称之为沸石[10]。在 18 世纪 50 年代的时候，一位名为 Axel Fredrik Cronstedt 的瑞典矿物学家发现了这些物质的膨胀特性，他观察到这类天然硅铝酸盐矿石在灼烧时会产生沸腾现象[11]。

自从 40 年前沸石被引入催化裂化催化剂的配方以来，其在石油化工产品的提炼过程起着越来越重要的作用。沸石作为催化剂的成功应用主要归功于其分布于外表面和孔道内的酸位，这些酸位提供催化活性，帮助反应物完成催化转化。这使得人们在许多情况下可以有针对性地预先设计出具有更高活性或选择性的催化剂，以用于特定的应用。

沸石根据来源可分为两种主要类型：天然沸石（可从地下开采）和合成沸石（即分子筛，可在实验室制造）。天然沸石主要存在于火山沉积岩中，它是由几千年前火山灰与碱性水的化学反应形成的。已知地球上至少存在 60 种天然沸石，它们天然存在于土壤、沉积物和岩石中，主要集中在火山岩和土壤中。最常见的天然沸石是方沸石、菱沸石、斜发沸石、毛沸石、丝光沸石和辉石。天然沸石具有很强的吸附性能，可用于从提取的石油产品中去除污染物，例如重金属、氮和硫等。

目前，世界上沸石的用量在不断增加，仅仅在石油精炼过程中使用的沸石催化剂就有 8 种以上，如果将化学和精细化学品领域的其他催化应用考虑在内，这类沸石催化剂的数量还会更多。从历史上看，在催化裂化（FCC）和加氢裂化的许多工业工艺上，沸石已经取代了非晶态硅-氧化铝。沸石的 Brønsted 酸度比起非晶态硅-氧化铝高得多，酸位更多，具有更好的催化活性，例如在烷烃异构化过程中，$AlCl_3$ 催化剂的稳定性和可再生性虽然较好，但因为 Brønsted 酸度较低而逐渐被沸石取代。与此同时，如果增大沸石催化剂与反应物之间的有效接触面积，那么其催化性能将会大幅度提升。例如多孔沸石材料——这种材料能通过让反应物与孔壁相互作用来稳定过渡态，从而降低活化能。

在催化裂化催化剂中，沸石的形貌、尺寸、孔结构以及酸性是其重要的性质。这些性质直接关系到分子筛催化剂在催化反应过程中的择形选择性、分子扩散、反应活性位分布等。对于稀土掺杂沸石，掺杂的稀土离子改变沸石表面结晶度和比表面积的同时，也会部分取代骨架内铝原子，从而影响到沸石的单位晶胞大小。因此设置催化剂中的稀土含量，就可以间接控制其沸石单位晶胞的平衡大小，反应就可以在较高的活性和较高的汽油选择性与较高的汽油辛烷值和较低的焦炭选择性之间进行。随着单位晶胞尺寸的选择和催化产率之间的关系越复杂，氢转移反应的发生范围就会变得更广，导致烯烃产率降低，而烷烃、芳烃和焦炭产率升高。这一趋势通常被解释为在更大的单位晶胞尺寸下对烯烃的选择性吸附，因此稀土含量对分子筛单位晶胞大小的影响以及单位晶胞大小对产量和活性的影响很大。单位晶胞越大，就越能促进双分子反应（在决定反应速率的步骤中，涉及两个反应物分子间的变化的反应）。

众所周知，沸石催化剂在催化裂化中的应用量越来越大。稳定的超大孔二维或三维沸石仍然具有催化裂化和加氢裂化的空间。其不仅可以增加催化裂化的基础转化率，而且还可以提高成品油的产量。在石油的催化裂化领域内，这种"层状"沸石为催化转化工艺以及石油化工产品的生产也提供了新的可能性。

将八面沸石或 Y 沸石与铵盐或稀土盐进行离子交换，然后进行煅烧（煅烧促进骨架脱铝同时也改变沸石的酸性和结构特征）是大多数 FCC 催化剂生产商常用的传统改性方法。催化裂化常用的几种沸石催化剂主要有下面几种。

2.2.2.1　ZSM-5 沸石

大约 18 年前，美孚研究开发公司实验室就开始从有机含氮阳离子的混合物中反应合成沸石。在研究早期获得的一种新沸石是 β 沸石（一种具有三维十二元环孔结构的高硅沸石），它的硅铝比大约是丝光沸石的三倍。随后出现了其他新型高硅质沸石，包括 ZSM-5 及其系列。ZSM-5 沸石是一种高硅三维交叉直通道的新结构沸石，这种新型高硅质沸石作为催化剂具有重要意义。该沸石分子筛热和水热稳定性高，大多数的孔径为 0.55nm 左右，属于中孔沸石。其独特的孔结构不仅为择形催化提供了空间限制作用，而且为反应物和产物提供了丰富的进出通道，也为制备高选择性、高活性、抗积炭失活性能强的工业催化剂提供了晶体结构基础。不仅如此，ZSM-5 沸石的用途还包括甲醇制汽油、馏分的脱蜡和芳香化合物的相互转化。与此同时，ZSM-5 还拥有疏水性，这也表明其在分离碳氢化合物（如水和醇）这种极性化合物方面具有独特的潜在价值。

ZSM-5 分子筛属于斜方晶系，空间群 Pnma，晶胞参数为 $a=2.017\text{nm}$，$b=1.996\text{nm}$，$c=1.343\text{nm}$[12]。ZSM-5 的晶胞组成可表示为 $\text{Na}_n\text{Al}_n\text{Si}_{96-n}\text{O}_{192}\cdot16\text{H}_2\text{O}$。式中硅铝原子总数为 96 个，$n$ 是晶胞中 Al 原子个数，可以由 0～27 变化，即硅铝比可以在较大范围内变化。ZSM-5 分子筛的晶体结构由硅铝氧四面体所构成，如图 2-8 所示。硅铝氧四面体通过共用顶点氧桥形成五元硅铝环，8 个这样的五元环组成 ZSM-5 分子筛的基本结构单元。它具有特殊的结构，没有 A 型、X 型和 Y 型沸石那样的笼，其孔道就是它的空腔。ZSM-5 分子筛的骨架由两种交叉的孔道系统组成，即截面呈椭圆形的直筒形孔道（长轴：5.7～5.8Å，短轴：5.1～5.2Å）和截面近似为圆形的 Z 字型孔道（孔径：5.4Å±0.2Å），如图 2-9 所示。两种通道交叉处的尺寸为 0.9nm，这可能是 ZSM-5 催化活性及其强酸位集中处。

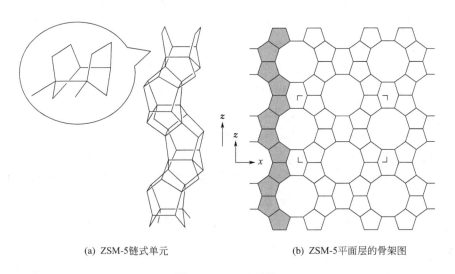

(a) ZSM-5链式单元　　　　　　(b) ZSM-5平面层的骨架图

图 2-8　ZSM-5 结构

ZSM-5 可以通过高温处理从有机客体分子中释放出来，而不会改变其骨架结构。特殊的含氮结构和不含有机物的 ZSM-5 沸石并没有天然的对应物，因此也具有不同于自然沸石的特殊性能。ZSM-5 结构的硅铝比为 20～8000。因此，这种结构的沸石的硅铝比大约是丝光沸石（一种天然沸石，硅铝比为 10～12）的两倍。

沸石因其丰富的表面酸位、大的表面积、优异的水热稳定性和独特的分子筛

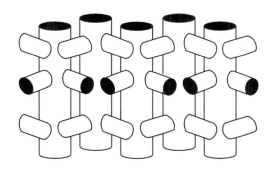

图 2-9　ZSM-5 分子筛孔道结构示意

性能[13]，被广泛用作吸附剂、离子交换剂和多相催化剂。然而，由于传统沸石中存在细小且单一甚至部分封闭的微孔，使得体积较大的反应分子在晶体中的扩散受到限制，这渐渐成为催化反应中一个非常重要的问题。虽然人们通过合成有序介孔材料（一种孔径在 2～50nm 之间孔径分布窄且有规则孔道结构的无机多孔材料）可以解决扩散限制的问题，但这些材料本质上是无定形骨架材料，不仅表面酸性差，而且结构性能也不稳定，这导致大体积分子在酸催化反应中的活性不高。因此，单纯通过制备类似材料来解决扩散问题显然很难提高催化性能。进而，在沸石晶体中引入微孔之外的次生孔隙（指在沸石沉积成型后由人为因素加入的孔隙）成为了一个重要的研究热点，这就是分级沸石的合成。其中，ZSM-5 沸石是分级沸石的一种，是高硅沸石中最重要的催化剂之一。

　　ZSM-5 沸石的热稳定性很高，这是由于骨架中有结构稳定的五元环和较高的硅铝比。例如，将 ZSM-5 分子筛试样在 850℃左右焙烧 2h 后，其晶体结构不变，甚至在 1100℃的高温下其骨架结构也保持稳定。ZSM-5 是已知沸石中热稳定性最高者之一，因此其常被应用于各类高温催化过程。因此 ZSM-5 作为烃类裂解催化剂时，可经受催化剂再生时的高温。与此同时，ZSM-5 沸石十元环构成的孔道体系具有中等大小孔口直径，使它具有很好的择形选择性。以 ZSM-5 沸石作为催化剂时，可以选择性控制比催化剂孔径小的分子发生催化反应，因此沸石催化剂对反应物和产物分子的大小和形状表现出极大的选择性。

　　ZSM-5 分子筛在国内已有广泛的用途，在固定床催化裂化催化剂和 FCC 的催化剂中添加 ZSM-5 分子筛对提高汽油辛烷值和在产物中增加 C_2～C_4 碳数范围内烯烃含量上有很大益处，因此 ZSM-5 分子筛被广泛用于 FCC 催化剂中。在国内，主要采用硅铝比（SiO_2/Al_2O_3）在 38～40 之间的 ZSM 分子筛；而在国外，渣油的催化裂化采用的是硅铝比在 25～30 的范围内的 ZSM-5 分子筛。此外 ZSM-5 分子筛在化工上广泛应用于择形催化。另外在环保方面对水中有机物的

提取采用 SiO_2/Al_2O_3 在 220～400 之间的高硅铝比 ZSM-5 分子筛。用水玻璃和硫酸铝直接合成的 ZSM-5 分子筛主要用于异构化、芳构化以及脱蜡降凝的催化剂的母体，这种分子筛的合成方法同国外用有机胺合成 ZSM-5 相比，工艺简单、质量稳定、无污染、成本低且水热稳定性高。

2.2.2.2 Y 沸石

自 1962 年 FCC 催化剂大变革起，八面沸石就开始取代非晶态硅-氧化铝成为 FCC 催化剂的主要成分。X 和 Y 沸石都具有天然矿物八面沸石的骨架结构，习惯上把 SiO_2/Al_2O_3 为 2.2～3 的称为 X 沸石，SiO_2/Al_2O_3 大于 3 的称为 Y 沸石。制备过程中 X 和 Y 沸石所需的原材料大致相似，因此制备 Y 沸石时，为了避免在内部形成富含铝的区域，通常使用一些特殊的溶液来降低其铝含量，这些溶液包含以铝酸盐单元为末端的低聚链形式（长度为 10～30 个硅原子）的硅酸盐离子，这种低聚链形式的硅酸盐离子就是 NaY 分子筛。在晶化过程中，NaY 分子筛前躯体以晶核为中心，通过消耗包裹在晶核外面的凝胶，使其硅铝酸根骨架重排，逐渐转变为结构有序的纳米 NaY，其硅铝比也逐渐超过 2.2。由于在开始生成主要结构时铝酸盐的消耗量过大，八面沸石结构中主要的结构单元铝酸盐离子的总消耗量变大，从而导致结晶度下降。这就是为什么 NaY 分子筛晶体表面富含硅但无二次结晶生长的原因。

目前 Y 沸石一直是催化裂化催化剂的主要组成部分。近年来稠油馏分的增加和油价的上涨要求更高效的转化工艺，可以通过对 Y 沸石进行改性，以提高活性、汽油转换率、辛烷值和焦炭选择性[14]。

Y 沸石以其催化性能和热稳定性而著名。在众多用于工业用途的沸石中，Y 沸石在石油精炼过程中应用最为广泛。通常作为催化剂被广泛应用于 FCC 和加氢裂化工艺。它还被用作液体和气体分离的吸附剂。现如今 Y 沸石被认为是最重要的沸石之一，近年来关于 Y 沸石的研究逐年增加。

Y 沸石表现出八面沸石结构。如图 2-10 所示，它具有三维孔结构，其孔在 x、y 和 z 轴上彼此垂直，孔径为 7.4Å，因为孔径［即图 2-10(a) 中阴影部分所示］由 12 个氧环构成，并通向直径 12Å 的较大空腔。空腔被十个方钠石笼［即图 2-10(b) 中灰色个体所示］包围，这些笼子的六角形面相连。晶胞是立方的（$a=24.7$Å），对称性为 Fd-3m。Y 沸石的空隙体积率为 0.48，硅铝比为 2.43，它在 793℃ 时发生热分解。

如图 2-11 所示，Y 沸石具有较高的硅铝比，所以它经常被作为石油催化裂化催化剂。由于 Y 沸石拥有较高的硅铝比，而且其在高温下既更活泼又更稳定，因此 Y 沸石在高温催化裂化过程逐渐取代了 X 沸石。不仅如此，Y 沸石还在加氢裂化装置中被用作铂或钯载体，以增加炼油产品的芳烃含量。

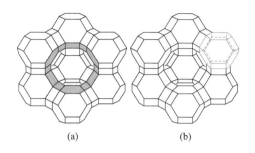

图 2-10   X 和 Y 型沸石（八面沸石）结构

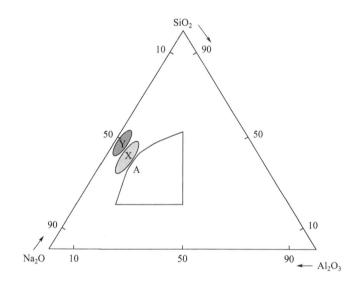

图 2-11   硅铝酸盐 A、X 和 Y 沸石的反应组成

像 A 沸石一样，Y 沸石也是用凝胶法合成的，即以水玻璃、硫酸铝和偏铝酸钠为基础合成原料，加入一定比例的导向剂，然后将凝胶加热到 70～300℃，在导向剂和高温的诱导作用下使沸石结晶。

Y 沸石在石油炼制工业中已经使用了 50 多年。2011 年，全世界约有 8 亿吨原油通过 Y 沸石催化裂化工艺进行加工。沸石还用于加氢裂化装置，作为铂或钯的载体，以增加炼油产品的芳香族化合物含量。

从图 2-11 可以看出，X 和 Y 沸石的凝胶元素组成变化明显小于 A 沸石。通过混合原料，在所有沸石合成批次中都会出现硅铝酸盐凝胶。例如，当将铝酸盐和硅酸盐的纯溶液混合时，富硅水凝胶会自发沉淀，一些单体铝酸盐离子与二氧化硅分子连接，残留的铝酸盐离子首先保留在溶液中。但是凝胶通过溶解和重新沉淀直到平衡状态重新形成了其结构。在 10~20h 的老化时间内，凝胶会消耗越来越多的铝酸盐，最终这些铝酸盐中的铝会固定在 A 沸石和 X 沸石的结构之中。三维凝胶结构在室温下在其母液中稳定，因为所有碱溶性 ≡Si—O—Si≡ 键已经改变为化学稳定的 ≡Si—O—Al≡ 键。四重配位的 Al 原子所带的负电荷可以保护凝胶不与同样带负电荷的氢氧根离子的进一步反应。

2.2.2.3 其他沸石催化剂

因为硅/铝氧环可以形成不同的笼结构，所以不同数量和种类的笼即可形成不同类型的分子筛。分子筛是一种水合的硅铝酸盐晶体。由于分子筛的催化作用一般发生在晶体内空间，分子筛的孔径大小和孔道结构对催化活性和选择性有很大的影响。分子筛具有规整而均匀的晶体内孔道，使分子筛的催化性能随反应物分子、产物分子或反应中间物的几何尺寸的变化而显著变化。为了特定目的，人们已经合成生产了大量具有不同官能团的各种沸石。因为硅铝比的不同，可以有 A、X 和 Y 型等不同类型的沸石，其中最常见的合成沸石是 A、X 沸石，用于制造 FCC 催化剂的 Y 沸石是天然沸石的合成版本，也称为八面沸石。表 2-2 显示了合成沸石的主要性质。20 世纪 60 年代之前，人们为了提高汽油的抗爆性，常常往汽油中加入一种抗爆剂，即四乙基铅。四乙基铅是一种含铅的无色油状液体，这种液体加入汽油中虽然可以大大提高汽油的抗爆性，但是其燃烧后会造成严重的空气污染，因此在 20 世纪 60 年代之后车用燃料的规格指标主要体现在铅含量的降低和辛烷值的提高上，铅含量越低且辛烷值越高，汽油的质量就越好。1986 年，汽油生产商开始主动减少汽油中的铅含量，同时增加汽油中的辛烷值以提高汽油的抗爆性。催化剂制造商的反应是调整沸石配方，这一改变涉及从沸石骨架中去除许多铝原子。铝原子的去除会导致硅铝比明显增加，FCC 沸石催化剂的钠含量也大大减少。之后人们将这种缺铝沸石称为超稳 Y 沸石，因为它比传统的 Y 沸石具有更高的稳定性。

表 2-2　合成沸石的主要性质

沸石种类	孔隙尺寸/Å	硅铝比	应用
Y 沸石	7.4	3~6	催化裂化和加氢裂化
X 沸石	9~10	2.2~3	石油加工催化、气体分离、水处理
A 沸石	4.1	2~5	制造洗涤剂、净化水质

X 沸石具有独特的孔道结构和较大的比表面积，宏观上表现为具有优良的择形催化性能、分子筛分性能和离子交换性能，因此被广泛应用于石油加工催化、气体分离、水处理等领域中。X 和 Y 沸石的晶体结构基本相同，与 Y 沸石相比，X 沸石具有较低的硅铝比。X 和 Y 沸石都具有相同的笼状结构，如图 2-10 所示，但是 X 沸石在骨架中比 Y 沸石含有更多的铝离子，因此，X 沸石比 Y 沸石包含

更多的阳离子，具有较好的热稳定性。与此同时，沸石的酸碱度也由沸石骨架中的铝含量决定，铝含量越多碱性越大，因此 X 沸石比 Y 沸石碱性更大，其 pH 值随着骨架中的可交换阳离子电负性的降低而增加。

如图 2-12 所示，A 沸石具有类似氯化钠立方结构，A 沸石的化学式为 $Na_2O \cdot Al_2O_3 \cdot 2SiO_2$，其内部孔径为 4.12Å，因此简称其为 4A 沸石。当 4A 沸石中 60% 以上的钠离子被钾离子取代时，称其为 3A 沸石；当 4A 沸石中 70% 以上钠离子被钙离子取代时，称其为 5A 沸石。因此，4A 沸石是制备 3A 和 5A 分子筛的基础原料。由于 A 沸石具有类似氯化钠的立方结构，因此其具有许多特殊的性质，如离子交换性能。

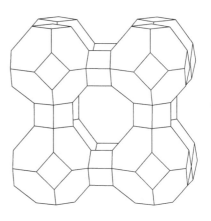

图 2-12 A 沸石

4A 沸石骨架中的每一个氧原子都为相邻的两个四面体所共有，这种结构拥有可容纳阳离子和水分子等物质的内部孔隙，并且孔隙中的阳离子和水分子有较大的移动性，可进行阳离子交换和可逆脱水。4A 沸石的离子交换是在带有铝离子的骨架上进行的，每一个铝离子所带的一个负电荷，不仅可以结合钠离子，也可以结合其他阳离子。如钙、镁离子可以进入原来钠离子占据的位置，将 4A 沸石中的钠离子替换下来，即 4A 沸石中的钠离子可进行离子交换，可与硬水中的 Ca^{2+} 和 Mg^{2+} 离子进行交换，因此达到软化水质的目的。虽然 4A 沸石结合钙镁离子的速度比三聚磷酸钠慢，且与镁离子的结合能力较弱，但 4A 沸石可将水溶液中少量有害的重金属离子如 Pb^{2+}、Cd^{2+} 和 Hg^{2+} 等快速除去，对净化水质有着十分重要的意义。

2.3
FCC 催化剂中稀土的应用

为了提高催化剂的活性、选择性和热稳定性，稀土氧化物在催化领域得到了广泛研究。稀土的主要用途在于催化剂，稀土的催化应用也主要集中在 FCC。早在 20 世纪 60 年代初期，就出现了稀土在 FCC 中的应用，即用于沸石中用做催化裂化催化剂。可以通过使用稀土裂解较重的石油馏分来帮助保持催化剂的有效性并提高汽油馏分的收益率。稀土元素（如镧）主要用于裂化催化剂，以将原油提炼成汽油、馏分油、轻质石油产品和其他燃料。除此之外，稀土元素还可以消除汽油中的铅元素。下面对稀土在 FCC 催化剂中的作用进行总结，并总结了钒使 FCC 催化剂失活的机理，以更好地了解 FCC 操作环境下钒元素与稀土之间的相互作用。

2.3.1 催化剂失活机理及稀土在污染物金属钝化中的应用

为了降低生产成本，炼油厂通常会购买低成本原油。尽管这些低成本原油的确可以帮助提高炼油厂的利润率，但与此同时这些低成本原油也可能包含未知浓度的污染物和催化剂毒物，因此在生产过程中往往会带来各种不良隐患，例如催化剂突然失活和过高的焦炭沉积，这都可能导致生产循环时间的缩短和不必要的副产品的生成。

在 FCC 原料中发现的污染物的类型和数量主要取决于原油的来源，也取决于炼油工艺。镍和钒污染物主要存在于常规重质原油中，而铁污染物在致密油或者页岩油中的含量较高。这些金属倾向于沉积在沸石催化剂上，毒化催化剂的表面，从而降低其活性并促进了脱氢反应，最终导致催化剂表面形成焦炭。

Meirer 等[15]使用 X 射线纳米层析成像技术研究了不同程度失活的工业 FCC 催化剂颗粒，以量化每个颗粒大孔隙度和孔连通性的变化。研究得出，污染金属几乎完全掺入 FCC 催化剂的近表面区域，且随着金属浓度的增加，大孔隙中的活性位点难以参与反应，大孔隙的作用类似于孔隙网络的"高速公路"，因此，大孔隙的阻塞可导致原料分子无法到达活性催化区域，从而降低了原料转化率。

在众多金属中，钒和镍对沸石催化剂来说最具有危害性，因为当其沉积在催化剂上时，钒和镍会与催化剂相互作用，改变主要反应路径并促进副反应进行（例如脱氢反应），从而导致催化剂选择性的转变。因此，这些金属对沸石催化剂的毒害作用对于炼油厂来说是一个难以解决的问题。

对钒和镍的研究表明，这些金属在与 FCC 催化剂接触时表现出不同的行为。镍元素通过催化产生不良的副反应（例如碳化），反应产生的焦炭会包裹住 FCC 催化剂并使其失活；而钒元素通过与沸石骨架发生水解反应，从而间接破坏沸石的结构导致其失活。尽管镍不会破坏沸石，但它可作为脱氢的催化剂，而且比钒具有更高的脱氢能力。这些脱氢反应会导致 FCC 装置中产生过多的氢气和焦炭，由污染物金属催化的脱氢反应产生的焦炭称为污染物焦炭。

Reynolds[16]解释了镍使 FCC 催化剂失活的机理，过程如下：

① 在第一步失活步骤中，镍可能以非晶态沉积在催化剂表面，覆盖在表面并使催化剂局部失活；

② 随着时间的流逝，Ni 的表面覆盖层逐渐变厚，开始形成硫化物的结晶并迁移到孔结构中。这些硫化物最终使催化剂的孔失活并破坏催化剂孔隙。

综上所述，镍污染催化剂的这两步反应过程导致催化剂的活性降低直至失活。

为了阐明钒对 FCC 催化剂的侵蚀机理，Richard[17] 使用各种催化剂和表征技术，例如 XRD、BET 和电子微探针等进行了研究并提出了以下机理：V_2O_5 可通过与水反应转化为不稳定的钒酸 H_3VO_4，进一步造成沸石骨架因为水解反应而被破坏，从而导致沸石失活。式（2-16）和式（2-17）总结了钒生成钒酸的反应。

$$4V + 5O_2 \longrightarrow 2V_2O_5 \qquad (2-16)$$

$$V_2O_5 + 3H_2O \longrightarrow 2H_3VO_4 \qquad (2-17)$$

钒酸是一种强酸，pK_a（酸度系数）为 0.05，酸度系数越小，钒的流动性越强，对沸石结构的侵蚀性也就越强。综上所述，由于钒酸流动性极强，需设计催化剂的再生系统以防止钒酸对催化剂的侵蚀而导致催化效率降低。因此，可以通过开发合适的添加剂来帮助捕获钒酸以控制钒对 FCC 催化剂的破坏作用。利用酸碱化学原理进行合适的捕获设计，这有助于固定活性钒物质。典型的耐钒催化剂应具有以下特性：

① 可处理金属元素含量较高的原料；

② 在不破坏催化剂的情况下捕获和固定钒；

③ 与钒的结合过程不可逆，即固定后的钒不能污染催化剂；

④ 可从原料中去除大部分的钒元素；

⑤ 耐钒催化剂与其他酸性物质（如硫）的相互作用可忽略不计；

⑥ 钒向捕获陷阱（如稀土氧化物）的迁移应比钒向沸石的迁移快得多。

Trujillo 等[18] 使用电子自旋共振技术研究了在 FCC 工艺条件下蒸汽存在时钒破坏沸石的机理，证明少量的钒会导致催化剂的活性大幅度降低。基于其研究结论并结合 Richard 等人的研究结果，提出了以下机理：

① 钒在烃类原料中以 +3 或 +4 的氧化态存在于有机金属卟啉分子中，金属卟啉是高度共轭的有机金属化合物，在 FCC 反应中在催化剂表面会发生裂解或者聚合成焦炭。最后钒会进一步自由地迁移到催化剂微球中或转移到其他催化剂颗粒中。

② 在 FCC 反应器中，来自分解卟啉的还原态金属（如钒）沉积在催化剂表面上或进一步迁移到微球中，并与焦炭一起转移到再生器中。这样的金属会促进不良的副反应（镍元素会促进氢化反应生成焦炭包裹催化剂从而使催化剂失活；钒元素会引发与沸石骨架的水解反应），从而导致焦炭的形成，并可能导致催化剂中沸石和活性基质的破坏。

③ 一旦进入再生器，焦炭就被燃烧掉，此时钒被氧化为 +4 和 +5 价态。如果钒氧化态的浓度足够高，则氧化钒可能以 V_2O_5 的形式存在。

④ V_2O_5 熔点约为 670℃，在再生器环境（600～750℃）下为液态。在低浓

度下，它很容易散布在高表面积的固体上，从而失去其类似溶剂的性能。

⑤ 水通过破坏 V—O—Al 和 V—O—Si 键增加钒的流动性，并形成具有两性的羟基化钒物种，羟基化钒可以表现为中性或是带正电，从而避免与带负电的分子筛骨架相排斥。钒以这种方式到达酸位，并与沸石反应，导致催化剂失活[19]。羟基化钒会优先中和沸石上最强的酸位。

⑥ 在 FCC 再生器中高温和蒸汽有利于 V_2O_5 的形成和钒酸的后续产生，钒酸催化骨架水解，增加了脱铝速率，如式（2-18）和式（2-19）所示：

$$V_2O_5 + 2H^+Y \Longrightarrow 2VO_2^+Y + H_2O \qquad (2\text{-}18)$$

$$VO_2^+Y + 2H_2O \Longrightarrow H^+Y + H_3VO_4 \qquad (2\text{-}19)$$

从上述机理可以得出结论，因为钒在破坏沸石的过程中不被消耗，因此钒可以充当沸石骨架水解的催化剂。Pine[20] 提出稀土是改变沸石稳定性的间接原因之一。Etim 等[21] 也提出了基于钒酸加速脱铝产生介孔的机理，钒酸迁移到沸石骨架上，通过萃取沸石四面体晶体中的铝原子，将其侵蚀并破坏强酸位点 Si(OH)Al，使其崩塌，并形成固态钒酸铝（$AlVO_4$）。他们提出的机理如式（2-20）至式（2-22）所示：

$$V_2O_5 + 3H_2O \longrightarrow 2H_3VO_4 \qquad (2\text{-}20)$$

$$[SiO]_3Al(HO)Si + H_3VO_4 \longrightarrow AlVO_4 + 4[SiOH] \qquad (2\text{-}21)$$

$$AlVO_4 + 3H_2O \longrightarrow H_3VO_4 + Al(OH)_3 \qquad (2\text{-}22)$$

Xu 等[22] 提出了另一种机理来解释钒对 FCC 催化剂的破坏作用，他们提出破坏的关键在于 NaOH 的形成和作用，钒的作用是催化和促进 NaOH 的形成。他们认为，钒并未产生新的破坏性方法，正是碱（OH^-）攻击了骨架的 Si—O 键。他们在 Y 沸石上进行研究发现，在空气和蒸汽存在的情况下，$697 \sim 827℃$ 时，钒元素会与 Na^+ 发生反应，从而促进其从 Y 沸石交换位点的释放。由此形成的偏钒酸钠（$NaVO_3$）在蒸汽中水解以形成 NaOH 和偏钒酸（HVO_3），这些偏钒酸可再次与 Na^+ 反应。在钒含量稀少的情况下，NaOH 是破坏剂，因此碱性（OH^-）的形成是破坏的关键。因此，在不含钠的情况下，无论沸石的晶胞大小，钒对 Y 沸石的稳定性几乎没有影响。研究表明钒是沸石骨架水解的催化剂，以下反应途径解释了钒在破坏沸石时的作用过程：

① 钒以 V_2O_5 的形式存在，在 FCC 再生条件下呈液态，会在蒸汽中反应生成钒酸和偏钒酸。如式（2-23）和式（2-24）所示：

$$V_2O_5 + 3H_2O \Longrightarrow 2H_3VO_4 \qquad (2\text{-}23)$$

$$V_2O_5 + H_2O \Longrightarrow 2HVO_3 \qquad (2\text{-}24)$$

② 类似地，如果钒在吸附表面作为 $^*[VO_2]^+$ 形式处于 +5 氧化态（* 表示表面吸附位点），它也可以经反应形成酸。如式（2-25）和式（2-26）所示：

$$^*[VO_2]^+ + H_2O \Longrightarrow HVO_3 + {}^*H^+ \qquad (2\text{-}25)$$

$$* [VO_2]^+ + 2H_2O \Longrightarrow H_3VO_4 + * H^+ \tag{2-26}$$

③ 在 FCC 再生条件下，钒酸和偏钒酸之间存在动态平衡。如式（2-27）所示：

$$H_3VO_4 \Longrightarrow HVO_3 + H_2O \tag{2-27}$$

④ 偏钒酸与 Y 型沸石上的钠离子反应形成偏钒酸钠。如式（2-28）所示：

$$HVO_3 + Na^+ Y \Longrightarrow NaVO_3 + H^+ Y \tag{2-28}$$

⑤ 偏钒酸钠在蒸汽中水解，得到 NaOH 和偏钒酸。如式（2-29）所示：

$$NaVO_3 + H_2O \Longrightarrow HVO_3 + NaOH \tag{2-29}$$

根据 Xu 等[22]的观点，所提出机制的关键步骤是包含式（2-28）和式（2-29）的过程，Hagiwara 等[23]的研究进一步支持了该反应过程，在没有钒酸钠的情况下，它必须通过 Na$^+$ Y 的水解而发生。如式（2-30）所示：

$$H_2O + Na^+ Y \Longrightarrow NaOH + H^+ Y \tag{2-30}$$

而在没有钒的情况下，催化 NaOH 的形成是极其困难的过程，因此 NaOH 是由钒催化形成的。以上的两种不同机理证实了钒确实通过水解作用对破坏沸石结构起催化作用。实际发生的反应机理还有待进一步研究，而更先进的分析和表征技术的应用，将为机理的确定提供可能性。从上述机理可以更好地了解 FCC 原料中的钒如何最终进入催化剂并随后使催化剂失活。

维持 FCC 催化单元活性的常用方法是根据进料中金属污染物的含量调整新鲜催化剂的添加量。当进料中的金属污染物开始增加时，新鲜催化剂的添加量也随之增加，而当进料中金属含量低时，则添加量减少。但是，当金属污染物含量较高时，单独添加更多的新鲜催化剂可能不是个高效的催化剂使用方法，因为这不仅不会减少金属污染物的影响，还会对催化剂的活性和稳定性造成不利影响。因此，重要的是设计催化剂可以有效地捕获金属污染物。金属污染物捕获技术可以捕获不稳定的金属污染物（如钒）并将其转移，从而形成稳定且无催化活性的化合物，这个过程叫做金属钝化。

金属钝化可降低污染金属的有害影响，而不会显著降低催化剂活性，也不会从装置中除去金属污染物。镍和钒是催化裂化催化剂中最常见的毒物，通常以金属卟啉的形式存在（卟啉是在较高沸点的馏分中发现的有机金属化合物），尤其是通过蒸馏进入 FCC 装置中的馏分将会含有较高浓度的镍和钒。在 FCC 过程中，这些金属污染物会在催化剂表面形成沉积物，从而破坏沸石结构。因此，使用稀土捕集钒和镍将有助于降低钒作为沸石骨架水解催化剂的有害作用。

稀土氧化物（例如 La$_2$O$_3$）本质上是碱性的，可以中和钒酸以形成稀土钒酸盐，从而阻止了沸石骨架的快速水解。式（2-31）表示稀土氧化物（RE$_2$O$_3$）与钒酸形成稳定钒酸盐的反应过程：

$$RE_2O_3 + 2H_3VO_4 \longrightarrow 2REVO_4 + 3H_2O \tag{2-31}$$

对于这种钝化方法，初始金属氧化物和产物金属钒酸盐的稳定性至关重要。热重分析表明，即使在 FCC 再生器中最高温度下，稀土钒酸盐也很稳定。稀土钒酸盐在 FCC 条件下的稳定性和惰性有助于减少沸石的失活以及减少焦炭和干燥气体的形成。Baugis 等[24]使用光致发光技术研究了 FCC 装置在典型的水热运行条件下，稀土钝化剂和钒之间的相互作用。实验采用将稀土元素生成稀土钒酸盐来作为钒捕获陷阱，从而使钒氧化物的有害性质钝化。根据 Yang 等[25]的研究，镍的存在可一定程度上抑制钒中毒现象。他们通过使用 XRD、FTIR、表面积测量、NH_3-TPD 和正己烷裂解反应等，研究了稀土 Y 分子筛和超稳 Y 沸石中钒和镍的相互作用。他们认为在钒和镍之间通过非骨架铝而进行直接或间接的相互作用。综上所述，向沸石中引入稀土有助于减少金属中毒，并保护骨架铝且增加沸石结构的稳定性。

除此之外，稀土作为钒陷阱的有效性还受到稀土引入催化剂的方法的影响。Moreira 等[26]研究了通过离子交换和初湿技术制备的 Ce 掺杂 H-USY 分子筛即 (Ce-HUSY) 的有效性，从他们的研究中得出，通过初湿浸渍法引入的铈（Ce）比通过沉淀或离子交换制备的 Ce-HUSY 催化剂显示出更高的钒耐受性。因此，稀土可用于制备耐钒的 FCC 催化剂。

2.3.2 稀土对催化裂化催化剂水热稳定性的影响

大多数催化剂在高难度的催化环境下（如高温和蒸汽）都面临水热失活的问题，FCC 催化剂也不例外。FCC 催化剂再生过程的温度通常在 $500 \sim 800\,℃$ 之间。在这个过程中，再生环境里常常会存在大量高温蒸汽，这些高温蒸汽很大程度上影响了沸石催化剂的再生，严重时甚至会导致沸石脱铝。例如，标准 FCC 催化剂中使用的超稳 Y 沸石，再生前硅铝比约为 5，而再生后硅铝比约 20，前后相差了约 15 个硅铝比，间接反映了 FCC 再生器中沸石催化剂的脱铝程度[27]。因此沸石的热稳定性和水热稳定性是催化剂最重要的参数之一。

为了避免催化剂因水热而失活可采用稀土掺杂以改善 FCC 催化剂的水热稳定性，其中镧和铈是改善水热稳定性的两种主要稀土元素。这两种稀土通过稳定催化剂的结构骨架，限制了沸石在高温蒸汽环境下沸石脱铝的程度。Lemos 等[28]研究了 Ce 和 La 交换对 HY 的影响，并比较了 LaHY 沸石、CeHY 沸石和 HY 沸石的酸度和催化性能。从他们的研究中得出，La^{3+} 和 Ce^{3+} 与 HY 的交换改善了 HY 原有的热稳定性，这可能是由于稀土阳离子与晶格氧原子之间形成了稳定的氧络合物。与此同时，他们还发现 LaHY 拥有比 CeHY 更好的热稳定性。

尽管 La 和 Ce 通常用于 FCC 催化剂中，但实验证据表明，随着稀土阳离子的离子半径减小，催化剂的稳定性会提高。Liu 等[29]的研究结果表明，钇（Y）改性的 Y 沸石（YHY）的稳定性高于铈改性的 Y 沸石（CeHY），他们发现 REY 沸石的稳定性和活性随稀土元素离子半径的减小而增加。与此同时，Du 等[30]的研究结果也证明了这一观点，他们用粉末 XRD 和 Rietveld 精修测定了稀土掺杂的 Y 沸石中的 La^{3+}、Ce^{3+}、Pr^{3+} 和 Nd^{3+} 的离子位置，并通过 XRD、电子能谱 XPS 和微活性测试研究了不同元素对 Y 沸石稳定性的影响。研究发现 Y 沸石结晶度保持率和沸石稳定性随着离子半径的减小而增加，稀土离子与沸石的相互作用导致沸石与羟基键合。为进一步证实稀土元素对 Y 沸石水热稳定性的影响，Du 等将样品用水热环境处理后采用粉末 XRD 研究。处理后稀土 Y 分子筛的结晶度保持率呈 CeY＜LaY＜PrY＜NdY 的升序。这表明稀土有助于稳定沸石骨架，而半径较小的稀土则为沸石提供了更大的稳定性骨架结构。

　　研究人员也通过包括 DFT 计算在内的多种技术对八面沸石中 La 元素的性质和位置进行研究[31]。研究得出，大多数 La^{3+} 离子存在于方钠石笼中。Nery 等[32]研究得出相同的结果，他们使用 Rietveld 精修的方法来确定经过煅烧后（500℃，1h）稀土阳离子的晶体学位置。研究发现，La 和 Ce 都迁移到位于方钠石笼内的 S2 位置，如图 2-13 所示，而 Na 阳离子迁移到 S4 位置。除此之外，由于稀土阳离子的引入和煅烧过程中引起的脱铝过程产生的铝位于方钠石笼内。煅烧后，稀土元素会迁移到较小的笼子中，并且一旦定位在这些笼子中，它们就会与骨架氧原子桥连，从而稳定沸石的结构。一些水解反应只在稀土阳离子上产生，而且同时产生 Brønsted 酸，并且稀土原子的离子半径越大，水解程度越高。

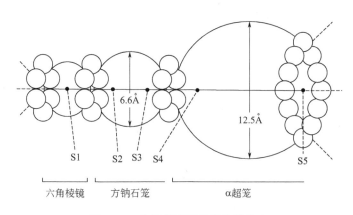

图 2-13　非骨架原子的晶体学位点

　　Du 等[30]也研究了稀土离子在沸石 Y 中的转移。他们提出了稀土离子在 Y 型沸石中迁移的过程：

　　① 最初，稀土（RE）离子通常以 $RE(H_2O)_n^{3+}$ 的形式存在于水溶液中，而

位于超笼中的稀土离子通过煅烧和水热处理过程中脱水产生 $RE(OH)^{2+}$。如式(2-32)所示：

$$RE(H_2O)_n^{3+} \longrightarrow RE(OH)^{2+} + H^+ + (n-1)H_2O \tag{2-32}$$

② $RE(OH)^{2+}$ 阳离子的直径约为 0.23nm，方钠石笼的尺寸为 0.66nm，稀土阳离子可以从超笼迁移到方钠石笼，如式(2-33)所示：

$$RE(OH)^{2+}(超笼) \longrightarrow RE(OH)^{2+}(方钠石笼) \tag{2-33}$$

③ 随后，$RE(OH)^{2+}$ 阳离子与氧反应形成 RE 氧化物，然后氧化物扩散到沸石表面，而不是进入方钠石笼中，如式(2-34)所示：

$$2RE(OH)^{2+} + O_2 \longrightarrow RE_2O_3 + H_2O \tag{2-34}$$

2.3.3 稀土对沸石酸度的影响

稀土元素的掺入会影响沸石的酸度，这一结论国内外许多学者都进行了不同深度的研究。Cerqueira 等[27]研究了稀土对沸石酸度的影响，他们的研究表明，稀土阳离子通过与骨架氧原子之间配位影响沸石的酸度。由于配位键的缘故，稀土阳离子的极化作用以及稀土阳离子水解而产生的酸位形成了 Brønsted 酸位。Martins 等[33]研究了稀土在 β 沸石中的作用，他们发现引入稀土会增强催化剂的酸度，从而导致副产物的增加。此外，氢转移反应的发生和焦炭的形成导致这些催化剂更容易失活。与此同时，稀土原子的离子半径也影响着沸石的 Brønsted 酸性和氢转移反应速率。

Deng 等[34]研究了当不同数量的 H^+ 与 HY 沸石中的稀土金属离子交换时，酸量的变化以及 Lewis 和 Brønsted 酸位的分布。根据 NH_3-TPD 实验结果，他们发现强酸位点和弱酸位点的峰强度都降低了，同时随着 La^{3+} 的增加，弱酸位点的峰逐渐移向更高的温度，这表明 La^{3+} 的引入会同时降低强酸中心和弱酸中心，并增加中等酸中心的比例。适度的稀土离子交换可通过水解导致 Brønsted 酸的形成，如式(2-35)和式(2-36)所示：

$$RE^{3+} + H_2O \longrightarrow [RE(OH)]^{2+} + H^+ \tag{2-35}$$

$$RE^{3+} + 2H_2O \longrightarrow [RE(OH)_2]^+ + 2H^+ \tag{2-36}$$

大量稀土离子交换处酸位数量的减少可以通过桥连羟基的形成来解释，如式(2-37)所示：

$$2RE^{3+} + H_2O \longrightarrow [RE-O-RE]^{5+} + 2H^+ \tag{2-37}$$

由上式可知，水解程度随着离子半径的增加而增加。而且，稀土原子的离子半径越高，沸石的 Brønsted 酸度越高。

由于稀土阳离子会改变沸石的酸性，因此将稀土引入沸石中肯定会对氢转移反应产生影响。Puente 等[35]研究了不同稀土离子对 Y 沸石上氢转移反应的影响，他们发现氢转移反应的速率趋势随着离子半径的增加而增加。与此同时，他们还发现，Brønsted酸位随离子半径的增加而增加。在催化裂解反应中酸位越多则活性越强。因此，稀土阳离子的离子半径越大，催化裂化过程中氢转移反应的程度越大。氢转移指数定义为C_3与直链C_4和支链C_4物质的链烷烃或烯烃的比值。可以使用在固定条件下测试的催化剂的氢转移指数（HT）来估算FCC催化剂产生副反应时的相对活性，较低的HT产生较少的副反应，从而保留了大量的烯烃汽油，随后可裂化为较轻的烯烃。实验表明，将稀土化合物引入沸石中不仅会影响裂化活性，还会影响催化剂的氢转移性能，从而影响其产物分布并有利于产生焦炭。这些结果表明，通过选择特定的稀土元素修饰商业催化剂，可以对特定的催化反应进行一定程度的催化控制。

2.3.4 稀土对汽油产量的影响

稀土抑制沸石的脱铝这一事实意味着稀土掺杂的催化剂中往往会出现较高浓度的酸位，从而提高了沸石的活性和水热稳定性。由于活性位点数量的增加，在沸石内发生的主要的裂化反应和氢转移反应均得到增强。主要裂化反应涉及C—C键的断裂，以形成更高价值的液体产品，例如汽油。氢转移反应是发生在裂化产物之间的反应，氢转移反应的出现会终止产物间的裂化反应，从而减少汽油向C_3和C_4的过度裂化。随着向沸石中添加稀土，氢转移反应大大增加。但与此同时沸石的酸度也会增加，过大的酸位密度会导致沸石较高的活性和较差的焦炭选择性。

FCC催化剂上稀土阳离子的存在对裂化活性和选择性有重大影响。通过增加稀土元素含量，尽管伴随着辛烷值的降低，却获得了更高的汽油产率。在再生步骤中，催化剂在水热条件中暴露于高温下，这促进了沸石骨架的脱铝，更减少了Brønsted酸位的数量。稀土元素可以减缓这种脱铝过程，因为这种现象仅发生在含有质子作为阳离子的Si—O—Al位置。在这些条件下，氢转移反应的速率增加，有利于形成更多的链烷烃产物[36]。氢转移反应在FCC过程中非常重要，因为它与主要反应（例如异构化反应和烷基化反应）竞争，氢转移反应可将烯烃转化为链烷烃并降低汽油辛烷值。因此，在催化裂化催化剂中掺入稀土可增加氢转移反应速率，进而提高汽油选择率。

有许多文章涉及稀土对催化裂化催化剂活性的影响。Françoise等[37]研究了稀土性质对氢转移反应的影响。因环己烯异构化和裂化活性易于评估，其在酸性催化剂上的反应是一种很好的反应模型。可以使用HT指数计算该反应的氢转移，如图2-14所示，该指数涉及根据不同反应步骤定义的动力学常数（k_i）的初始值，如式（2-38）所示：

$$i_{HT} = \frac{k_5}{k_2 + k_4 + k_5} \tag{2-38}$$

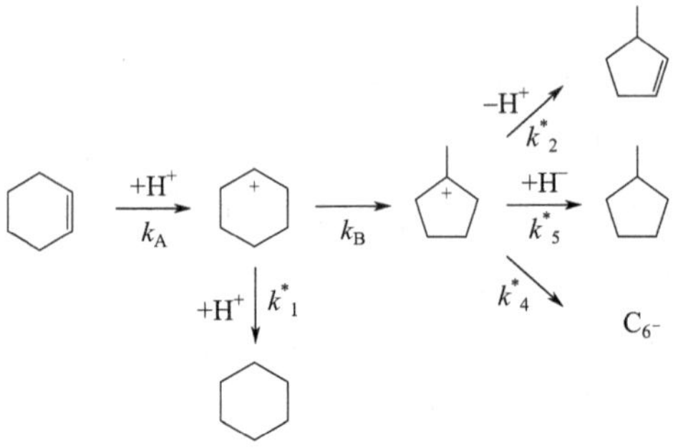

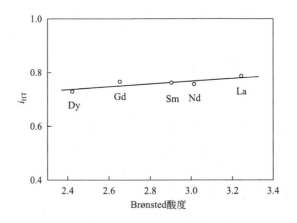

图 2-14　环己烯反应的主要分支（注：C_{6^-} 指裂化产物）

　　HT 值随着沸石的酸度增加而增加。观察到 HT 值、稀土原子的原子半径与酸度之间的相关性，但如图 2-15 所示，稀土性质（及其酸度）对 HT 指数的影响不大。

图 2-15　指数 i_{HT} 与 Brønsted 酸度的关系

　　图 2-16 为两种裂化催化剂在不同转化率下的汽油产率的曲线图。该数据表明稀土含量与汽油产量之间存在很强的相关性。因此，稀土通过限制沸石中铝原子的损失，提高了 FCC 催化剂的活性和汽油产率[38]。

2.3.5　稀土对催化剂活性的影响

　　用于裂化催化剂的沸石在再生器的高温蒸汽环境中进行反应，活性位点会被

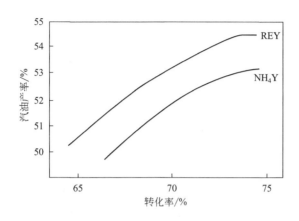

图 2-16 稀土对汽油产率的影响

逐渐破坏。沸石中的活性位点与水蒸气反应，从而使沸石脱铝，因此催化剂在
FCC 再生器的循环过程中逐渐老化。稀土的作用是控制沸石的活性位点密度
（通过单位晶胞尺寸来衡量）。沸石中的稀土离子阻止了脱铝这种有害反应的发
生，从而防止了其晶胞尺寸缩小和催化剂的老化。

  Lemos 等[28]以正庚烷裂化为探针分子研究了含 La 和 Ce 的沸石的催化活
性。裂解产物主要为链烷烃，这表明发生了氢转移反应。在反应开始时，烯烃和
烷烃的比例非常低。然而，随着反应时间的延长，烯烃和烷烃的比例显著增加。
对于所有样品，裂化活性显然与强质子酸度有关。这与 Sousa-Aguiar 等[39]的观
点一致，Sousa-Aguiar 等研究了阳离子（钙、钡和镧）交换 Y 沸石对辛烷裂解
的催化裂解活性，他们观察到催化活性和 Brønsted 酸强度之间的关系。La 的引
入增加了阳离子的稳定性，增强了超笼中的 Brønsted 酸度和催化裂化活性。研
究得出，稀土阳离子的极化作用可能会增加酸位的强度。

  FCC 催化剂中掺入稀土会影响催化剂活性位点密度，从而引起催化活性和
选择性的不同。Wormsbecher 等[40]得出，一系列失活催化剂的晶胞大小随稀土
含量的增加而增加。这意味着催化剂中的沸石活性位点密度正在增加，因此，催
化剂的活性也随之增加。这表明催化剂的活性随晶胞尺寸或稀土含量的增加而增
加。其他研究也表明，稀土含量高的稳定 Y 沸石表现出更高的重油转化率，更
好的焦炭选择性和更高的氢转移活性。

2.3.6 稀土对汽油辛烷值的影响

  稀土的含量、沸石的酸度和催化剂的超稳定性对最终汽油的数量和质量有不
同的影响。酸位点密度不仅控制催化活性，而且控制沸石在催化反应中的选择

性。高的酸位点密度导致高的催化活性，但焦炭的选择性较差，汽油中烯烃的含量较低。

FCC 再生器中的蒸汽将铝从沸石骨架中去除，从而导致酸度降低和晶胞尺寸减小。由于稀土元素会抑制沸石结构脱铝，因此 FCC 催化剂的单位晶胞尺寸会增加。由于减小 FCC 催化剂的单位晶胞尺寸具有改善辛烷值的作用，因此添加稀土元素可降低辛烷值。Myrstad[41] 还研究了稀土对辛烷值的影响，发现它们导致产生的汽油的辛烷值降低，这是由于氢转移反应增加，石蜡和环烷烃的脱氢减少。较高的稀土负载会产生大量的氢转移反应和大量链烷烃，这也意味着汽油馏分中烯烃的氢化增加，导致辛烷值降低。

氢转移反应不仅减少了产物中的烯烃数量，还通过在碳正离子裂化成较短的链片段之前终止碳正离子来影响产物的分子量分布[42]。随着氢转移反应相对于裂化反应的增加，烯烃的产率、轻质气体的产率和辛烷值降低，而汽油的产率提高[43]。

分子筛的类型和进料的性质也可能影响轻质烯烃的产率，如 Wang 等[44] 的研究所示。他们研究了稀土对 HZSM-5 将丁烷催化裂解为轻质烯烃的性能的影响，研究发现，在 HZSM-5 催化剂上添加稀土金属可大幅度提高对烯烃（特别是对丙烯）的选择性。

石油精炼操作中使用稀土还是非稀土催化剂取决于进料类型和所需产品。如果生产原料是以渣油原料生产汽油，那么稀土裂化催化剂是必须的。如果生产目的是高汽油辛烷值的产物，那么应该尽可能使用最少的稀土催化剂或部分稀土催化剂，以确保高辛烷值。

参考文献

[1] R. C. Hansford. Chemical concepts of catalytic cracking [J]. Advances in Catalysis, 1952, 4: 1-30.

[2] 李春年. 渣油加工工艺 [M]. 北京：中国石化出版社，2002.

[3] J. S. Magee, M. M. Mitchell. Fluid Catalytic Cracking [M]. American Chemical Society, 2004.

[4] 陈来夫，于海鹏. 粉尘过滤系统在催化剂加料系统中的应用与研究 [J]. 煤质技术，2019，34（03）：11-14.

[5] O'Connor P. Chapter 15 catalytic cracking: The future of an evolving process [J]. Studies in Surface Ence and Catalysis, 2007, 166 (07): 227-251.

[6] 袁月华. 催化裂化油浆阻垢剂的研制及工业应用 [D]. 天津：天津大学，2005.

[7] Wojciechowski B W. The reaction mechanism of catalytic cracking: quantifying activity, selectivity, and catalyst decay [J]. Catalysis Reviews, 1998, 40 (3): 209-328.

[8] Perego C, Millini R. ChemInform abstract: Porous materials in catalysis: Challenges for mesoporous materials [J]. ChemInform, 2013, 44 (29): no-no.

[9]   Dougan T J , et al. New vanadium trap proven in commercial trials [J]. Oil & Gas Journal, 1994, 92: 39 (33).

[10] Weckhuysen B M, Yu J. Recent advances in zeolite chemistry and catalysis [J]. Chemical Society Reviews, 2015, 44 (20): 7022-7024.

[11] Chairman D S C, et al. Recommended nomenclature for zeolite minerals: report of the subcommittee on zeolites of the International Mineralogical Association, Commission on New Minerals and Mineral Names [J]. Mineralogical Magazine, 1998, 62 (4): 533-571.

[12] A Kubacka, et al. Oxidative dehydrogenation of propane on zeolite catalysts [J]. Catalysis Today, 2000, 61 (1).

[13] Cundy C S, Cox P A. The hydrothermal synthesis of zeolites: History and development from the earliest days to the present time [J]. Cheminform, 2003, 103 (3): 663-702.

[14] Corma A, Agustín Martínez. Zeolites in refining and petrochemistry [J]. Studies in Surface Science & Catalysis, 2005, 157 (05): 337-366.

[15] Florian Meirer, et al. Weckhuysen. Life and death of a single catalytic cracking particle [J]. Science Advances, 2015, 1 (3).

[16] Reynolds, John. Nickel in petroleum refining [J]. Petroleum Science & Technology, 2001, 19 (7-8): 979-1007.

[17] Richard F, et al. Vanadium mobility in fluid catalytic cracking [J]. Acs Symposium, 1995, 634: 283-295.

[18] Trujillo C A , et al. The mechanism of zeolite Y destruction by Steam in the presence of vanadium [J]. Journal of Catalysis, 1997, 168 (1): 1-15.

[19] Diana Vanessa Cristiano-Torres, et al. The action of vanadium over Y zeolite in oxidant and dry atmosphere [J]. Applied Catalysis A: General, 2008.

[20] Pine L A . Vanadium-catalyzed destruction of USY zeolites [J]. Journal of Catalysis, 1990, 125 (2): 514-524.

[21] Etim U J, Xu B , Ullah R , et al. Effect of vanadium contamination on the framework and micropore structure of ultra stable Y-zeolite [J]. J Colloid Interface, 2016, 463: 188-198.

[22] Xu M , Liu X , Madon R J . Pathways for Y zeolite destruction: The role of sodium and vanadium [J]. Journal of Catalysis, 2002, 207 (2): 237-246.

[23] Hagiwara K , et al. Effect of vanadium on USY zeolite destruction in the presence of sodium ions and steam—studies by solid-state NMR [J]. Applied Catalysis A General, 2003, 249 (2): 213-228.

[24] Baugis G L , et al. The luminescent behavior of the steamed EuY zeolite incorporated with vanadium and rare earth passivators [J]. Microporous & Mesoporous Materials, 2001, 49 (1-3): 179-187.

[25] Yang S J , Chen Y W , Li C . Vanadium-nickel interaction in REY zeolite [J]. Applied Catalysis A General, 1994, 117 (2): 109-123.

[26] Moreira C R , et al. Evidence of multi-component interaction in a V-Ce-HUSY catalyst: Is the cerium-EFAL interaction the key of vanadium trapping? [J]. Microporous and Mesoporous Materials, 2008, 115 (3): 253-260.

[27] Cerqueira H S , et al. Deactivation of FCC catalysts [J]. Journal of Molecular Catalysis A Chemical, 2008, 292 (1-2): 1-13.

[28] Lemos F , Ramoaribeiro F , Kern M , et al. Influence of lanthanum content of LaHY catalysts on

their physico-chemical and catalytic properties comparison with CeHY catalysts [J]. Applied Catalysis, 1988, 39 (1-2): 227-237.

[29] Xinmei Liu, Shun Liu, Yuxiang Liu. A potential substitute for CeY zeolite used in fluid catalytic cracking process [J]. Microporous & Mesoporous Materials, 2016, 226: 162-168.

[30] Du X, Gao X, Zhang H, et al. Effect of cation location on the hydrothermal stability of rare earth-exchanged Y zeolites [J]. Catalysis Communications, 2013, 35: 17-22.

[31] Schuessler F, et al. Nature and location of cationic lanthanum species in high alumina containing faujasite type zeolites [J]. Journal of Physical Chemistry C, 2011, 115 (44): 21763-21776.

[32] Nery J G, et al. Location of cerium and lanthanum cations in CeNaY and LaNaY after calcination [J]. Zeolites, 1997, 18 (1): 44-49.

[33] Martins A, et al. Influence of rare earth elements La, Nd and Yb on the acidity of H-MCM-22 and H-Beta zeolites [J]. Catalysis Today, 2005, 107 (none): 663-670.

[34] Deng C, et al. The effect of positioning cations on acidity and stability of the framework structure of Y zeolite [J]. Scientific Reports, 2016, 6: 23382.

[35] Puente G D L, et al. Influence of different rare earth ions on hydrogen transfer over Y zeolite [J]. Applied Catalysis A General, 2000, 197 (1): 41-46.

[36] Sanchez-Castillo, Marco A., et al. Role of rare earth cations in Y zeolite for hydrocarbon cracking. The Journal of Physical Chemistry B 109. 6 (2005): 2164-2175.

[37] Maugé, Françoise, et al. Hydrothermal aging of cracking catalysts. II. Effect of steam and sodium on the structure of La-Y zeolites. Zeolites 6. 4 (1986): 261-266.

[38] Zhang, et al. Investigation on the mechanism of adsorption and desorption behavior in cerium ions modified Y-type zeolite and improved hydrocarbons conversion [J]. Journal of Rare Earths, 2016, 34 (12): 1221-1227.

[39] Sousa-Aguiar E F, et al. Catalytic cracking of decalin isomers over REHY-zeolites with different crystallite sizes [J]. Journal of Molecular Catalysis A Chemical, 1996, 104 (3): 267-271.

[40] Wormsbecher R, Cheng W C, Wallenstein D. Role of the rare earth elements in fluid catalytic cracking. [J] Grace Davison Catalagram, 2010, 108: 19.

[41] Myrstad T. Effect of vanadium on octane numbers in FCC-naphtha [J]. Applied Catalysis A General, 1997, 155 (1): 87-98.

[42] Akah A, et al. Reactivity of naphtha fractions for light olefins production [J]. International Journal of Industrial Chemistry, 2017, 8 (2): 221-233.

[43] Akah, Aaron, Musaed Al-Ghrami. Maximizing propylene production via FCC technology [J]. Applied Petrochemical Research 5. 4 (2015): 377-392.

[44] Xiaoning W, et al. Effects of light rare earth on acidity and catalytic performance of HZSM-5 zeolite for catalytic cracking of butane to light olefins [J]. Journal of Rare Earths, 2007, 25 (3): 321-328.

第3章

稀土材料在催化燃烧中的应用

3.1
催化燃烧简介

随着能源消耗日益增长和环境保护意识的提高，实现燃料的高效利用以及减少燃烧尾气的排放具有重要意义，传统的燃烧设施产生的燃烧产物大部分是氮氧化物和一氧化碳，不仅污染环境，同时也浪费能源。不仅如此，传统火焰燃烧效率低下，而且能量回收困难。在传统火焰燃烧中引入催化剂则可以更好地控制氧化，产生更少的污染物，减少碳排放，有利于可持续发展。催化燃烧的反应过程是在适当温度下，燃料和空气的混合物在催化剂的作用下进行氧化的过程。其具有燃料燃烧效率高、燃烧温度低和燃烧过程稳定等显著的优势，打破了传统的火焰燃烧的可燃极限，提高了能源利用率，因此受到越来越多的关注。与传统火焰燃烧相比，催化燃烧是一种有前景的技术，它是一种更环保的燃烧方式。

20 世纪 70 年代，Pfefferle[1]首次提出催化燃烧的概念，并且证明了催化燃烧不会产生大量的污染物，催化燃烧过程中会产生 CO_2 和 H_2O，同时放出大量的热量。燃烧反应需要足够高的活化能来维持，在无催化剂条件下，发生燃烧反应需较高的活化能，反应温度较高，催化燃烧需要的活化能较低，因此反应能够在较低的温度下发生。反应发生后，释放能量和氧化产物。对于有机燃料，充分催化燃烧后的产物是二氧化碳和水，可以安全地排放到大气中。催化燃烧可以产生能量或去除污染物（汽车尾气等）。在任何一种情况下，过多的热量都可能导致催化剂烧结，或者在极端情况下导致催化剂熔化。

根据催化剂与反应物所处的物相不同，催化反应分为单相催化反应和多相催化反应。前者是指催化剂与反应物所处物相相同；后者与之相反。气-固的催化反应较常见，即催化剂处于固相，而反应物处于气相。催化燃烧是典型的气-固相催化反应，它借助催化剂降低了反应的活化能，使催化燃烧能在较低的起燃温度（200～300℃）下进行。有机物质氧化发生在固体催化剂表面，同时产生 CO 和 H_2O，并放出大量的热量，因其氧化反应温度低，在氧化过程抑制了氮气（N_2）的生成，从而避免了 NO_x 的形成。又由于催化剂有选择性催化作用，因此催化燃烧会限制燃料中含氮化合物的氧化过程，使大多数含氮化合物反应形成 N_2。

目前，催化燃烧主要应用于天然气催化燃烧、煤炭催化燃烧、挥发性有机物（VOCs）的净化处理和含氮有机污染物的净化等方面。其中，天然气催化燃烧的燃烧效率比火焰燃烧效率高，而且催化燃烧的燃烧温度比起火焰燃烧更低。熊礼国等[2]发现在燃煤过程中添加稀土助燃剂能达到改善燃烧性能、提高燃烧效率和降低污染的效果。除了上述的应用，催化燃烧还可以处理来自涂装、印刷、制鞋、化工生产和污水处理等许多行业中的溶剂类 VOCs 污染物。而且，催化燃烧技术几乎可以处理所有的烃类有机废气。因此，催化燃烧技术的应用越来越广泛。

催化燃烧技术与常规燃烧技术的最大不同在于操作温度低（大都在 1000℃以下），从而节省了能源，提高了燃烧效率。因而催化燃烧技术受到了大量的关注。但催化燃烧技术也能产生二次污染，如含卤素和硫的 VOCs 容易被氧化成酸性物质。而且用过的催化剂需要特殊处理。这些都是限制催化燃烧技术广泛应用的因素。因此，催化燃烧技术今后的主要发展方向是：①提高催化剂的性能，研制抗毒能力强、大空速、大比表面积及低起燃点的催化剂，以降低造价和使用费用；②催化燃烧装置向大型化、整体化和节能化的方向发展。

3.2
稀土元素对天然气催化燃烧的影响

3.2.1　天然气催化燃烧的研究背景

天然气储量丰富，氮、硫含量低，被认为是 21 世纪可替代煤和石油的主要能源之一。将天然气作为能源使用时，其传统的燃烧方式有扩散燃烧和预混燃烧，两者均为火焰燃烧，火焰燃烧有两大致命的缺点：①火焰燃烧是燃烧物质在自由基参与下的氧化反应，涉及自由基（特别是氧自由基）的气相引发，不可避免地生成部分电子激发态产物，以可见光的形式释放能量。这部分能量无法利用而损失掉，造成能量利用率低。②自由基的气相引发使空气中的 N_2 参与燃烧反应而形成毒性污染物 NO_x，低的燃烧效率产生大量的未完全燃烧的碳氢化合物和 CO。NO_x 会造成酸雨和光化学烟雾，CO 和碳氢化合物等气体也对环境造成严重危害。同时，这三种污染物也直接危害人类的健康。

天然气（主要成分是 CH_4）作为燃料具有热值高、大气污染物排放少、利用效率高、能源比价低等特点，而传统的火焰燃烧排放大量的 NO_x，火焰燃烧的光辐射亦造成能量利用率的下降，因此，发展高效、低污染物排放的天然气催化燃烧技术具有重要的现实意义。

3.2.2　甲烷催化燃烧反应机理

甲烷是天然气的主要成分，其温室效应要比二氧化碳大得多。随着天然气在汽车、发电厂和其他行业中的广泛应用，减少甲烷燃烧过程中污染物的排放对于环境保护至关重要。对甲烷催化燃烧过程的机理分析有助于对天然气催化燃烧过程的分析理解，具体反应机理如下。

甲烷在贵金属催化剂表面进行催化燃烧反应的过程中，其异相催化氧化反应与自由基反应同时进行，如图 3-1 所示。甲烷分子和空气中的氧分子在催化剂的表面上吸附活化，吸附活化后的氧分子与甲烷分子相互作用，直接生成 CO_2 和 H_2O；或 CH_4 先解离吸附为甲基（—CH_3）或亚甲基（—CH_2），后与氧反应生成甲醛（HCHO）。在正常条件下，甲醛不稳定，迅速分解为 CO 和 H_2，进一步氧化生成 CO_2 和 H_2O，CO_2 完成脱附后扩散到气相中[3]。

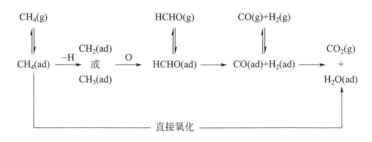

图 3-1　甲烷催化燃烧反应机理

甲烷气体在非贵金属催化剂表面的燃烧反应则与上述反应机理不同。非贵金属催化剂由许多晶格组成，晶格中有大量可自由移动的氧原子，氧原子分为吸附氧和晶格氧两类。吸附氧或晶格氧与甲烷相互作用的过程就是催化燃烧反应过程。当燃烧温度低时，参与催化燃烧反应的是吸附氧；而温度较高时，参与催化燃烧反应的是晶格氧。

3.2.3 甲烷催化燃烧催化剂种类

催化燃烧一直是天然气、液化石油气和煤气燃烧过程中最受关注的问题。常见的用于甲烷催化燃烧的催化剂主要有以下两类：

① 负载贵金属（Pt、Pd 等）催化剂　负载贵金属催化剂以其优异的 CH_4 催化燃烧活性、较低的起燃温度和较好的抗中毒性能受到高度重视。贵金属助剂是以下一种或多种：Pt、Pd、Ru、Au、Ag 和 Re，载体主要是 Al_2O_3、SiO_2、ZrO_2 和 TiO_2。

② 复合氧化物催化剂（尖晶石结构催化剂、六铝酸盐型催化剂、钙钛矿型催化剂和其他过渡金属复合氧化物催化剂）　贵金属的高成本和低储量使其在大规模的应用中受到限制。过渡金属铁（Fe）、钴（Co）、镍（Ni）和铜（Cu）等可合成多种过渡金属纳米材料，可替代贵金属催化剂。

数十年来，使用贵金属催化剂进行催化燃烧是研究的主要内容。与其他金属氧化物相比，贵金属显示出更高的活性，因此一直以来都将其用作氧化催化剂。然而，实际的局限性例如高挥发性、易氧化和供应少等限制了大多数贵金属的使用。在日常应用中，最常用于催化燃烧的贵金属催化剂是铂和钯，对于 CO、甲烷和烯烃的氧化，钯通常表现出更高的活性；对于石蜡的氧化，铂具有较高活性。因为复合氧化物之间存在结构或电子调变等相互作用，所以它们的活性比相应的单一氧化物高。用于复合氧化物催化剂制备的稀土元素有：La、Ce 和 Pr 等。将复合氧化物催化剂种类细分后，用于天然气催化燃烧的催化剂大致有五种，分别是：负载贵金属催化剂、尖晶石结构催化剂、六铝酸盐型催化剂、钙钛矿型催化剂和其他复合金属氧化物，本节主要介绍稀土对这五种催化剂在甲烷催化燃烧反应中的影响过程和机理。

3.2.4 含稀土元素的负载贵金属催化剂对甲烷催化燃烧的影响

为了提高材料的催化性能，一般要将贵金属分散在载体上，这样有利于催化剂活性成分的分散，以此来提高催化剂的活性和寿命。载体对催化活性有着很大的影响，常用的催化剂载体有二氧化硅、活性炭、氧化铝、阳离子树脂和固体超强酸等。固定在合适载体上的具有催化活性的贵金属纳米颗粒在多种化学转化中具有广泛的应用[4]。把贵金属固定在合适的载体上能够阻止其团聚，有利于催化剂的循环利用。若载体材料具有良好的氧化还原性和较高的吸附能力，将有利于氧气发生化学吸附进而提高其在催化反应中的活性。

稀土元素因具有电子不饱和的 4f 轨道和镧系收缩等特征，作为助剂添加到催化剂或载体中可对催化剂的结构性能和催化活性性能起到良好的调节改性作用，稀土元素 La 和 Ce 在催化剂中可以稳定表面结构，防止贵金属烧结，促进催化剂表面电子的转移，从而提高负载贵金属催化剂的甲烷燃烧活性。由于 CeO_2 具有优异的储释氧能力，将 CeO_2 引入 Pd-Pt/Al_2O_3 催化剂中，可以抑制甲烷燃烧中 PdO 与 Pd 的相互转化。王帆[5]采用分步浸渍法制备了所需的催化剂，分别是：Pd-Pt/Al_2O_3（Pd 和 Pt 的相对质量分数分别为 1% 和 0.2%）催化剂和 Pd-Pt-Ce/Al_2O_3（Pd、Pt 和 Ce 的相对质量分数分别为 1%、0.2% 和 0.6%）催化剂。通过对比甲烷催化燃烧活性可以发现 1%Pd-0.2%Pt/Al_2O_3 催化剂甲烷催化燃烧的 T_{10}、T_{50} 和 T_{90} 分别为 326℃、362℃ 和 393℃，而 1%Pd-0.2%Pt-0.6%Ce/Al_2O_3 催化剂的甲烷催化燃烧的 T_{10}、T_{50} 和 T_{90} 分别为 308℃、342℃ 和 370℃，这表明了 Ce 的存在有效提高了催化燃烧活性。通过观察 XRD 谱图能发现，在 1%Pd-0.2%Pt/Al_2O_3 基础上添加 0.6%Ce 后，PdO 的最强特征衍射峰有所宽化，其半高宽由 0.742 增至 0.884，据此所计算的晶粒粒径由 11.3nm 降至 9.5nm，这表明 Ce 的存在使 PdO 在催化剂中具有更好的分散状态。继续观察 400℃ 下反应 10h 的 XRD 谱图可以发现，Ce 的存在有效抑制了催化剂中 PdO 晶粒的烧结和由此导致的催化剂失活，因此提高了催化剂的催化燃烧稳定性。

黄敬敬[6]采用堇青石蜂窝陶瓷体做整体式催化剂的惰性骨架基体，用拟薄水铝石为原料制备铝溶胶，通过浸渍操作将制备的铝溶胶涂覆到堇青石表面，后经过焙烧得到我们的催化剂。采用浸渍法引入稀土助剂 La 或 Ce 负载到载体 γ-Al_2O_3/Cord（Cord 为整体式催化剂的堇青石基体），经过 550℃ 焙烧处理后再浸渍活性组分 Pd。实验发现对于相同含量的助剂添加量而言，稀土 La 助剂修饰催化剂表现出的催化活性要比 Ce 修饰催化剂的稍好，La 的添加物可部分覆盖在涂层表面，对 Al_2O_3 涂层外表面羟基起到保护作用，延缓涂层的烧结，提高催化剂表面的坍塌温度，从而提高了催化剂的高温稳定性。

众多的研究表明，氧化铈作为催化材料，在实际应用过程中，其表面及体相的晶格氧原子能够直接参与反应并被消耗，同时形成氧空位。另外，作为性能优异的储放氧材料，CeO_2 中氧空位的产生与消除直接伴随着氧的放出和存储过程。因此，深入认识 CeO_2 的储放氧性能以及其作为载体与贵金属的相互作用机理是非常重要的。雷言言[7]采用初湿浸渍法制备了不同形貌 CeO_2 载体负载的 Pd 基催化剂，得到质量分数 2% 的 Pd/CeO_2 催化剂样品。通过观察 O_2-TPD 实验现象，发现 Pd/CeO_2 催化剂表面有大量吸附氧，因此更容易和 CH_4 发生氧化反应，Pd/CeO_2 相比于 CeO_2 可以提升甲烷催化燃烧的效率，使燃烧更充分。同时，XPS 结果说明了 Pd/CeO_2 相比 CeO_2 具有更多的 Ce^{3+}，在甲烷催化燃烧中，Ce^{3+} 有利于 O_2 在催化剂表面形成吸附氧从而使甲烷催化燃烧更高效。推断可能是由于 Pd 与 CeO_2 载体间存在较强的相互作用，界面处发生电荷转移导致 CeO_2 载体表面 Ce^{3+} 含量升高，从而提高了 Pd/CeO_2 催化剂的甲烷催化燃烧活性。

3.2.5　含稀土元素的尖晶石对甲烷催化燃烧的影响

尖晶石是镁铝氧化物组成的矿物，化学分子式为（Mg，Fe，Zn，Mn）（Al，Cr，Fe）$_2O_4$。尖晶石呈坚硬的玻璃状八面体或颗粒和块体。它们出现在火成岩、花岗伟晶岩和变质石灰岩中。因为含有镁、铁、锌和锰等元素，它们可分为很多种，如铝尖晶石、铁尖晶石、锌尖晶石、锰尖晶石和铬尖晶石等。

尖晶石的晶体包括正尖晶石型结构和反尖晶石型结构。正尖晶石型结构中氧离子成立方密堆积，三价阳离子占据六配位的八面体空隙，二价阳离子占据四配位的四面体空隙。镁铝尖晶石 $MgAl_2O_4$ 是典型的正尖晶石（图 3-2）。镁铝尖晶石晶胞可以划分成 8 个小的立方单位，分别由 4 个 A 型和 4 个 B 型小单位拼在一起。每个 A 型、B 型小单位都有 4 个 O^{2-} 离子，晶胞中 O^{2-} 的个数是 $4 \times 8 = 32$ 个。Mg^{2+} 处于 A 型小单位的中心及一半的顶点及 B 型小单位一半的顶点上，晶胞中 Mg^{2+} 的数目是 $6/2 + 8/8 + 4 = 8$ 个。Mg^{2+} 呈四配位，即占据 O^{2-} 密堆积中的四面体空隙。每个 B 型小单位中有 4 个 Al^{3+}，晶胞中 Al^{3+} 的个数是 $4 \times 4 = 16$ 个。Al^{3+} 呈六配位，即占据 O^{2-} 密堆积中的八面体空隙。

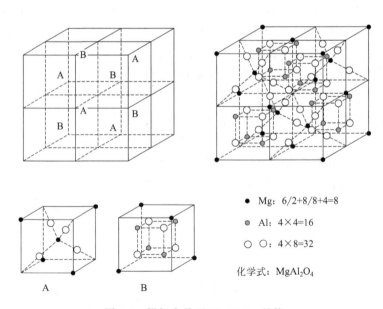

- ● Mg：$6/2+8/8+4=8$
- ● Al：$4×4=16$
- ○ O：$4×8=32$

化学式：$MgAl_2O_4$

图 3-2　镁铝尖晶石 $MgAl_2O_4$ 结构

大多数天然尖晶石的 X 和 Y 离子化合价比为 $2:3$。在现有百余种尖晶石结构化合物中，除 $2:3$ 外电价比最常见的是 $4:2$，其结构多为反尖晶石结构。反尖晶石结构中所有的 X 阳离子和一半的 Y 阳离子占据八面体位置，另一半 Y 阳离子占据四面体位置。其结构通式为 $Y[XY]O_4$。磁铁矿（Fe_3O_4）的结构即属此种类型。除正反两种极端情况外，还可能有混合型中间状态分布。这样可用反分布率 α 定量表示 X 离子在八面体空位上的分布与最高分布的比值，从而将各种尖晶石结构通式分为三大类：正型：（X）四面体〔Y_2〕八面体 O_4，$\alpha=0$；反型：（Y）四面体〔X，Y〕八面体 O_4，$\alpha=1$；混合型：（Y_α，$X_{1-\alpha}$）四面体〔X_α，$Y_{2-\alpha}$〕八面体 O_4，$0<\alpha<1$。

在氧化条件下，由于过渡金属氧化物催化剂具有良好的表面氧迁移率特性、电导率和稳定性，因此过渡金属氧化物催化剂对各种反应均具有良好的催化性能[8]。丁佳[9]采用共沉淀法制备了 $Co_{0.5}M_{0.5}Co_2O_4$（M＝Mg、Zn、Ce）催化剂。他们发现含不同金属的 $Co_{0.5}M_{0.5}Co_2O_4$ 催化剂的甲烷催化燃烧反应活性不同，其中以 $Co_{0.5}Ce_{0.5}Co_2O_4$ 催化剂的活性最好，其 T_{10}、T_{50} 和 T_{100} 分别为 286℃、361℃ 和 464℃。与性能较好的尖晶石型 Cr-Mg-O（$T_{100}=520$℃）复合氧化物相比，$Co_{0.5}Ce_{0.5}Co_2O_4$ 催化剂的 T_{100} 降低了 56℃。表征结果表明，$Co_{0.5}Ce_{0.5}Co_2O_4$ 催化剂具有较高的甲烷催化燃烧活性是由于该催化剂的晶粒较小、晶格畸变率、比表面积和孔容较大，活性氧的活动能力较强，$Co_{0.5}Ce_{0.5}Co_2O_4$ 催化剂具有强于 CeO_2 的催化活性，因此 $Co_{0.5}Ce_{0.5}Co_2O_4$ 活性高并不是因为表面存在少量的 CeO_2，而是钴铈之间发生了协同作用。

3.2.6　含稀土元素的六铝酸盐对甲烷催化燃烧的影响

六铝酸盐可以用化学式 $MAl_{12}O_{19}$（$MO \cdot 6Al_2O_3$）来表示，其中 M 表示碱金属、碱土金属和稀土元素。其结构如图 3-3 所示。六铝酸盐都是由互成镜像的氧化铝尖晶石结构单元和 M 离子形成的镜面层交替堆积而成的层状结构。在层间由于大离子（Ba^{2+}、Sr^{2+} 和 La^{3+} 等）的支撑，提供了氧气扩散的通道，有利于氧气的快速传输。采用 ^{18}O 同位素对 $BaMnAl_{11}O_{19}$ 样品测定结果证明了这一点，^{18}O 沿 [110] 方向的渗透速度远高于沿 [001] 方向的速度。六铝酸盐的特殊层状晶体结构，能保证在高温（1200～1400℃）下仍保持较高的表面积和稳定的结构。

六铝酸盐通常有两种晶体结构类型：磁铅石型和 β-Al_2O_3 型，两种结构的主要区别在镜面层上：磁铅石型结构中的镜面层由一个 M^{n+}、一个 Al^{3+} 和三个 O^{2-} 组成，其中的 Al^{3+} 可以被过渡金属离子（Cr、Mn、Fe、Co、Ni 和 Cu 等）置换，形成新的结构相同但化学组成不同的六铝酸盐氧化物。而 β-Al_2O_3 型结

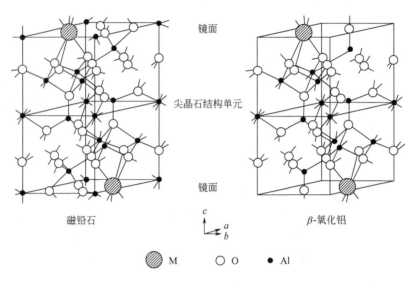

图 3-3　六铝酸盐结构

构中的镜面层仅由一个 M^{n+} 和一个 O^{2-} 组成。六铝酸盐的结构类型取决于 M 阳离子的半径和价态：当 M 为碱金属或钡时，六铝酸盐为 β-Al_2O_3 型；当 M 为非钡碱土金属或稀土元素时，六铝酸盐为磁铅石型。

3.2.6.1　采用共沉淀法制备含稀土元素的六铝酸盐

共沉淀法是指在溶液中含有两种或多种阳离子，它们以均相存在于溶液中，加入沉淀剂，经沉淀反应后，可得到各种成分均一的沉淀，它是制备含有两种或两种以上金属元素的复合氧化物超细粉体的重要方法。共沉淀法有两个优点：其一是通过溶液中的各种化学反应直接得到化学成分均一的纳米粉体材料，其二是容易制备粒度小而且分布均匀的纳米粉体材料。

在六铝酸盐结构中，引入大粒径的 La、Ba、Sr、Ca 等氧化物形成的镜面，能将 $Al_2O_4^{2-}$ 尖晶石相隔开，抑制了晶体的聚结和沿 c 方向的增长，也抑制了向 α-Al_2O_3 的转变，从而使六铝酸盐具有良好的热稳定性，并保持了小颗粒、大比表面积的优点。Cui 等[10]以 NH_4HCO_3 和 NH_4OH 混合物的缓冲溶液为沉淀剂，采用共沉淀法合成了具有高性能的 $LaMnAl_{11}O_{19}$ 催化剂。他们以指定原子比的 La^{3+}、Al^{3+}、Mn^{2+} 的混合金属溶液为原料，以 NH_4HCO_3 和 $NH_3 \cdot H_2O$ 缓冲溶液为沉淀剂，合成了 $LaMnAl_{11}O_{19}$ 催化剂。采用 BET、XRD、TPR 等技术对催化剂的物理化学性质进行了表征，并且在固定床连续流动系统上测试了甲烷催化燃烧性能。结果表明，以 NH_4HCO_3 和 NH_4OH 的缓冲溶液为沉淀剂，可以合成均相的 $LaMnAl_{11}O_{19}$ 催化剂。$LaMnAl_{11}O_{19}$ 是在 1050℃的煅烧温度下开始形成的，而在 1200℃ 的温度下完全形成了六铝酸盐的晶相。同时，在部分催化剂原料溶液中加入 Ce^{3+}，合成了 $LaMAl_{11}O_{19}$（M＝Mn、Ce 或 MnCe），其中同时含 MnCe 的催化剂催化活性最高，CeO_2 可以提供活性晶体氧，提高了锰的氧化还原性能，Mn 和 Ce 之间存在的协同作用对该六铝酸盐催化剂甲烷催化燃烧活性的提升起着重要的作用。

吕宏缨等[11]把稀土元素 La 引入 $BaMnAl_{11}O_{19-\delta}$ 中，用共沉淀法制备了一系列磁铅石型稀土高温燃烧催化剂 $Ba_{1-x}La_xMnAl_{11}O_{19-\delta}$，并用 XRD、BET 对其进行了表征，并测试了甲烷燃烧活性。通过观察 XRD 谱图，发现随着 x 的增加，六铝酸盐的特征峰逐渐向高角度偏移，表明 La 已部分取代 Ba 进入镜面上，样品由 β-氧化铝型的 $BaMnAl_{11}O_{19-\delta}$ 向磁铅石型的 $LaMnAl_{11}O_{19-\delta}$ 转变。通过观察 $Ba_{1-x}La_xMnAl_{11}O_{19-\delta}$ 的甲烷燃烧活性图，发现 $x＝0.2$ 时催化剂对甲烷的燃烧活性最好，而 $x＝0$ 或 1 时单一相纯 Ba^{2+} 的 β-氧化铝型和纯 La^{3+} 的磁铅石型催化燃烧活性较弱。因此稀土元素 La^{3+} 可以部分替代 Ba^{2+} 进入其骨架结构的镜面，并能改善催化剂 $BaMnAl_{11}O_{19-\delta}$ 的甲烷燃烧活性。

3.2.6.2 采用反相微乳法制备含稀土元素的六铝酸盐

反相微乳液法是近些年发展起来的制备材料的新方法，通过寻找一种或多种微乳液的配制方法来合成出不同尺寸和形状的粒子，从而得到所需性质的相关材料。反相微乳液法方法简单，易于操作。与沉淀法相比，反向微乳液法合成的样品具有更高的均匀性、更大的比表面积，而且可以有效地控制颗粒尺寸。Zarur 等[12]开发了一种反相微乳液法的合成方法，开创了反相微乳液法合成六铝酸盐催化剂的先河。

郑建东等[13]以不同含量的 La 和 Sr 作为镜面阳离子，采用反相微乳液法制备了 $La_{1-x}Sr_xMnAl_{11}O_{19-\delta}$（$x＝0.2$、0.4、0.5、0.6、0.8）系列催化剂。利用 X 射线衍射、比表面积分析及甲烷催化燃烧等方法对催化剂的结构和活性进行了考察。通过观察 $La_{1-x}Sr_xMnAl_{11}O_{19-\delta}$ 催化剂的比表面积、粒径及活性发现：$x＝0.5$ 时，催化剂的低温活性较好，起燃温度 $T_{10}＝502℃$，甲烷在 683℃ 时完全转化。通过观察 $La_{0.5}Sr_{0.5}MnAl_{11}O_{19-\delta}$ 催化剂中甲烷催化燃烧的动力学拟合结果发现，反应温度为 480℃、500℃ 和 520℃ 时，甲烷催化燃烧反应为一级动力学反应，反应速率受催化剂固有性质控制。研究发现，La 和 Sr 同时作为镜面阳离子，不但可以形成完整的六铝酸盐，而且所制备的催化剂具有较高的催化活性。

比表面积是高温催化燃烧催化剂的重要指标，比表面积增加，有利于反应物和产物的扩散，这对于高空速、大流量的高温催化燃烧反应尤为重要。徐金光等[14]采用反相微乳液法制备了 $BaMAl_{11}O_{19-\alpha}$（M＝Mn、Co、Ce）催化剂，用固定床石英管反应器评价甲烷催化燃烧活性。通过观察 $BaMAl_{11}O_{19-\alpha}$（M＝

Mn、Co、Ce）的甲烷燃烧活性图发现：M＝Mn 时甲烷催化燃烧活性最高，其次是 M＝Ce，而 M＝Co 最低。含不同金属的 $BaMAl_{11}O_{19-\alpha}$ 比表面积顺序为：Mn＜Co＜Ce。因此他们认为甲烷燃烧活性主要取决于活性物种。实验结果表明 Mn 作为活性物种，其活性高于 Ce 和 Co，而 Ce 和 Co 的加入可以明显增加催化剂的抗烧结性和比表面积，尤其是 Ce。因此他们还采用反相微乳液法并结合超临界干燥技术制备了 $CeO_2/BaMnAl_{11}O_{19-\alpha}$ 催化剂，催化剂的比表面积和催化活性都高于 $BaMnAl_{11}O_{19-\alpha}$。起燃温度 T_{10} 为 455℃，比 $BaMnAl_{11}O_{19-\alpha}$、$BaCeAl_{11}O_{19-\alpha}$ 和 $BaCoAl_{11}O_{19-\alpha}$ 分别下降了 55℃、115℃ 和 180℃。$CeO_2/BaMAl_{11}O_{19-\alpha}$ 催化剂的 100h 连续活性实验中可以得到：在高温（780℃）、高空速（$48000h^{-1}$）条件下反应 100h 后，催化剂依然能保持稳定的活性。综上所述，$CeO_2/BaMnAl_{11}O_{19-\alpha}$ 催化剂在具备高起燃活性的同时，还满足了稳定性良好的需求，是具有潜在应用前景的催化剂。稀土元素 Ce 的加入，使催化剂的比表面积大幅提高，Mn 因此处于高分散状态，这种高分散状态的 Mn 可能是起燃温度大幅度下降、催化活性明显提高的原因。

3.2.6.3　采用尿素燃烧法制备含稀土元素的六铝酸盐

近年来，燃烧法被广泛用于制备金属陶瓷、固溶体、钙钛矿型氧化物和尖晶石，因为它不需要中间分解或煅烧步骤，是一种非常简单、快速、廉价且能源成本低的制备方法。燃烧法利用了氧化剂和燃料之间的放热反应，该放热反应不仅反应过程迅速，还是一种能自我维持的化学反应，除此之外，该放热反应的点燃温度远低于实际的相转化温度。燃烧法的主要特点是：驱动化学反应并完成化合物合成所需的热量是由反应本身提供，并不是由外部热源提供。通常把所需的金属硝酸盐用作氧化剂，各种有机化合物如尿素、柠檬酸、碳酰肼、甘氨酸和丙氨酸用作燃料。就大多数用途而言，尿素是最方便使用的燃料，因为它不仅在商业上很容易获得，价格便宜，而且能产生很高的温度。共沉淀法虽然可以制备高比活性的六铝酸盐，但在制备过渡金属取代的六铝酸盐方面存在很大的困难。反相微乳法虽然可以制备超高比表面积的六铝酸盐，但该方法存在合成步骤复杂、合成时间长、成本高、制备过渡金属阳离子取代六铝酸盐困难等缺点。因此，这些方法的商业开发受到了阻碍。综上所述，尿素燃烧法是一种具有良好应用前景的制备方法。

催化燃烧中，比表面积大有利于活性组分的均匀分散，对防止活性组分烧结团聚有积极作用。相反，如果比表面积小，则活性组分分散度可能会下降，易引起活性中心的团聚，影响催化剂活性。Yin 等[15]以金属硝酸盐作为金属阳离子前体，用尿素 $CO(NH_2)_2$ 作为燃料，通过尿素燃烧法制备了六铝酸盐样品

$AMAl_{11}O_{19}$（A＝La、Sr；M＝Cu、Mn、Fe、Ni、Mg）。从表 3-1 中可以看出，对于相同 M 离子的样品，La 六铝酸盐的比表面积高于 Sr 六铝酸盐的比表面积。主要原因是 La^{3+} 离子半径（0.106nm）小于 Sr^{2+} 离子半径（0.120nm），比起 Sr^{3+}，La^{3+} 更容易迁移到 $\gamma\text{-}Al_2O_3$ 晶格中。Groppi 等[16]的研究表明，La^{3+} 作为镜面阳离子不仅可以提高六铝酸盐材料的稳定性，而且可以保持较高的比表面积。从表 3-1 可以看出，$SrMnAl_{11}O_{19}$ 的比表面积低于 $Sr_{1-x}La_xMnAl_{11}O_{19}$（$x=0.2-0.8$）的比表面积，说明在六铝酸盐中加入 La 可以增大样品的比表面积，催化剂活性会因此提高。

表 3-1　T_{50}、T_{90} 和六铝酸盐的比表面积的关系

催化剂	T_{50}[②]/℃	T_{90}[③]/℃	$S_{BET}/(m^2/g)$
$LaAl_{12}O_{19}$	517	610	9.1
$LaAl_{12}O_{19}$（1200℃燃烧 5h）	519	606	9.4
$SrAl_{12}O_{19}$	529	634	16.0
$BaAl_{12}O_{19}$	543	652	10.6
$CaAl_{12}O_{19}$	550	660	24.3
$CeAl_{12}O_{19}$	574	664	13.9
$LaCuAl_{11}O_{19}$	448	533	19.8
$LaMnAl_{11}O_{19}$	485	567	17.8
$LaMnAl_{11}O_{19}$（1200℃燃烧 5h）	488	570	17.3
$LaFeAl_{11}O_{19}$	512	593	14.2
$LaFeAl_{11}O_{19}$（1200℃燃烧 5h）	513	598	15.0
$LaNiAl_{11}O_{19}$	545	608	11.2
$LaMgAl_{11}O_{19}$	610	684	21.6
$SrCuAl_{11}O_{19}$	457	542	17.1
$SrMnAl_{11}O_{19}$	533	600	15.4
$SrFeAl_{11}O_{19}$	570	640	11.6
$SrNiAl_{11}O_{19}$	587	682	8.7
$SrMgAl_{11}O_{19}$	603	695	18.3
$Sr_{0.2}La_{0.8}MnAl_{11}O_{19}$[①]	514	598	-
$Sr_{0.2}La_{0.8}MnAl_{11}O_{19}$	485	570	18.5
$Sr_{0.4}La_{0.6}MnAl_{11}O_{19}$	490	573	17.7
$Sr_{0.6}La_{0.4}MnAl_{11}O_{19}$	495	577	16.3
$Sr_{0.8}La_{0.2}MnAl_{11}O_{19}$	509	594	18.5

① 该样品是通过共沉淀法制备的。

② T_{50} 为转化率达到百分之五十时的温度。

③ T_{90} 为转化率达到百分之九十时的温度。

3.2.7　含稀土元素的钙钛矿对甲烷催化燃烧的影响

甲烷燃烧中使用的催化剂必须具备多种性能，例如高比表面积、热稳定性和耐久性。据报道，贵金属和金属氧化物是甲烷燃烧的活性催化剂。贵金属催化剂即使在低温下也是活性最高的催化剂，但由于烧结和挥发性，它们价格昂贵且热稳定性差。过渡金属氧化物较便宜，但活性较低，在中等温度下会烧结[17]。近年来，由于钙钛矿型氧化物具有高活性和热稳定性，其作为催化燃烧的催化剂受到了广泛关注。因此，钙钛矿型氧化物催化剂是贵金属催化剂合理的替代品。

含稀土的钙钛矿催化剂通式为 ABO_3，其中 A 代表稀土金属，例如镧、钕和铈等，而 B 代表过渡金属，例如钴、铁和镍等。钙钛矿结构图如图 3-4 所示。钙钛矿型催化剂成本低，在中高温活性高，热稳定性好。研究发现，表面吸附氧和晶格氧同时影响钙钛矿的催化活性。温度较低时，表面吸附氧起主要的氧化作用，这类吸附氧的活性由 B 位置的金属决定；温度较高时，晶格氧起主要的氧化作用。改变 A、B 位置的金属元素可以调节晶格氧数量和活性，用＋2 或＋4 价的原子部分替代晶格中＋3 价的 A、B 原子也能产生晶格缺陷或晶格氧，进而提高催化活性。

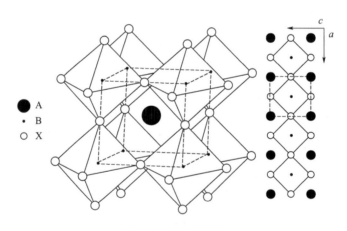

图 3-4　钙钛矿结构

由于钙钛矿结构氧化物通常在中高温下制备，因此钙钛矿结构氧化物的比表面积较低（≤10m²/g），这影响了钙钛矿结构氧化物的活性并限制了其应用。用其他金属取代一些 A 位或 B 位离子可以改变其催化活性，因为不同的金属离子直径不同，可以产生不同的氧缺陷或空位。$LaMnO_3$、$LaCoO_3$ 和他们掺杂的氧化物，是稀土钙钛矿结构氧化物中最具代表性的氧化物。在一定比表面积值范围内，稀土钙钛矿结构氧化物在甲烷燃烧中的催化活性与比表面积线性相关。因此，提高钙钛矿结构氧化物的比表面积至关重要。

3.2.7.1 采用纳米铸造法制备含稀土元素的钙钛矿

纳米铸造法又称硬模板法，它是一种合成介孔材料的重要方法。由于有序介孔二氧化硅具有高度有序的纳米尺度结构和非常均匀的孔径分布，因此它是合成有序介孔金属氧化物最常用的硬模板。随着合成化学的发展，介孔结构二氧化硅可以很容易制备，并且合成结果具有很大的重现性。更重要的是，通过调节实验条件（如水热条件、表面活性剂种类和结构导向剂等），有序介孔二氧化硅的孔隙对称性、孔径和壁厚可以很容易地进行调节。因此，二氧化硅模板的应用十分广泛。

廉括[18]以聚甲基丙烯酸甲酯（PMMA）微球为模板，以硝酸镧、硝酸锰为前驱体制备了稀土钙钛矿型催化剂 $LaMnO_3$。通过掺杂不同比例稀土元素 Er 制备了钙钛矿型氧化物 $La_{1-x}Er_xMnO_3$（$x = 0.01$、0.03、0.05）。采用 SEM 对 $La_{1-x}Er_xMnO_3$ 催化剂进行了表征，并且研究了该材料催化甲烷燃烧的活性。从催化剂对于甲烷催化性能的测试结果可以看出，稀土元素 Er 的掺杂提高了 $LaMnO_3$ 对于甲烷催化燃烧的活性，随着稀土元素 Er 掺杂比例的增加，甲烷催化性能提高，但是并不是掺杂 Er 的比例越大越好。因为随着掺杂 Er 的比例增多，晶格发生畸变，其催化性能降低。当稀土元素 Er 的比例为 3% 时催化性能最高，CH_4 的 T_{50} 和 T_{90} 分别为 $567℃$ 和 $634℃$，进一步提高掺杂 Er 比例，CH_4 的催化转化效率下降。从 $LaMnO_3$-Er-3% 催化剂在 $650℃$ 下的 100h 稳定性测试可以看出，在经过 90h 反应过后，催化剂的催化活性只降低了 5%，说明该催化剂有良好的甲烷催化燃烧稳定性。综上所述，稀土钙钛矿型催化剂 $La_{1-x}Er_xMnO_3$ 材料具有热稳定性好、催化活性较高等优点。

3.2.7.2 采用溶胶凝胶法制备含稀土元素的钙钛矿

溶胶凝胶法是用含化学活性组分的化合物作前驱体，在液相下将这些原料均匀混合，并进行水解、缩合化学反应，在溶液中形成稳定的透明溶胶体系，溶胶经陈化胶粒间缓慢聚合，形成三维网络结构的凝胶网络，凝胶网络间充满了失去流动性的溶剂，形成凝胶。凝胶经过干燥、烧结固化制备出分子乃至纳米亚结构的材料。

包莫日根高娃[19]用溶胶凝胶法制备了 $Sr_{2-x}La_xFeMoO_6$（$x = 0$、0.1、0.4 和 1）催化剂，并采用 XRD、TPR 等手段对其进行了表征，考察了催化剂甲烷催化燃烧反应的活性。通过观察 $Sr_{2-x}La_xFeMoO_6$（$x = 0$、0.1、0.4 和 1）催化剂的 TPR 图谱可以发现，$Sr_{1.9}La_{0.1}FeMoO_6$ 样品的低温还原温度与 Sr_2FeMoO_6 的还原温度相比向低温方向移动了 $126℃$，可见催化剂的氧中心活性提高，与甲烷催化活性关联，活性也明显得到改善。进一步实验发现少量镧修

饰 Sr_2FeMoO_6 可降低催化剂的低温还原温度，而修饰量过多时，还原温度反而升高。从催化剂的催化活性曲线可见，镧的掺杂量为 0.1 时（$Sr_{1.9}La_{0.1}FeMoO_6$）钙钛矿的活性明显得到改善，当修饰量增加到 0.4 时甚至 1 的时候，催化活性逐渐降低，说明可改善钙钛矿催化剂活性的最佳修饰量小于 0.4，超过这个最佳修饰量时，甲烷燃烧催化活性反而下降。综上所述，稀土镧的修饰量为 0.1 时的甲烷催化燃烧活性最优，其甲烷起燃温度 T_{10} 为 460℃，完全转化温度 T_{90} 为 600℃，可见用少量的镧修饰 Sr_2FeMoO_6 有利于提高样品的甲烷催化燃烧活性。

项宪平[20]以硝酸盐为前驱体，柠檬酸为络合物，按照不同 La/Ce 物质的量比例加入硝酸盐，同时加入是金属离子质量 1.5 倍的柠檬酸、10mL 的蒸馏水，不断搅拌至溶解后加入 3mL 的浓氨水，继续搅拌溶液 30min。然后在 80℃ 水浴中搅拌至凝胶状，再转移到烘箱内干燥。置马弗炉中焙烧，然后 750℃ 下焙烧 3h，即可制备得到 $La_{1-x}Ce_xFeO_3$ 催化剂。从 $La_{1-x}Ce_xFeO_3$、CeO_2 和 $LaFeO_3$ 样品活性图可见，纯的 CeO_2 对甲烷的活性很低，在温度为 450℃ 和 560℃ 时，甲烷转化率分别为 10% 和 50%，对 $LaFeO_3$ 样品来说，在温度为 390℃ 时甲烷的转化率为 10%。当把少量的 Ce 掺入 $LaFeO_3$ 固溶体时，$La_{0.9}Ce_{0.1}FeO_3$ 钙钛矿型的催化剂活性大有提高，在温度为 360℃ 和 460℃ 时，甲烷转化率分别为 10% 和 50%。当 $x=0.3$ 时，催化剂的活性最好，甲烷转化率为 90% 时，对应的温度降至 510℃；而 $x=0.4$、0.5 时，催化剂的活性也有所下降。综上所述，$La_{0.9}Ce_{0.1}FeO_3$ 的活性大幅提高可能是由于 Ce 的掺杂，Ce^{4+} 替代了 A 位的 La^{3+}，使钙钛矿的电荷不平衡，增加了钙钛矿的氧空位。活性最好的催化剂是 $La_{0.7}Ce_{0.3}FeO_3$，对应的甲烷转化率 90% 时转化温度低至 510℃。

3.2.7.3　采用共沉淀—喷雾干燥法制备含稀土元素的钙钛矿

在催化剂的制备过程中，每个步骤对其性能都有影响，干燥方法的改进可以使它的活性增强。A 位、B 位的金属离子可被其他离子部分替换形成多组分从而形成混合钙钛矿型化合物，在 A，B 位引入其他离子，可改善它的物理化学性能，使其活性和热稳定性均有所提高。Kirchnerova 等[21]发现，利用冷冻干燥工艺与共沉淀法结合的合成工艺，所制备催化剂的催化性能与喷雾冷冻干燥技术所制备催化剂的性能相当。而将喷雾干燥工艺与共沉淀结合所合成的催化剂应有同样的效果。

张旭霞[22]采用共沉淀—喷雾干燥法制备了 $La_{1-x}Ce_xCoO_3$ 样品，即以共沉淀法制备沉淀物，用喷雾干燥工艺干燥沉淀物，随后把沉淀物在一定的温度下灼烧一定时间后即可制备出一系列的钙钛矿型催化剂 $La_{1-x}Ce_xCoO_3$（$x=0.1$、

0.2、0.3、0.5、0.7、0.9)。并测试了甲烷催化燃烧反应活性，研究了稀土元素 Ce 的掺杂及掺杂比例对甲烷催化燃烧活性的影响。在不同 Ce 掺杂比例的催化活性可以看到，在 La：Ce＝7：3 时，催化活性最好，$T_{10}＝391.5℃$。随着 Ce 掺杂比例的增加，比表面积逐渐增大，由于氧化铈的比表面积较钙钛矿大，因此当掺杂氧化铈的量过大时，材料的高比表面积主要是高比表面氧化铈作用的结果。但催化活性在 Ce 掺杂量为 0.3 时达到最大，0.5 时开始下降。掺杂后的样品对甲烷催化燃烧都表现出较高的活性，这说明稀土与其他金属元素具有良好的协同作用。铈掺杂对催化活性有一定的改善，主要是由于铈具有一定的储放氧功能，而且铈掺杂是对钙钛矿 ABO_3 中 A 位进行替代，非化学计量平衡使得氧空位及缺陷增加，并且铈掺杂对 B 位原子价态起到稳定作用；且 4 价的 Ce 是铈最稳定的价态，因此掺杂后催化剂中存在着一定数量的 4 价的 Ce，铈离子的氧化还原过程为：$Ce^{4+}＋e^-＝Ce^{3+}$，为了平衡价态，部分 Co 由 3 价转化为 2 价，Co^{2+} 有利于对 O^{2-} 的吸附，而低价钴（Co^{2+}）极易通过固相反应生成稳定的三价钴（Co^{3+}）。这些反应使得催化剂中电子和氧的传递速度提高了，因此 Ce 掺杂后催化剂的活性有所提高。

3.2.7.4 采用燃烧法制备含稀土元素的钙钛矿

虽然共沉淀法和溶胶凝胶法可以使催化剂具有更高的比表面积和更好的催化活性。但是这些方法用于钙钛矿的制备时常常受到限制。例如，在共沉淀法中，很难控制溶液中发生的阳离子沉淀，这常常导致成分偏析。溶胶凝胶法通常采用价格昂贵的醇盐作为原料，成本较高。2011 年，Najjar 等[23]采用甘氨酸自蔓延燃烧法合成出了具有高比表面积的 $LaMnO_{3+y}$ 钙钛矿，并研究了甘氨酸的用量对其合成过程的影响。其操作简便经济，被认为是目前钙钛矿型材料的最佳合成方法。

ABO_3 型钙钛矿催化剂的性能与其空间结构稳定性密切相关。改变 A、B 位的化学计量比，可以修饰其空间结构，带来一定的晶体缺陷，有望改变氧空位数。朱婉璐[24]采用甘氨酸自蔓延燃烧法合成出 A 位非化学计量比的 $Y_x InO_{3+\delta}$（$0.8≤x≤1.04$）催化剂，记作 YIO－x，其中 x 表示 Y、In 的摩尔比。将该催化剂应用于甲烷的催化燃烧反应，考察了 $YInO_3$ 中 A 位 Y^{3+} 离子的不同的非化学计量比对甲烷催化燃烧活性的影响。观察甲烷催化燃烧活性测试结果可见，700℃时，未加入 YIO－x 系列催化剂的空白空管只有 9% 的 CH_4 完全转化为 CO_2；加入 YIO－x 系列催化剂后，所有的样品在 700℃ 之前均实现了 CH_4 向 CO_2 的完全转化。YIO－x 样品中大量的氧空位加快了活性氧的移动和消耗，从而加快了反应速率，导致甲烷转化率在 20%～80% 之间急剧上升。从甲烷催化燃烧活性测试结果还可以发现，Y/In 为 0.8 时，样品的 T_{90} 最低，为 626℃，此时甲烷的催化活性最好。此外，从稳定性测试曲线可见，$YInO_3$ 样品在较高空速 [GHSV＝30,000mL/(g·h)] 和 700℃高温下连续工作 50h 后仍然保持较高活性，这表明了该催化剂具有良好的稳定性。综上所述，Y^{3+} 离子 4％过量和 20％少量都可以为 $YInO_3$ 钙钛矿带来大量氧空位，从而显著提高了该样品中活性氧物种的移动能力，甲烷催化燃烧活性因此大幅提高。

3.2.8 含稀土元素的其他复合氧化物对甲烷催化燃烧的影响

添加稀土元素有助于提高电子的转移和传输能力，进而有效地改善催化剂的催化活性。除此之外，可变价稀土氧化物的晶格氧可转移、表面碱性、阳离子价态可变性和顺磁性也是稀土材料应用于催化领域的一个重要原因。稀土金属氧化物 CeO_2 是一种贮氧量大、稳定性好的储氧材料，近年来 CeO_2 被广泛应用于各类氧化催化剂的助剂，通过 CeO_2 自身的储氧性能及其对于金属-氧键的调变性能，达到提高催化剂的活性和稳定性的效果。

苑兴洲[25]采用浸渍法制备了 CeO_2 改性的过渡金属氧化物催化剂 Co-Ce/Al_2O_3 和 Cu-Ce/Al_2O_3。通过观察甲烷催化燃烧反应结果可见，过渡金属氧化物催化剂经过 CeO_2 改性后，催化剂的甲烷催化反应活性有了明显提高。催化剂 Co-Ce/Al_2O_3 的 T_{10} 和 T_{90} 分别降低到 395℃和 567℃，相对于 Co/Al_2O_3 分别降低了 46℃和 18℃。比起 Cu/Al_2O_3 催化剂，Cu-Ce/Al_2O_3 催化剂的 T_{10} 和 T_{90} 则分别降低了 52℃和 25℃。CeO_2 的引入能够有效提高 Co、Cu 基催化剂的甲烷催化燃烧活性，这一结果说明了 CeO_2 与 Co_3O_4、CuO 之间的协同作用能增加反应活性。

不同形貌的 Co_3O_4 催化剂性能迥异，其中空心结构往往具有优异的活性、良好的稳定性、大比表面积、低密度、高比例的活性晶面以及丰富的表面氧缺陷等特点。王智辉[26]对 Co_3O_4 催化剂进行稀土氧化物复合，采用浸渍法制备了 CeO_2/Co_3O_4 催化剂。通过观察复合催化剂的甲烷燃烧催化活性可知，未修饰的 Co_3O_4 的起燃温度 T_{10} 高达 510℃，引入 Ce 后这一数值明显下降，浸渍法制备的 CeO_2/Co_3O_4 催化剂所对应的 T_{10} 降至 408℃，下降幅度达 100℃以上；另一方面，引入 Ce 修饰前后的催化剂的高温活性也有很大改变，纯的 Co_3O_4 催化剂上甲烷的完全燃烧温度 T_{90} 为 700℃，引入 Ce 后所制备的 CeO_2/Co_3O_4 催化剂的 T_{90} 为 550℃。为了研究修饰 Ce 的用量对催化剂活性的影响，还考察了 CeO_2/Co_3O_4 催化剂中掺 Ce 含量（铈钴摩尔比值 0.15～1）对甲烷催化燃烧反应活性的影响。通过观察 550～800℃温度区间的甲烷转化率发现，当铈钴摩尔比值不大于 0.5 时，随着 Ce 含量的增加，催化剂的反应活性逐渐增加，但当 Ce 含量继续增加至铈钴摩尔比值为 1 时，催化剂的活性剧烈下降。出现这种现象的

原因是 Co_3O_4 是催化剂的主要活性组分，而 CeO_2 作为储氧材料掺入过渡金属氧化物催化剂中可以增强体系的催化氧化能力，且钴铈间存在协同作用，可以增强 Co_3O_4 的热稳定性并促进氧物种在催化剂表面的活动能力。但当 Ce 含量增大至一定程度时，覆盖了表面 Co 活性物种，导致催化剂的活性下降。

3.3
稀土元素对燃煤催化燃烧的影响

3.3.1　我国燃煤现状及展望

在当今世界面临的四大社会问题（粮食、人口、能源和环境）中，能源问题和环境问题与能源利用能否实现高效、燃烧过程能否实现低污染有着直接的关系[27]。根据国家统计局数据显示，2018 年我国煤炭消费总量达到 2.74×10^9 t 标准煤，占能源消费总量的 59%。与此同时，我国是全球最大的 CO_2 排放国，其中燃煤引起的 CO_2 排放占我国化石燃料排放总量的 80% 左右。洁净煤技术的发展对于促进我国煤基能源的可持续发展，保障国家能源安全，治理大气污染及应对气候变化都具有重要的战略意义。因此，发展洁净煤技术对提高煤炭的资源利用率和国家长期发展具有重要的意义。洁净煤技术又称清洁煤技术，指在煤炭清洁利用过程中旨在减少污染排放与提高利用效率的燃烧、转化合成、污染控制、废物综合利用等先进技术[28]。

通过观察众多催化剂对煤炭的催化燃烧作用可以发现，在煤炭中添加某些碱金属、碱土金属化合物或过渡金属化合物可不同程度地降低煤炭燃烧反应的活化能，起到促进燃烧作用。燃煤催化剂在煤炭燃烧中能有效地促进煤炭中挥发成分的析出，降低煤炭着火温度，同时使煤炭的燃烧更加完全，降低灰渣中的残炭量，起到促进燃烧和减少污染排放的双重作用。催化剂为原料煤在燃烧过程中提供了燃烧初期必需的氧气，提高了煤炭颗粒的燃烧速度，从而使煤炭资源得到充分利用[29]。

3.3.2　燃煤催化燃烧的催化机理

对燃煤催化剂的助燃作用机理，目前已有的研究结果可以归结为两种观点，即氧传递学说和电子转移学说[30]。

（1）燃煤催化燃烧的氧传递学说
氧传递学说认为：在加热条件下，催化剂首先被还原成金属（或低价金属氧化物），然后依靠金属（或低价金属氧化物）吸附氧气以氧化金属（或低价金属氧化物），从而得到金属氧化物（或高价金属氧化物）。紧接着燃煤中的碳再次还原该金属氧化物（或高价金属氧化物），使金属（或低价金属氧化物）一直处于氧化还原循环中，在金属（或低价金属氧化物）和氧化物（或高价金属氧化物）两种状态来回转变。在宏观上，氧原子从金属（或低价金属氧化物）不断向燃煤中的碳原子转移。从而增加氧气含量，使燃烧反应更容易进行。

（2）燃煤催化燃烧的电子转移学说

从电子转移理论出发，电子转移学说认为：金属离子在碳晶格中的嵌入会使碳的微观结构发生变化，并作为电子给予体，通过电子转移来加速部分反应步骤。电子转移学说认为，催化剂中的金属离子能够在加热过程中被活化，从而其自身的电子被转移并成为电子给予体。之后，金属离子将形成空穴，而碳表面的电子构型也将改变。这种电荷迁移将加速某些反应，从而提高了整个反应的速度，使碳燃烧得更彻底。

3.3.3 稀土元素对燃煤催化燃烧的影响

稀土离子具有优良的催化特性，目前已在许多领域得到应用。根据煤炭燃烧特性，研究者们利用稀土无机盐类的催化作用，制备了稀土助燃添加剂，用于催化劣质煤炭的燃烧。采用热重法研究其催化助燃效果，从而揭示该添加剂的助燃作用机理。在熊礼国等[2]的研究中，用到的稀土燃煤助燃添加剂为一定量某氯化稀土与某催化剂助剂相混合。该稀土燃煤助燃剂中氯化稀土的组成及其稀土配分（摩尔比）分析如表 3-2 及表 3-3 所示。表中可见稀土燃煤助燃剂为混合轻稀土，CeO_2 的配分达到 50%，可以预见该混合氯化稀土将具有良好的催化活性。

表 3-2　稀土燃煤助燃剂中氯化稀土主要化学组成

名称	REO/%	REO 相对纯度/%	H_2O/%
$RECl_3 \cdot 7H_2O$	44.32	99.2	33.50

表 3-3　稀土燃煤助燃剂中稀土元素的配分分析结果

REO	La_2O_3	CeO_2	Pr_6O_{11}	Nd_2O_3	Sm_2O_3	Eu_2O_3	Gd_2O_3	Tb_4O_7
含量/%	31.37	49.91	4.10	11.59	0.89	0.018	1.78	<0.01
REO	Dy_2O_3	Ho_2O_3	Er_2O_3	Tm_2O_3	Yb_2O_3	Lu_2O_3	Y_2O_3	
含量/%	<0.01	<0.01	<0.01	<0.01	<0.01	<0.01	0.32	

熊礼国等用热重分析法研究了稀土助燃添加剂对煤炭的催化燃烧作用。将实验用煤炭与稀土燃煤添加剂按一定比例混合，研磨至过 100 目筛，缩分后取样进行热重实验。铂丝炉加热，铂热电偶测温和控温，试样置于炉管式恒温区，动力

学实验测试温区为室温至 1000℃。通过燃烧过程工艺条件与实际生产工艺条件的相适应选择原则，确定条件为：升温速率是 20℃/min，常压下进行。样品重为 10mg，稳态空气作测试气氛，空气流速为 100mL/min。所有热重数据均由与热天平配置的计算机系统自动采集与处理。劣质燃煤的热重分析表明，其燃烧峰值温度、活化能较高。燃烧反应速率低，燃烧反应分解率低，反应不完全，燃烧性能差，这是劣质燃煤难以燃烧和燃烧效率低的原因所在。稀土燃煤助燃剂能改变劣质燃煤的燃烧反应历程，大大降低燃烧反应活化能，加速燃烧反应速率，提高燃烧反应程度，从而达到改善燃烧性能、提高燃烧效率和降低污染的效果。

吴大青[31]采用多次浸渍法制备负载型燃煤助剂。通过 XRD 分析采用浸渍法制备的燃煤助剂经过浸渍、干燥、焙烧后表面已经吸附了一定量的稀土氧化物和二氧化锰，并在高温焙烧情况下部分形成钙钛矿型氧化物（ABO_3）。因此，该研究的燃煤助剂是含有钙钛矿结构和过渡金属氧化物形式的燃煤助剂。从添加燃煤助剂后的煤样热重实验可见，加助剂后，煤样的着火温度下降了 10℃左右。这是由于助剂添加后，其中的稀土氧化物与二氧化锰均对固定碳的燃烧具有催化作用。稀土氧化物的金属离子供电子能力增加了燃烧过程中碳环或碳链活性，有利于煤的燃烧和燃尽。从燃烧反应结束对应的温度来看，添加助剂前后燃尽温度分布相对集中，也就是说，助剂对燃尽温度的影响像其他特征温度的影响一样，该温度也在降低，降低幅度在 21℃左右。经过对比可知在添加了助剂后，煤的燃烧状况有明显改善，主要表现在煤的着火点温度、最大失重温度、结束温度均有不同程度的下降。综上所述，煤样中加入燃煤助剂后，煤的着火温度、最大失重温度和结束温度均有不同程度的降低，减少了煤样的完全燃烧时间，煤燃烧更充分、效果更好。

参考文献

[1] Pfefferle W C. The catalytic combustor-An approach to cleaner combustion (by reaction control in gas turbine engines) [J]. Journal of Energy，1978，2 (3)：142-146.

[2] 熊礼国，杨少俊，王祖卫，等. 热重法研究煤燃烧添加剂的催化效果 [J]. 环境与开发，2000 (04)：36-37.

[3] 杨慧. 天然气催化燃烧应用及催化剂特性的研究 [D]. 北京：北京建筑大学，2019.

[4] Roucoux A，Schulz J，Patin H，et al. Reduced transition metal colloids：A novel family of reusable catalysts [J]. Chemical Reviews，2002，102 (10)：3757-3778.

[5] 王帆. Ce 对 $Pd-Pt/Al_2O_3$ 催化剂甲烷催化燃烧性能的影响 [J]. 科技传播，2013，5 (18)：117-118.

[6] 黄敬敏. 稀土助剂对甲烷催化燃烧整体式催化剂反应性能的影响 [D]. 北京：北京化工大学，2013.

[7] 雷言言. Pd/CeO_2 催化剂催化低浓度甲烷氧化的性能研究 [D]. 合肥：中国科学技术大学，2019.

[8] Kantserova M R, Gavrilenko K S, Kosmambetova G R, et al. Deep oxidation of methane over nano-sized ferrites with spinel structures [J]. Theoretical and Experimental Chemistry, 2003, 39 (5): 322-329.

[9] 丁佳. Co 系尖晶石型复合氧化物的制备及其甲烷催化燃烧性能的研究 [D]. 南昌: 南昌大学, 2008.

[10] Meisheng C, Liangshi W, Na Z, et al. La-hexaaluminate catalyst preparation and its performance for methane catalytic combustion [J]. Journal of Rare Earths, 2006, 24 (6): 690-694.

[11] 吕宏缨, 胡瑞生, 高官俊, 等. 共沉淀法制备稀土磁铅石型催化剂——$Ba_{1-x}La_xMnAl_{11}O_{19-\delta}$ 及其甲烷燃烧催化活性的研究 [J]. 稀土, 2003, 24 (3): 24-26.

[12] Zarur A J, Ying J Y. Reverse microemulsion synthesis of nanostructured complex oxides for catalytic combustion [J]. nature, 2000, 403 (6765): 65-67.

[13] 郑建东, 任晓光. $La_{1-x}Sr_xMnAl_{11}O_{19-\delta}$ 催化剂的甲烷燃烧性能研究 [J]. 材料导报, 2011, 25 (08): 77-80+84.

[14] 徐金光, 田志坚, 王军威, 等. $CeO_2/BaMAl_{11}O_{19-a}$ 催化剂制备及甲烷催化燃烧研究 [J]. 化学学报, 2004, 62 (4): 373-376.

[15] Yin F, Ji S, Wu P, et al. Preparation, characterization, and methane total oxidation of $AAl_{12}O_{19}$ and $AMAl_{11}O_{19}$ hexaaluminate catalysts prepared with urea combustion method [J]. Journal of Molecular Catalysis A: Chemical, 2008, 294 (1-2): 27-36.

[16] Groppi G, Cristiani C, Forzatti P. Preparation, characterisation and catalytic activity of pure and substituted La-hexaaluminate systems for high temperature catalytic combustion [J]. Applied Catalysis B: Environmental, 2001, 35 (2): 137-148.

[17] Zasada F, Janas J, Piskorz W, et al. Total oxidation of lean methane over cobalt spinel nanocubes controlled by the self-adjusted redox state of the catalyst: experimental and theoretical account for interplay between the Langmuir-Hinshelwood and Mars-Van Krevelen mechanisms [J]. ACS Catalysis, 2017, 7 (4): 2853-2867.

[18] 廉括. 掺杂 Er 的三维有序大孔 $LaMnO_3$ 的制备及其应用研究 [J]. 广东化工, 2019, 46 (11): 50-51.

[19] 包莫日根高娃. 双层钙钛矿型 Sr_2FeMoO_6 催化剂的制备及性能表征 [D]. 呼和浩特: 内蒙古大学, 2006.

[20] 项宪平. 铁酸镧钙钛矿改性及其复合铈基催化剂甲烷催化燃烧性能的研究 [D]. 金华: 浙江师范大学, 2014.

[21] Kirchnerova J, Klvana D. Synthesis and characterization of perovskite catalysts [J]. Solid State Ionics, 1999, 123 (1-4): 307-317.

[22] 张旭霞. 共沉淀—喷雾干燥法制备钴酸镧催化材料的研究 [D]. 呼和浩特: 内蒙古大学, 2008.

[23] Najjar H, Lamonier J F, Mentré O, et al. Optimization of the combustion synthesis towards efficient $LaMnO_{3+y}$ catalysts in methane oxidation [J]. Applied Catalysis B: Environmental, 2011, 106 (1-2): 149-159.

[24] 朱婉璐. 铟钇酸钙钛矿型催化剂的合成及其甲烷催化燃烧性能研究 [D]. 福州: 福州大学, 2018.

[25] 苑兴洲. 过渡金属铬基催化剂的制备及其甲烷催化燃烧性能的研究 [D]. 大连: 大连理工大学, 2015.

[26] 王智辉. 用于甲烷催化燃烧的金属氧化物及贵金属催化剂制备, 表征及性能研究 [D]. 广州: 华南理工大学, 2014.

［27］ 王超群．煤的燃烧科学与技术的进展 ［J］．新世纪水泥导报，2000，000（006）：8-10.

［28］ Zhang B，Sun X，Liu Y，et al. Development Trends and Strategic Countermeasures of China's E-merging Energy Technology Industry Toward 2035 ［J］. Strategic Study of Chinese Academy of Engineering，2020，22（2）：38-46.

［29］ 袁中山．燃煤催化固硫及催化燃烧一体化的研究 ［D］．北京：中国科学院研究生院（大连化学物理研究所），2005.

［30］ 肖健立，康华，王振阳．燃煤催化剂催化机理的探讨 ［J］．煤炭技术，2002（11）：75-77.

［31］ 吴大青．钙钛矿型燃煤助剂的制备及性能研究 ［D］．哈尔滨：黑龙江大学，2008.

第**4**章

稀土材料在汽车尾气催化净化中的应用

4.1
汽车尾气简介

　　随着社会经济和工业的快速发展，汽车已经得到了广泛普及。近十年来，我国汽车产销量稳居世界第一，不断刷新全球历史记录。汽车在给人们带来便利的同时，也加重了大气污染。汽车尾气是大气污染的主要来源之一，一辆汽车平均一年排出的有害废气甚至超过了自身重量的三倍。尾气中的物质能加剧气候变化，并能使人体产生各种呼吸道疾病。减少尾气排放和安装催化转换器是控制和净化汽车尾气最有效的方法。

　　汽车尾气净化催化剂中贵金属铂、铑的消耗占世界总供应量相当大的比例。以铑为例，汽车催化剂用铑占到世界总供应量的80％左右，使铑的供应持续紧张。为了降低汽车尾气转化催化剂的成本，缓解贵金属供应的紧张局面，人们开展了在汽车尾气转化催化剂中添加稀土元素取代部分贵金属的研究工作，并取得了一定的成效。由于稀土氧化物具有氧化和还原的双重特性，能在还原气氛中供氧，在氧化气氛中耗氧。因此，利用稀土代替部分贵金属制成催化剂，不仅成本低，而且能获得满意的净化效果。稀土在汽车尾气净化催化剂中应用的优势主要表现在：①提高催化剂载体的机械强度；②具有独特的储氧功能，可使 CO 转化成 CO_2；③具有变价特性，可以提高催化剂活性；④改善催化剂抗铅、硫中毒的能力；⑤提高催化剂的使用寿命；⑥增加催化剂的热稳定性。总之，尾气净化催化剂中加入稀土，以助催化剂的形式增加了催化活性，使催化剂的氧化-还原反应能够顺利进行，节约了贵金属。并且，在贵金属存在时 CeO_2 起到稳定作用，保持了催化剂较高的催化活性。

4.1.1 汽车尾气主要成分及其危害

汽车尾气污染主要是指汽车燃料在不完全燃烧的情况下产生一些对人体有害的气体和固体悬浮颗粒等。汽车尾气的组成取决于使用的燃料，其中主要含有碳氢化合物（HC）、氮氧化物（NO_x）、一氧化碳（CO）、二氧化碳（CO_2）、碳烟颗粒、挥发性有机物（VOCs）以及含铅化合物等。

（1）碳氢化合物

碳氢化合物也被称为烃，是有机化合物的一种。这种化合物只由碳和氢两种元素组成，其中包含烷烃、烯烃、炔烃、环烃及芳香烃。汽车尾气中的碳氢化合物通常由气缸壁淬冷、燃油蒸发以及燃料不完全燃烧所致，能与氮氧化物在太阳紫外线的作用下发生反应，生成一种具有刺激性气味的浅蓝色烟雾，该烟雾中含有多种复杂化合物，主要包括醛类、硝酸酯类、臭氧等，它们会降低大气的能见度，阻碍作物生长，甚至破坏生态系统。此外，它还会严重影响人们的身体健康，引发支气管炎、冠心病等症状。

（2）氮氧化物

氮氧化物主要包括一氧化氮（NO）、一氧化二氮（N_2O）、三氧化二氮（N_2O_3）、二氧化氮（NO_2）、四氧化二氮（N_2O_4）、五氧化二氮（N_2O_5）等，运输和燃料燃烧是氮氧化物排放的主要来源。在发动机内高温高压燃烧的条件下，氮和氧化合产生多种氮氧化物，含量较高的氮氧化物主要是一氧化氮、二氧化氮，其中一氧化氮的含量达到95％。NO 能够通过呼吸系统进入人体，对人体造成伤害，中毒机理与 CO 相似，导致人体缺氧。NO_2 是一种红棕色的气体，具有强氧化性，对人体危害很大。当汽车存在异常时或者使用不规范时，通常会引起尾气中 NO_x 大量增加，这些有害气体通常会刺激人体的呼吸系统，严重的还会引发支气管炎、肺气肿等疾病。

（3）一氧化碳

一氧化碳是燃油燃烧不充分的产物。氧气不足、火焰温度不够高、二氧化碳与碳氢化合物的混合气体在高温下停留的时间过长以及燃烧室有湍流发生等，都有可能使燃油燃烧不完全从而产生一氧化碳。通常情况下。一氧化碳是无色、无臭的气体，能与血红素作用生成碳氧血红素，对人体有较大危害。一氧化碳穿过呼吸道进入人体，与血液中的血红蛋白快速结合，生成碳氧血红蛋白，使血液向人体各个组织输送氧的能力大大降低，对人体的中枢神经系统造成一定的伤害，使人体的部分机能障碍，有时甚至危害人体整个血液循环系统和生命健康。即使是吸入微量一氧化碳，也有可能造成人体缺氧。

（4）二氧化碳

汽车发动机的主要燃料是汽油和柴油，它们是碳氢化合物的混合物。当燃料在供给空气充足的条件下燃烧时，产生二氧化碳和水。二氧化碳浓度过高对人体健康和自然环境均有负面影响，近年来温室效应、冰川融化、全球气候变暖等现象主要就是大气中二氧化碳剧增导致的。

（5）碳烟颗粒

碳烟中包含多种微粒，有碳粒、硫化物、铅化物等。燃料在高温缺氧的状况下燃烧时，导致燃烧中间产物聚合成碳粒，这些碳粒氧化速度较慢，抑制了燃烧过程。当空气不足或混合不匀时，未燃碳粒不能燃烧而聚合成碳烟，随废气排入大气，形成了浓浓的黑烟。汽车加速、重载或超载时，经常会产生碳烟，其中含有大量致癌物质，会干扰人体神经细胞正常工作，尤其是对儿童早期智力发育有严重影响。环境颗粒物污染是一个严重的问题，特别是在快速工业化和城市化的发展中国家。颗粒物污染对空气质量和能见度有负面影响，能直接和间接地影响区域和全球气候，影响公众健康，这些效应与其构成的复杂性有关。碳烟微粒在燃料不完全燃烧的烟气里含量较高，通常是黑色烟雾状的，悬浮在空气中使空气的能见度降低。一般情况下，碳烟微粒具有较强的吸附性，经常吸附一些对人体有害的物质，如各种金属粉尘、可溶性有机物、强致癌物和病原微生物等。碳烟颗粒进入人体后，会引起呼吸道疾病，当含量较高时，甚至引发恶性肿瘤。此外，人体长期处于该环境中，也会对皮肤和眼睛造成一定的伤害，引发皮肤炎和角膜损伤。

（6）挥发性有机物

挥发性有机物通常分为非甲烷碳氢化合物、含氧有机化合物、卤代烃、含氮有机化合物、含硫有机化合物等几大类。VOCs参与大气环境中臭氧和二次气溶胶的形成，其对区域性大气臭氧污染、$PM_{2.5}$污染具有重要的影响。当汽车行驶时、刚刚停车时或者高温下油箱的温度较高时都可能造成燃料的挥发，使碳氢化合物散发到空气中造成污染。另外，燃油箱中总是有汽油蒸气，当加油的时候，这些蒸气就会跑出来，进入大气。VOCs是导致城市灰霾和光化学烟雾的重要前体物，大多数VOCs具有令人不适的特殊气味，并具有毒性、刺激性、致畸性和致癌作用，特别是苯、甲苯及甲醛等对人体健康会造成很大的伤害。

（7）含铅化合物

大气中的铅含量很高，其中97%来自汽车尾气。进入大气中的铅95%以上为直径小于$0.5\mu m$的微粒，分布广、危害大。汽油燃烧后，从尾气中排出卤化铅粒子，在大气中再转化为氧化铅、碳酸铅等无机铅化合物，约有三分之二的大颗粒铅尘以气溶胶状态悬浮在大气中，通过呼吸道进入人体。

4.1.2　汽车尾气处理办法

如今，汽车尾气污染的问题日趋严重，国内外的许多学者开始致力于开发具有良好净化效果的尾气处理技术，现有的较为常用的汽车尾气处理技术大致可以归纳为三类：发动机内部净化处理技术、发动机外部净化处理技术、燃料的改进和替换技术。

（1）发动机内部净化处理技术

发动机内部净化处理技术通过改善燃料的燃烧环境及其质量的方式减少有害物质的生成，以此期望控制汽车尾气中污染物的含量。根据污染物的生成情况而对发动机内部结构进行改进，一般包括燃烧室系统优化、推迟点火提前角、废气再循环以及改善汽车动力装置系统和燃油系统、清洁空气装置以及低温等离子体技术等。燃烧室系统优化是一种比较传统的方法，通过改进燃烧室的设计以减少燃烧室的面容比（指燃烧室的面积与容积之比），使得燃料能够在燃烧室内快速燃烧，缩短燃烧时间，从而控制有害物质的生成，但效果不是太显著；汽车发动机点火提前角推迟可以使 NO、HC 减少，但不能过迟，否则由于燃烧速度缓慢使 HC 增多，点火提前角对缸温、缸压以及燃气混合比等都有一定的影响，推迟点火提前角是目前较为普遍的发动机内部净化处理技术，通过改进点火系统来实现对污染物的控制；废气再循环对降低 NO_x 具有显著的效果，它是通过将废气中的一部分重新引入燃烧室内，以降低燃烧室内的含氧量，因为含氧量较低，燃烧温度和燃烧速度都有所降低，NO_x 的生成量也随之降低，减少了汽车尾气中 NO_x 的含量；改善汽车动力装置系统和燃油系统主要是通过改良发动机的动力系统和燃油系统以得到最佳的空燃比，从而降低汽车尾气中污染物的含量。目前应用最广的就是改进发动机控制单元，通过控制进入发动机中的气体比例，可以显著减少有害尾气的排放并减少燃油消耗[1]。

（2）发动机外部净化处理技术

在发动机的外部安装各类净化装置，使排放出来的烟气经过这些外部净化装置时以物理或化学的方式得到处理，其中的 NO_x、CO、HC 等有害气体转化为 N_2、CO_2、H_2O 等无害气体，从而减少了汽车尾气排放对空气的污染，此即发动机外部净化处理技术，目前较为常用的发动机外部净化处理技术是三元催化技术。三元催化技术的核心在于三效催化剂，将三效催化剂安装在汽车发动机的排气系统中，上述的有害气体将在催化剂的作用下发生一系列氧化还原反应，从而转化为无害的气体。三效催化剂的结构由探测器、外壳、陶瓷结构和膨胀垫组成，其中探测器的作用为检测汽车尾气中氧的含量，膨胀垫的作用为保护内部的陶瓷结构，而陶瓷结构则作为催化剂的载体，负载了涂层和活性组分。三效催化剂的工作原理：高温的 CO、HC 和 NO$_x$ 通过陶瓷结构时与其覆盖在表面的催化剂发生氧化还原反应，能够将 CO 氧化成 CO$_2$，IIC 化合物能够被氧化成二氧化碳和水，NO$_x$ 会被还原成氧气和氮气。

（3）燃料的改进和替换技术

为了从根本上攻克汽车尾气污染的难题，研究者们开发了一系列燃料改进及替换的技术，包括应用新能源技术、电动汽车技术和燃料电池汽车等。

新能源替换传统能源可以减少汽车尾气中污染物的排放。我们当前使用的汽车大多使用含有较多杂质的汽油和柴油作为燃料，其尾气中碳烟颗粒及 Pb 颗粒含量较大。乙醇汽油、压缩天然气和太阳能等可以有效地改善这个问题。与汽油燃料相比，燃气的燃烧废气中 NO$_x$、SO$_2$、CO 分别减少 39%、90%、97%。另外汽油和玉米、小麦等农作物加工而成的乙醇以一定比例混合，制得了乙醇汽油，使用乙醇汽油可以大幅度降低汽车尾气中一氧化碳的含量，同时还能缓解我国原油供应不足的状况。

电动汽车[2,3]部分或全部地采用了电能作为能源，减少了汽油的耗费，进而降低了汽车尾气的排放量，是一种污染少、绿色的新型汽车。按照能否全部依赖电能驱动的标准，可以将电动汽车分为纯电动汽车和混合动力汽车。曹静[4]等通过研究发现，混合动力和燃料电池汽车都具有较为明显的节能效果。因此，我们可以大力推广电动汽车以减少汽车尾气的排放量。

燃料电池汽车[5]是一种采用燃料电池作为动力来源的新型汽车，由于其效率较高且污染很小，因此拥有很好的发展前景。当前应用最为广泛的是氢燃料电池，它以较为清洁的氢气为燃料，在氧气氛围下发生反应，并转化为电能以供汽车驱动。氢燃料的产物是水，因此不会对大气产生污染，氢燃料电池汽车能有效地减少汽车废气的排放。

4.2
汽车尾气处理之三效催化剂

4.2.1　催化剂组成

三效催化剂（three-way catalyst，TWC）是汽车尾气三元催化转化器里使用的催化剂。在上述的几种处理汽车尾气的方法之中，三效催化技术是当前最有效果的发动机外部净化处理技术。三效催化技术的处理效果取决于三效催化剂的改进技术，目前常用的三效催化剂主要由载体、活性组分、涂层和助剂组成。

4.2.1.1 载体

催化剂载体是负载型催化剂的重要组成部分,其主要功能为负载催化剂的活性组分。一般情况下载体自身没有催化作用,它主要提供一个特定的物理形状,以支持具有催化作用的活性组分产生良好的催化效果。催化剂载体需要具备以下几个特点:①为了方便活性组分物质的紧密黏附及均匀分散,提高活性组分物质与汽车尾气中有害气体的接触概率,需要保证足够大比表面积,以提高有害气体的去除率;②由于汽车尾气处理中的特殊环境,载体需要经受住高温、快速的气流冲击,以及不良路况驾驶时的颠簸、碰撞,因此载体必须达到一定的机械强度标准,并且具备较高的热稳定性和导热性、较低的热容及适当的吸水性等[6]。另外,当大规模工业生产时,还需要对载体的材料来源和价格等因素进行综合考虑。目前,根据结构形式的不同可以将载体分为颗粒状载体和蜂窝状载体。

（1）颗粒状载体

颗粒状载体一般由直径为 $3\sim4mm$ 的活性氧化铝小球 (γ-Al_2O_3) 堆积而成,最早应用于汽车尾气催化净化器中。γ-Al_2O_3 因为其较大的比表面积和较好的热稳定性,且对 NO_x 气体有较强的吸附性,常常作为 NO 氧化催化剂的载体[7]。在汽车尾气的处理中,常常以 γ-Al_2O_3 表面负载过渡金属。

颗粒状载体在发展初期有着广泛的应用,因为它的制造工艺较为简单、机械强度较高、生产成本低,且拥有较大的比表面积,可以使有害气体和活性组分物质更充分地接触。不过因为它对气体阻力较大,使汽车耗能增加,因而逐渐为蜂窝状载体所取代。

（2）蜂窝状载体

蜂窝结构中包含了大量的平行长通道,随着其加工技术的逐步提高,蜂窝结构在载体中的地位也愈来愈重要。蜂窝状陶瓷催化剂载体有以下几个应用:

作为汽车尾气催化剂的载体,能从流动气体中去除 NO_x、CO 和 HC 等有害气体;在柴油净化催化器中,蜂窝结构不但能帮助去除气流中有害气体,对气流中的颗粒的处理也有重要意义;在控制静止设备中,如燃煤发电厂,蜂窝结构被应用于气体和颗粒的排放处理,尤其是 NO_x 的去除。按照蜂窝状载体的材料不同将其分为陶瓷载体和金属载体两种,并在表 4-1 中对二者的物理性能进行了比较[8]。

表 4-1 蜂窝状陶瓷载体和金属载体物理性能的比较

物理性能	陶瓷载体	金属载体
网孔密度/cpsi	400	400
壁厚/mm	0.16	0.04

物理性能	陶瓷载体	金属载体
单位体积几何表面积/(m²/m³)	2100	3700
有效截面/%	76.0	91.4
热导率/[W/(m·K)]	1.675	14
质量热容/[J/(kg·K)]	1089	500
比热/[J/(L·K)]	450	301

注：cpsi 是每平方英寸的网孔数（$1in^2 = 6.4516cm^2$）。

① 陶瓷载体　蜂窝陶瓷载体具有较小的气流阻力、较低的热膨胀率、较高的机械强度、良好的耐热性能、较强的吸附性能及耐磨损性能等优点。现在蜂窝陶瓷载体的原料主要为堇青石，一种化学组成为 $2Al_2O_3 \cdot 2MgO \cdot 5SiO_2$ 的铝镁硅酸盐陶瓷。由于堇青石熔点较高，能够承受汽车尾气的高温高压环境，所以目前常用的汽车尾气净化催化剂载体常采用蜂窝堇青石陶瓷体[9]。

这几年分子筛载体作为一种新兴的载体而出现在大众视野内，它的基本骨架为硅氧或铝氧四面体，并拥有丰富的孔道结构，具有以下几个特性：对液体和气体的吸附作用具有可逆性；阳离子的交换特性；分子筛的孔道具有很高的内表面积，因此吸附性较强，所以适合用作催化、选择吸附和深度干燥。因为这些优点，分子筛载体受到了人们的广泛关注。除了本身可以作为催化反应的活性组分外，分子筛还被广泛地用做催化反应的载体[10,11]。ZSM-5 分子筛具有独特的晶体结构、催化活性和突出的热稳定性，所以在催化剂领域的应用非常广泛[12,13]。其中，具有代表性的是 Cu-ZSM-5，其既可以用于选择性催化还原，也可以用于 NO 的催化氧化，是目前较为成熟的一类催化剂[14]。此外，Cu-ZSM-5 分子筛还可以催化分解 NO，即将 NO 直接分解为 N_2 和 O_2。该方法无需添加还原剂且不产生二次污染，被认为是一种很有潜力的 NO 处理方法，但 NO 分解为 N_2 和 O_2 的反应活化能太高，想大规模应用还需要更加深入的研究。

② 金属载体　与陶瓷蜂窝载体相比，金属载体具有更高的抗热冲击的机械强度、更优异的导热性能和抗冲击性能、较低的热容等优点。金属载体一般为 Fe、Cr、Al 等元素的合金，目前常用的主要有 Fe-Al-Cr、Ni-Cr、Al-Cu-Fe 以及 Ni-Cr-Al 等合金材料[15]。因为金属载体表面较为光滑，与氧化铝涂层的黏合性不高，需要对其进行预处理操作，这也带来了成本提高、工艺周期延长和质量下降等问题。在汽车尾气处理中，由于金属载体的热容小而导热效率高，当汽车从较低温度启动时，快速的升温效率使得汽车尾气净化系统在较短时间内便可产生正常的工作效果，并且避免了载体局部过热问题，有效地保证了载体的使用寿命。

4.2.1.2 涂层

催化剂的涂层是由一种或多种金属氧化物组成的复合粉体材料。目前所用的活性涂层主要是 γ-Al_2O_3、SiO_2 和 TiO_2 等高熔点的无机氧化物。催化剂技术的进步推动了涂层材料技术的快速发展，从一开始的单一功能到如今的多功能兼备。一方面涂层承载贵金属等活性组分，扩大活化催化表面；另一方面，催化剂的涂层与贵金属之间的协同作用有助于催化剂的活性、稳定性和抗中毒性等提高。如何维持涂层在高温时的高比表面积、保持载体与涂层良好的结合与匹配、防止发生结块和相变是催化剂涂层的研究重点。对于提高活性涂层的耐高温性能和防止发生结块相变，目前普遍的做法是向 γ-Al_2O_3 中掺加稀土或过渡金属等非贵金属元素，通过化合物间的协同功效和相互作用机制，对催化剂的热稳定性、储氧能力和助催化性能进行增强。为了防止 γ-Al_2O_3 在高温环境中失活，常加入 La_2O_3、ZrO_2、BaO 等氧化物作为稳定剂，或是采用多层活性涂层的方法，也可以通过加入适量的 MgO 和 FeO 的方式来降低固溶极限附近的结块速率。

4.2.1.3 活性组分

催化剂中起到催化作用的部分主要是活性组分。活性组分根据活性中心原子种类的不同，可以分为贵金属活性物和非贵金属活性物。

（1）贵金属活性物

贵金属一般指 Pt、Ag、Au 族的金属，由于具有金属光泽，且化学性质不活泼，人们常常用这些金属制作成饰品等。用作催化剂的贵金属主要为 Pt、Pd、Ru、Rh、Ir、Os 等。

在固体催化剂的作用机理中，有一个重要的 d 电子理论，即金属催化剂中参加到反应中的价电子、参与配位的 d 电子所占比例越高，其反应活性也越高。而诸如 Ru、Rh、Pt、Pd 等贵金属原子中参与配位的 d 电子所占的比例均达到 0.4 以上，高于其他的过渡金属，所以贵金属催化剂具有较高的催化活性、选择性和在高温时的高催化转化率。也因此，贵金属催化剂被广泛应用于环保、能源、医药、农药、化工、电子等多个领域。

目前 Rh、Pt 和 Pd 是汽车尾气净化领域较为常用的贵金属活性物，它们在 γ-Al_2O_3 涂层的表面附着，对汽车尾气进行催化净化。由于每种贵金属对各个反应催化的效率不同，比如 Pt 和 Pd 可以促进 CO、HC 氧化为 CO_2 和 H_2O，而 Rh 则对 NO_x 的还原表现出优异的催化效果。Rh、Pt 和 Pd 三种活性组分的单金属和复合金属的催化效率不同，他们对各个反应的催化活性的比较结果如下：

氧化 CO、HC：Pt/Rh＝Pd/Rh＞Pd＞Rh＞Pt，

还原 NO_x：Pt/Rh＝Pd/Rh＞Rh＞Pd＞Pt。

一开始的三效催化剂主要围绕着 Pt、Rh 而设计，但随着价格远低于这两种贵金属且资源丰富的 Pd 受到关注，并且 McCabe 等[16]发现 Pd 还具有一定的储氧能力，Pd 在三效催化剂中渐渐崭露头角。不过因为 Pd 的抗硫、铅中毒能力相较 Pt、Rh 太差，限制了它最开始的商业化应用，直到无铅、低硫汽油开始推广后，它才被重新推上了研究热潮并且得到了广泛的应用。出于成本的考虑，Pd 慢慢取代了 Pt，但 Rh 至今仍在使用，这是因为 Rh 具有 CO＋NO 反应的最高活性，对于氮氧化物的还原能力处于不可取代的地位[17]，并且 Rh 对 CO 的氧化活性几乎与贵金属 Pt、Pd 无异，甚至在较低温度环境下更为出色。现在在商用三效催化剂一般为单 Pd 催化剂、Pd/Rh 催化剂及两者的结合使用。例如，前端冷启动催化剂常采用全 Pd 催化剂，后端底盘催化剂常采用 Pd/Rh 催化剂，如此便能同时获得理想的冷启动效果和良好的热稳定性[18]。

（2）非贵金属活性物

非贵金属活性物是诸如 CuO、TiO_2、ZrO_2、NiO 等一些普通金属氧化物[19]，当被作为主催化剂使用时，存在较低的催化效率、较差的热稳定性、较短的使用寿命、起燃温度高等缺点，不过由于这些普通金属氧化物价格便宜，因此也受到过关注。

4.2.1.4　助剂

三效催化剂助剂本身没有催化活性或催化活性很低，当加入涂层中时，能够有效改善主催化剂的催化性能，提高催化剂的催化活性和寿命，并有助于降低贵金属的使用量。助剂一般可以分为电子型助剂和结构型助剂：电子型助剂主要是以改变催化剂的电子结构、催化剂的表面性质以及对反应物的吸附力的方式来降低反应活化能，提高反应速度；结构型助剂主要是在结构上改善主催化剂，提高主催化剂结构上的稳定性，从而增加主催化剂的寿命。助剂一般由碱金属、碱土金属和过渡金属等氧化物组成，助剂的材料有很多种，现在常添加稀土元素作为助剂，加入稀土元素能提高催化剂的催化活性、热稳定性和抗中毒能力，延长其使用寿命。催化剂助剂的作用为以下几个方面：

① 提高催化剂的高温稳定性　用于氧化铝涂层的热稳定助剂属于这一类助剂，主要有碱土和稀土金属氧化物等；

② 提高贵金属的分散性　稀土金属 Ce 和 La 等对贵金属具有很好的分散作用，常被作用催化剂的分散助剂；

③ 增加催化剂的低温催化活性　使用过渡金属 Cu、Fe 等金属氧化物助剂可以较大地提高催化剂的低温催化活性；

④ 提高催化剂的储放氧能力　催化剂常用的储氧助剂有 Ce、Mn 及 Pr 的氧

化物等，其中 CeO_2 用得最广；

⑤ 促进水煤气反应　稀土金属氧化物等能促进水煤气反应，从而提高催化剂的催化转化效率；

⑥ 改善催化剂界面吸附特性及表面酸碱性　碱金属和碱土金属氧化物等是很好的调节催化剂表面酸碱度及吸附特性的助剂；

⑦ 影响催化剂金属-载体强相互作用　添加稀土金属氧化物等助剂可以改变这种强相互作用，从而提高催化剂的活性或选择性；

⑧ 提高催化剂抗中毒能力；

⑨ 产生新的活性中心；

⑩ 直接参与到催化反应中；

⑪ 用于氮氧化物吸附-还原的贫燃催化剂中　这类催化剂助剂主要为 BaO。

4.2.2　催化反应机理

三效催化剂安装在汽车三元催化反应器中（具体实物剖面图如图 4-1 所示），能将汽车尾气排放的 HC、CO、NO_x 有害气体转化为无污染的 CO_2、N_2、H_2O，具体过程如图 4-2 所示，主要经历了 CO 及 HC 的氧化反应、NO 的还原反应、水蒸气重整反应和水煤气转换反应，见表 4-2。

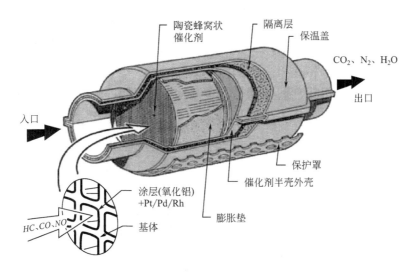

图 4-1　三效催化反应器结构示意

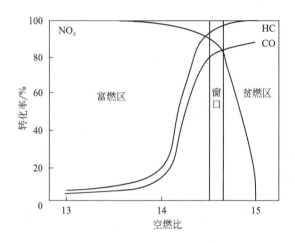

图 4-2　空燃比与催化转化率关系

表 4-2　三效催化净化的主要反应

化学反应	化学反应式
CO、HC 的氧化反应	$CO + O_2 \longrightarrow CO_2$
	$HC + O_2 \longrightarrow CO_2 + H_2O$
	$CO + NO \longrightarrow CO_2 + N_2$
NO 的还原反应	$HC + NO \longrightarrow CO_2 + H_2O + N_2$
	$H_2 + NO \longrightarrow H_2O + N_2$
水蒸气重整反应	$HC + H_2O \longrightarrow CO + H_2$
水煤气转换反应	$CO + H_2O \longrightarrow CO_2 + H_2$

4.2.3　三效催化剂的基本特性及存在的问题

三效催化剂兼具催化活性高、选择性高和热稳定性好等优点，并可以对尾气中的一氧化碳、碳氢化合物和氮氧化合物等同时进行催化净化，因此广泛应用于汽车尾气处理中。以下为三效催化剂的基本特性及其面临的主要问题。

（1）空燃比特性

空燃比（A/F）即进入发动机内的空气和燃油的质量比，也可以定义空燃比（λ）为反应物中可提供氧的量与反应物中需要消耗氧的量之比。空燃比是三效催化剂催化活性的重要影响因素，只有在空燃比 A/F = 14.6 或 λ = 1（即理论空燃比）附近时，三效催化剂对 CO、HC 和 NO_x 才能有最好的催化转化效率。空燃比和以上三种有害气体的转化率关系如图 4-2 所示，转化率即反映了三效催化剂的催化转化效率。

在理论空燃比附近一定范围内存在一个窗口，在这个窗口范围内三种有害气体的转化率都超过了80%，即空燃比工作窗口。CO、HC 和 NO_x 三者的转化率决定着催化剂的空燃比窗口，所以想要拓宽空燃比工作窗口，只要提高催化剂富氧（空燃比较大，对应于贫燃区）时 NO_x 的转化率（上限）和贫氧（空燃比较小，对应于富燃区）时 CO 和 HC 的转化率（下限）。

许多研究表明，贫燃条件下 CO、HC 可以全部氧化成 CO_2 和 H_2O，NO_x 不能被完全还原；而在富燃条件下 NO_x 能够全部还原为 N_2，CO、HC 却不能被完全氧化。通常情况下只有在 CO、HC、NO_x 三种污染物与氧的含量处于等当点时，三种污染物才可能同时被除去。Schlatter 等根据汽车尾气发生的氧化-还原反应，定义了 Schlatter 常数"S"：

$$S = \frac{(3n+1)[C_n H_{2n+1}] + 3n[C_n H_{2n}] + CO + [H_2]}{2[O_2] + [NO]}$$

S 的倒数为 R，称为氧化-还原率，当 R=1 时，CO、NO、HC 反应达到化学计量比（stoichiometry of reaction），即等当点[20]，此时 A/F = 14.6，CO、NO、HC 三者达到最优转化率。当 A/F < 14.6 时即富燃，会降低 HC、CO 的转化率，当 A/F > 14.6 时即贫燃状态，氮氧化物的转化率则会急剧下降。催化剂的理论空燃比范围越宽，催化剂具有越高的三效转化效果。

（2）三效催化剂的起燃温度特性

温度特性指在一定的浓度和空速下，某一种有害成分的转化率随温度的变化情况。起燃温度是指转化率达到 50% 时的温度，三效催化剂的起燃温度特性是评估三效催化剂性能的重要指标。起燃温度越低，三效催化剂的催化性能越好。特别是发动机处于冷启动状态时，由于工作温度较低，三效催化剂的起燃温度无法达到，这会影响其将汽车尾气中的有害成分进行有效的转化。

尽管三效催化剂在由实验室到产业化过程中取得了巨大的成功，但同样的，三效催化剂在发展过程中存在一些问题，如三效催化剂中毒失效、使用寿命不长、工作温度区间窄、贵金属资源匮乏、成本高，另外还有贫燃条件下氮氧化物选择性差等问题有待解决。

4.3
稀土元素在三效催化剂中的作用

人们发现将 La、Ce、Nd、Pr 等稀土元素与 Pt、Pd、Rh 等贵金属及过渡金属组合使用可以提高三效催化剂的催化活性、高温热稳定性、使用寿命及抗 Pb、

S、P 等对催化剂的毒化等作用。不同稀土氧化物具有不同的作用，如表 4-3 所示，在 TWC 中可以作为促进剂、活化剂、分散剂、稳定剂以及作为 ABO_3 型复合氧化物的催化剂组分[21]。

表 4-3 稀土氧化物在汽车尾气净化催化剂中的作用

主催化剂	稀土氧化物的作用	稀土元素
Cu-Mn-La 钙钛矿型氧化物	催化剂组分	La
过渡元素与稀土的钙钛矿型化合物	催化剂组分	La、Nd
贵金属	催化剂,分散剂,活化剂	CeO_2
Ni 合金	生成 NH_3 的抑制剂	La、Nd
$\gamma\text{-}Al_2O_3$ 负载催化剂	$\gamma\text{-}Al_2O_3$ 的稳定剂	La、Pr、Nd
Pt-Rh	催化剂载体	RE
Rh	防止 Rh 升华	RE
La、Nd、Pr、Ba 和 Ni	催化剂或 Ni 的促进剂	La、Nd、Pr
Pd/Rh/Ti 三效催化	增强催化活性	La
双组分分层催化剂,内含 Pt 族,外含 Zr 和 Pt 族	稳定剂、分散剂、活化剂	Ce(内)、Pr、La(外)

4.3.1 稀土元素在活性组分中的作用

三效催化剂中活性组分主要是指 Pt、Rh、Pd。经过不断的研究探索，已确立了贵金属（Pt、Rh、Pd）在汽车尾气净化催化剂中最重要的地位。但是贵金属价格很高，且 Pt、Rh 资源匮乏，从而增加了汽车尾气净化的成本。为了降低催化剂成本，开发单钯或含钯催化剂是现在汽车尾气净化领域研究热点之一。张燕等[22,23]在贵金属用量不变的条件下，改变贵金属的成分和比例，研究 Pd 部分或完全替代价格较高的 Pt、Rh 后制备的催化剂的活性。研究发现单钯催化剂不仅有很好的高温稳定性而且具有很好的低温活性。这为降低催化剂成本、推进催化剂的市场开发奠定了基础。

最常用的三效催化剂中活性组分为 Pt/Pd/Rh 型和 Pd/Rh 型，不同的贵金属配比催化剂的性能，如起燃性能、抗老化性能及 λ 窗口适应性等也不相同。三效催化剂中某些贵金属具有高的本征活性和较长的寿命，其中 Rh 是提高 NO_x 净化效果不可少的部分。由于贵金属成分对转化效率影响大，贵金属之间以及贵金属与催化助剂之间存在较为复杂的相干效应或协同效应。Pt、Pd、Rh 对污染物的处理能力如表 4-4 所示[24]。Pt 的氧化能力较强，抗中毒能力好，但热稳定性较 Pd 差；Pd 是去除甲烷最重要的成分，热稳定性好，但对硫敏感；Rh 主要用于去除 NO_x，Rh 的质量分数适中有利于增宽 λ 窗口和加强转化能力。

表 4-4　各贵金属对污染物处理能力对比

贵金属组分	Pt	Pd	Rh
CH₄ 处理能力	S	SSS	S
NOₓ 处理能力			SSS
CO 处理能力	SSS	SS	SS
热稳定性		SSS	
抗中毒能力	S		

4.3.2　稀土元素对涂层的影响

使三效催化剂涂层处于高温环境时保持较高的比表面积、维护载体和涂层之间的紧密黏合及阻止结块和相变的发生，是当前汽车尾气催化净化处理中涂层的研究难题。$\gamma\text{-Al}_2\text{O}_3$、二氧化硅和二氧化钛等具有较高熔点的无机氧化物已成为主要的活性涂层，其中 $\gamma\text{-Al}_2\text{O}_3$ 应用最为广泛，这是因为它拥有较大的比表面积、合适的孔洞分布密度和较好的机械强度。但 $\gamma\text{-Al}_2\text{O}_3$ 处于亚稳态，一旦温度过高就容易出现相变和烧结的问题，转变为热力学上稳定的 $\alpha\text{-Al}_2\text{O}_3$，形成大颗粒而使比表面积急剧减小，使分散于其表面的活性组分不能有效地发挥作用，从而影响三效催化剂的性能。另外，$\gamma\text{-Al}_2\text{O}_3$ 活性涂层在 $800\sim900℃$ 的高温氧化气氛中与铑作用形成不具有活性的铝酸盐，也会殃及三效催化剂的催化活性[25]。

研究人员已经发现，向 $\gamma\text{-Al}_2\text{O}_3$ 活性涂层中掺杂稀土、碱土金属化合物能够有效抑制其转变成 $\alpha\text{-Al}_2\text{O}_3$[26-29]。沈美庆等[30]对堇青石蜂窝陶瓷载体二载涂层的制备工艺进行了深入探究，通过 X 射线衍射、BET 比表面积测试等表征方法具体研究了 La_2O_3 及其添加量对 $\gamma\text{-Al}_2\text{O}_3$ 性能的影响。根据测试结果可知，在添加了 $3\%\sim4\%$ $\text{La}^{3+}/\text{Al}^{3+}$ 的 La_2O_3 时，$\gamma\text{-Al}_2\text{O}_3$ 的高温热稳定性明显得到提高。如果添加量不足，则修饰效果不太明显；添加量过大，则孔道里堵塞着多余的晶粒，比表面积因此下降。La_2O_3 修饰 $\gamma\text{-Al}_2\text{O}_3$ 时，La_2O_3 优先锚定在 $\gamma\text{-Al}_2\text{O}_3$ 的体相和表面的缺陷中，占据了表面活性位，降低了表面能，抑制了 $\alpha\text{-Al}_2\text{O}_3$ 的成核过程，从而有效地抑制了 $\gamma\text{-Al}_2\text{O}_3$ 相变和烧结的产生，提高了 $\gamma\text{-Al}_2\text{O}_3$ 的热稳定性。这项工作证明了 La_2O_3 的添加能有效地改善 $\gamma\text{-Al}_2\text{O}_3$ 烧结的问题，提高了 $\gamma\text{-Al}_2\text{O}_3$ 的相变温度和高温热稳定性。

4.3.3　稀土元素在助剂中的作用

助剂被称为助催化剂，是汽车尾气催化剂的重要组成部分，通常负载于活性涂层材料上。稀土元素铈（Ce）和镧（La）是最为常见的助剂。

4.3.3.1 铈助剂

铈元素是汽车尾气催化材料中最重要的助剂之一，它的主要作用有：①具备优异的储释氧能力，可以极大提高催化剂的催化性能；②有助于提高贵金属催化剂热稳定性；③使 $\gamma\text{-}Al_2O_3$ 向 $\alpha\text{-}Al_2O_3$ 的高温相变延迟，提高 Al_2O_3 的热稳定性；④与贵金属相互作用以改善三效催化剂性能，例如加入 Ce 有助于提高 Pt 吸附氧能力、降低起燃温度。

（1）提高催化剂的储释氧能力

稀土元素尤其是 Ce 的重要作用[31]就是在反应的过程中通过变价实现储存和释放氧的能力（oxygen-storage-capacity，OSC）。具体反应如下所示[32]：

储存氧：

$$Ce_2O_3 + \frac{1}{2}O_2 \longrightarrow 2CeO_2 \tag{4-1}$$

$$Ce_2O_3 + NO \longrightarrow 2CeO_2 + \frac{1}{2}N_2 \tag{4-2}$$

$$Ce_2O_3 + H_2O \longrightarrow 2CeO_2 + H_2 \tag{4-3}$$

释放氧：

$$2CeO_2 + H_2 \longrightarrow Ce_2O_3 + H_2O \tag{4-4}$$

$$2CeO_2 + CO \longrightarrow Ce_2O_3 + CO_2 \tag{4-5}$$

为了保证最大限度地发挥 TWC 催化剂的三效催化作用，催化剂只有在理论空燃比（A/F＝14.6）附近操作时，对 CO、HC 和 NO 的转化率才可达 80%。Ce 有 Ce^{3+} 与 Ce^{4+} 两种变价离子的形式，催化剂中引入 Ce，可在富燃/贫燃不断变换的振荡气氛中起着氧的缓冲调配作用[33]。CeO_2 是一种具有萤石结构的稀土材料，在还原气氛下能够很容易地形成一系列可逆的非化学计量氧化物 CeO_{2-x}（$0<x<0.5$）。虽然晶格中失去氧形成了大量的氧空位，但这有利于氧空穴快速、完全地再填充，当处于氧化气氛中，这些低价氧化物 CeO_{2-x} 很容易重新氧化成高价的 CeO_2。二氧化铈化合物具有调节氧气储存和释放的功能，这是三效催化剂的最重要且最显著的特征。氧储存材料是必要的，以储存过多的氧，并在还原性大气中释放氧。通过氧的存储和释放，在车辆运行过程中，获得了氧的缓冲，以保持化学计量的氧气氛，在这种气氛中 NO_x、CO 和 HC 均能被有效地转化。

CeO_2 被认为是很有前途的材料，因为即使在氧气的交替存储和释放过程中，它仍保持着立方晶体结构，并且其体积变化很小。然而，CeO_2 的 OSC 和耐热性均不足以满足汽车使用的要求。因此，研究人员在基体中将锆离子添加到 CeO_2 中来改善其 OSC[34]。特别是在锆离子的直径小于铈离子时，氧周围的空间增加，从而有利于氧在基质中的可逆储存和释放。X 射线衍射（XRD）和 X

射线吸收精细结构分析（XAFS）还显示，增强 CeO_2-ZrO_2 固溶体中 Ce 和 Zr 原子的均质性会导致 OSC 的增强（图 4-3）[35]。

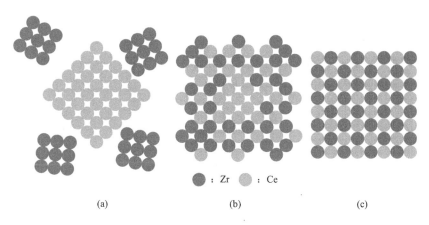

● : Zr ● : Ce

(a)　　　　　　　(b)　　　　　　　(c)

图 4-3　CeO_2-ZrO_2（Ce/Zr＝1）中阳离子-阳离子网络的示意图

　　按照反应速率，氧气的储存和释放反应分为几个反应步骤，即在贵金属上的反应、表面氧的扩散和本体氧的扩散（图 4-4）。通过 $^{18}O/^{16}O$ 同位素交换的方法，发现氧的表面和体积扩散率与图 4-3 的样品氧化物骨架中 Zr 和 Ce 原子分布的均匀性相关。

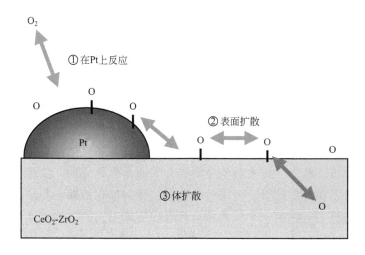

图 4-4　在 Pt/CeO_2-ZrO_2 催化剂上进行氧气存储/释放的步骤

　　与 CeO_2 相比，CeO_2-ZrO_2 具有更高的热稳定性。将 CeO_2-ZrO_2 与氧化铝纳米粒子混合可以进一步提高其耐热性[36]，图 4-5 中阐释了这一概念。通常，相同种类的颗粒容易凝结，在相对较低的温度环境下能在空气中形成大的团块。然而，如果相同类型的颗粒被另一种类型的颗粒隔离，该另一种类型的颗粒在高温环境下不与相邻的颗粒反应，则它们的颗粒不会彼此凝结。因此，氧化铝颗粒通过在高温环境下形成扩散障碍来抑制 CeO_2-ZrO_2 颗粒的凝结。包含氧气存储材料的催化剂可以减少空燃比变化期间的污染物，特别是 NO_x 的排放。在运行过程中严重热老化后的汽车在行驶模式测试时，与使用 CeO_2-ZrO_2 的汽车相比，使用氧化铝纳米粒子的汽车 NO_x 排放降低了 20%。

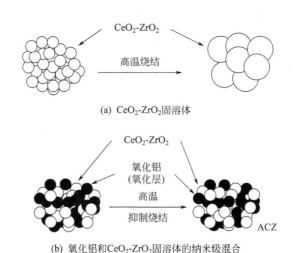

(a) CeO_2-ZrO_2固溶体

(b) 氧化铝和CeO_2-ZrO_2固溶体的纳米级混合

图 4-5　使用氧化铝纳米粒子的扩散障碍机理图

汽车发动机排放的尾气温度很高，甚至会超过 1000℃。在这样的高温环境下，纯的 CeO_2 容易老化烧结，从而使得 OSC 下降。现在通常将铈锆固溶体引入三效催化剂中，因为 Zr 进入 Ce 晶体中所形成的铈锆固溶体作为助催化剂能有效地改善三效催化剂的耐热性能。而且，铈锆固溶体能为所负载的贵金属输送活性氧，因此也常常用作负载贵金属的载体。但是贵金属价格昂贵，并容易受到废气中杂质的毒害，有人尝试着将贵金属换为普通金属氧化物，负载于铈锆固溶体之上，也产生了很好的效果。为了对铈锆固溶体的催化活性、耐热性、耐毒性等进行进一步的提高，将第三种元素掺杂到其中生成三元固溶体，常用的元素为稀土元素 Y、La、Nd、Pr、Tb。

Fei 等[37]利用^{18}O/^{16}O 同位素交换反应对 Pt/CeO_2-ZrO_2 三效催化剂的动态氧迁移率及其 OSC 进行了研究，发现氧的表面扩散率、体扩散系数和释放速率与 Zr 引入 CeO_2 骨架有关。依据铈锆固溶体中氧的扩散系数对氧储存机制做出了推论：氧在氧化物载体上是可以移动的，并提出了 Zr 扮演了氧载体的角色这一观点。掺杂稀土元素改性是一种有效提高三效催化剂性能的方法，Wang 等[38]利用共沉淀法和超临界干燥技术制备了稀土元素（La、Nd、Pr、Sm、Y）改性的 $Ce_{0.2}Zr_{0.8}O_2$，所有样品均为单一四方相固溶体，这说明了稀土元素完全嵌入了晶格结构中。稀土元素 La、Nd、Pr 的存在有利于提高催化剂的活性及拓宽空燃比操作窗口。

Fan 等[39]研究了 Pt 在二氧化铈基混合氧化物上的热老化机理及其对载体材料的储氧能力（OSC）的影响。研究结果表明，对于低比表面积的载体负载 Pt 催化剂，在 700℃以及更高温度处理时，除了发生 Pt 烧结外，还会发生金属被氧化物包裹的现象；在金属氧化物界面上，混合氧化物的晶格扭曲以及其他的晶粒缺陷表明金属与氧化物间存在相互作用；Pt 的包裹促进了载体表面和体相中 Ce^{3+} 或氧空位的形成，催化剂的还原能力和氧的释放行为与金属的分散以及金属/氧化物接触面有关，且后者在低比表面积载体上起到了主要的作用；同时，研究它们的动态储氧性能以及氧的释放速率时发现，在 700℃高温环境下焙烧过的催化剂表现出了最好的 OSC 性能。这表明，尽管高温处理后有一些表面金属颗粒的化学吸附位丢失，但 OSC 性能出现提高，主要是因为部分 Pt 被包裹，导致载体表面和体相中 Ce^{3+} 或氧空穴的增加。

Wu 等[40]研究了 Pr/Nd 掺杂的 CeO_2-ZrO_2 氧化物的结构和储氧能力。Pr 和 Nd 阳离子的加入导致四方相富 Zr 混合氧化物晶格的变形，转变为假立方相结构，并阻止了 1050℃高温条件下焙烧后相分离的发生。水热老化处理后，掺杂金属后的样品表现了较高的比表面积和氧迁移率。老化后，Pr 主要以三价阳离子存在，离子半径增大，从而增加了较多的 Ce^{3+}，产生了较多的晶格缺陷。老化样品中 Ce-Zr-Pr 复合氧化物显示了最好的储氧能力和最快的释氧速率。

（2）提高催化剂的其他性能

Papavasiliou 等[41]合成了由质量分数 80％的 γ-Al_2O_3、20％的铈基固溶体组成的三效催化剂涂层，以低负载（质量分数 0.5％）的 Pt 作为唯一的活性相。经 DTA、XRD 等表征手段分析，Zr 和 La 离子掺杂的 $Ce_{0.4}Zr_{0.5}La_{0.1}O_{1.9}$/$\gamma$-$Al_2O_3$/Pt 样品表现出最佳的催化活性和热稳定性。余林等[42]利用浸渍法制备含 Ce-La 稀土助剂改性的 Pt-Rh 三效催化剂，得到 CeO_2 质量分数分别为 0、1％、2％、5％、18％的五组催化剂样品，采用比表面积测定（BET）、XRD 和 SEM 等多种表征手段及水热老化实验，考察了 Ce-La 稀土对 Al_2O_3 载体的热稳定性和催化剂活性的影响。研究发现：La_2O_3 的添加主要是改善载体 Al_2O_3 的高温高比表面性能；La_2O_3 的添加推迟了载体 Al_2O_3 的相转变温度，明显改善了载体的高温比表面积，这归因于 La^{3+} 进入 Al_2O_3 晶格中，抑制了 Al^{3+} 和 O^{2-} 的扩散，从而提高其高温热稳定性；CeO_2 的引入明显提高了 CO 和 NO 的催化转化活性，但对 HC 的转化几乎无影响；CeO_2 的添加也促进了催化剂的抗硫、水、热、老化性能，并显著拓宽催化剂的三效窗口。CeO_2 的加入导致载体比表面积有所降低，但随着 CeO_2 质量分数的增加，CO 和 NO 的转化活性明显提高，HC 的催化活性则几乎保持不变。当 CeO_2 质量分数为 18% 时，催化剂的抗硫、水热性能有明显改善，催化剂即使在 900℃ 老化 400h 仍具有较好的催化活性。这表明稀土 CeO_2 的添加不仅有利于提高催化剂的抗 SO_2 中毒能力，也部分避免了催化剂因高温烧结而导致催化剂失活。含 CeO_2 的催化剂体系也具有较宽的三效窗口，主要归因于 CeO_2 具有储氧功能及其在贫氧和富氧条件下能促进 CO、HC 和 NO 之间的相互作用。

4.3.3.2　镧助剂

La 也是一种重要的汽车尾气催化助剂，主要以 La_2O_3 等氧化物的形式存在，能显著提高 Pd 催化剂的还原活性和选择性，促进催化剂表面对 NO_x 的吸附以及各种有害气体的催化转化。赵彬[43]考察了添加 La、Zr 和 Sr 助剂对全 Pd 催化剂性能的影响，结果表明，添加 La 和 Sr 能提高催化剂的抗高温老化性能，并且添加 Sr＋La 助剂和 Zr＋La 助剂能够使 CH_4 的起燃温度明显降低，从而提高催化剂的活性，原因可能是多种助剂与 Pd 之前产生了相互作用，从而提高了催化剂的活性。张晓红等[44]研究了在 Pb/Al_2O_3 催化剂制备过程中添加各种助剂产生的性能变化，结果表明镧助剂还可以有效改善 Pd 在载体上的分散状况。

钙钛矿型催化剂在同时去除氮氧化物和碳烟方面具有独特的效果。彭小圣等[45]在模拟柴油机尾气环境中，将钙钛矿型催化剂 $La_{0.8}K_{0.2}Cu_{0.05}Mn_{0.95}O_3$ 应用于同时去除 NO_x 和碳烟颗粒。在实验中 $La_{0.8}K_{0.2}Cu_{0.05}Mn_{0.95}O_3$ 表现出较好的催化性能，碳烟的起燃温度达到了 280℃，NO 转化为 N_2 的最高转化率温度为 58%。而且随着氧气的体积分数从 5% 增至 7.5%，碳烟的起燃温度从 280℃ 降至 270℃，NO 最大转化率由 53.8% 达到了 96.7%。另外，催化剂和碳烟的接触状况也影响着 NO_x 和碳烟的同时催化去除，从松散接触转为紧密接触时，碳烟的起燃温度从 290℃ 降低至为 275℃，NO 最大转化率从 48.4% 提高至 70.4%。

参考文献

[1] 耿永生. 汽车尾气污染及其控制技术 [J]. 环境科学导刊，2010，29 (6)：62-69.

[2] 张文亮，武斌，李武峰，等. 我国纯电动汽车的发展方向及能源供给模式的探讨 [J]. 电网技术，2009 (4)：1-5.

[3] 徐哲. 我国电动汽车发展现状与对策研究 [J]. 上海汽车，2006 (5)：6-9.

[4] 曹静，李理光，孙永正，等. 混合动力与燃料电池汽车节油与替代效果分析 [J]. 同济大学学报（自然科学版），2009，37 (8)：1075-1078.

[5] 李建秋，方川，徐梁飞．燃料电池汽车研究现状及发展 [J]．汽车安全与节能学报，2014，5 (01)：17-29.

[6] 付文丽，程博闻，康卫民，等．汽车尾气净化催化剂研究现状及发展前景 [J]．杭州化工，2008，38 (3)：5-9.

[7] 李翔，陈瑞青，杨冬霞，等．复合氧化物作为 Pt 负载型 NO 氧化催化剂载体的性能 [J]．工业催化，2015，23 (6)．

[8] 周逸潇，许庆峰，杨丽，等．汽车尾气污染的净化处理技术 [J]．天津化工，2009 (6)：54-56.

[9] 杨玉芬，陈启虎，张永晖，等．浅谈三效催化剂的研究进展 [J]．山东化工，2010，39 (7)：25-28.

[10] Zhang Z，et al. NO oxidation by microporous zeolites：Isolating the impact of pore structure to predict NO conversion [J]. Applied Catalysis B：Environmental，2015，163：573-583.

[11] Zhao D，et al. Catalytic and mechanistic study of lean NO_2 reduction by isobutane and propane over HZSM-5 [J]. Journal of Molecular Catalysis A：Chemical，2006，249 (1-2)：13-22.

[12] Chen H，et al. Controlled surface properties of Au/ZSM5 catalysts and their effects in the selective oxidation of ethanol [J]. Catalysis Today，2015，256：153-160.

[13] Kröcher O，Devadas M，Elsener M，et al. Investigation of the selective catalytic reduction of NO by NH_3 on Fe-ZSM5 monolith catalysts [J]. Applied Catalysis B：Environmental，2006，66 (3-4)：208-216.

[14] 陈艳平，程党国，陈丰秋，等．Cu-ZSM-5 分子筛催化分解及选择性催化还原 NO [J]．化学进展，2014，26 (0203)：248.

[15] 宋波．汽车尾气处理技术及展望 [J]．科技信息，2012 (25)：408-409.

[16] McCabe R W，Usmen R K. Characterization of Pd-based automotive catalysts [M]//Studies in Surface Science and Catalysis. Elsevier，1996，101：355-368.

[17] Nagao Y，et al. Rh/ZrP_2O_7 as an efficient automotive catalyst for NO_x reduction under slightly lean conditions [J]. ACS Catalysis，2015，5 (3)：1986-1994.

[18] Kwon H J，et al. Simulation of a nonisothermal modern three-way catalyst converter [J]. Industrial & engineering chemistry research，2010，49 (15)：7039-7051.

[19] Bedrane S，et al. Towards the comprehension of oxygen storage processes on model three-way catalysts [J]. Catalysis today，2002，73 (3-4)：233-238.

[20] Hegedus L L，et al. Poison-resistant catalysts for the simultaneous control of hydrocarbon, carbon monoxide，and nitrogen oxide emissions [J]. Journal of Catalysis，1979，56 (3)：321-335.

[21] 黄可龙，王红霞，刘素琴．稀土在汽车尾气净化催化剂中应用的研究进展 [J]．稀土，2002，23 (5)：50-53.

[22] 张燕，肖彦，袁慎忠，等．不同配比的 Pd，Pt，Rh 三效催化剂性能研究 [J]．中国稀土学报，2003 (z2)：59-63.

[23] 肖彦，张燕，袁慎忠，等．低贵金属含量三效催化剂的研制 [J]．中国稀土学报，2004，22 (4)：575-578.

[24] 霍翠英，郑碧莹，王奉双，等．贵金属比例对燃气发动机三元催化剂性能的影响 [J]．内燃机与动力装置，2019，36 (5)：20-24.

[25] 杨庆山，兰石琨．我国汽车尾气净化催化剂的研究现状 [J]．金属材料与冶金工程，2013，41 (1)：53-59.

[26] Miyoshi N，et al. Development of thermal resistant three-way catalysts [J]. SAE transactions，1989：

648-655.

[27] Ozawa M, et al. Thermal stability and characterization of γ-Al$_2$O$_3$ modified with rare earths [J]. Journal of the Less Common Metals, 1990, 162 (2): 297-308.

[28] Oudet F, et al. Thermal stabilization of transition alumina by structural coherence with LnAlO$_3$ (Ln= La, Pr, Nd) [J]. Journal of Catalysis, 1988, 114 (1): 112-120.

[29] Ismagilov Z R, et al. Preparation and study of thermally stable washcoat aluminas for automotive catalysts [J]. Studies in surface science and catalysis, 1998, 116: 507-511.

[30] 沈美庆，王军，翁瑞，等．董青石蜂窝陶瓷载体涂层与热稳定性研究——（Ⅰ）涂层的制备研究 [J]. 中国稀土学报，2003 (z2)：30-34.

[31] Aneggi E, et al. Insights into the redox properties of ceria-based oxides and their implications in catalysis [J]. Journal of Alloys and Compounds, 2006, 408: 1096-1102.

[32] 薛群山．稀土储氧材料在汽车尾气净化催化剂中的应用 [J]. 精细与专用化学品，2000, 8 (12)：13-14.

[33] 郑育英，邓淑华，黄惠民．汽车尾气净化催化剂中助剂的研究进展 [J]. 化工时刊，2004, 18 (2)：28-31.

[34] Ozawa M, et al. The application of Ce-Zr oxide solid solution to oxygen storage promoters in automotive catalysts [J]. Journal of Alloys and Compounds, 1993, 193 (1-2)：73-75.

[35] Nagai Y, et al. Non-aka T, Okamoto T, Suda A [J]. Sugiura M. Catal Today, 2002, 74：225.

[36] Shinjoh H. Rare earth metals for automotive exhaust catalysts [J]. Journal of Alloys and Compounds, 2006, 408：1061-1064.

[37] Dong F, et al. Dynamic oxygen mobility and a new insight into the role of Zr atoms in three-way catalysts of Pt/CeO$_2$-ZrO$_2$ [J]. Catalysis Today, 2004, 93：827-832.

[38] Wang Q, et al. Application of rare earth modified Zr-based ceria-zirconia solid solution in three-way catalyst for automotive emission control [J]. Environmental science & technology, 2010, 44 (10)：3870-3875.

[39] Fan J, et al. Thermal ageing of Pt on low-surface-area CeO$_2$-ZrO$_2$-La$_2$O$_3$ mixed oxides: effect on the OSC performance [J]. Applied Catalysis B: Environmental, 2008, 81 (1-2): 38-48.

[40] Wu X, et al. Structure and oxygen storage capacity of Pr/Nd doped CeO$_2$-ZrO$_2$ mixed oxides [J]. Solid state sciences, 2007, 9 (7): 636-643.

[41] Papavasiliou A, et al. An investigation of the role of Zr and La dopants into Ce$_{1-x-y}$Zr$_x$La$_y$O$_\delta$ enriched γ-Al$_2$O$_3$ TWC washcoats [J]. Applied Catalysis A: General, 2010, 382 (1): 73-84.

[42] 余林，黄丽华，宋一兵，等．稀土基汽车尾气催化剂的研究——Ⅱ：稀土助剂对催化活性的影响 [J]. 精细化工，2002, 19 (12)：720-726.

[43] 赵彬．助剂和 Pd 含量对全 Pd 催化剂性能的影响 [J]. 贵金属，2009, 30 (4)：9-12.

[44] 张晓红，侯术伟，马骏，等．镧助剂对 Pd/Al$_2$O$_3$ 催化剂性能的影响 [J]. 贵金属，2017（2017年02）：1-8.

[45] 彭小圣，林赫，黄震，等．La-Mn-O 钙钛矿催化剂成分对 NO$_x$ 和碳烟同时催化去除的影响 [J]. 高校化学工程学报，2006 (05)：831-836.

第**5**章

稀土材料在工业废气净化中的应用

5.1
工业废气简介

5.1.1 工业废气的来源

　　通常所说的大气污染，是指某些有害物质排放到大气中，其数量、浓度和存留时间都超过了环境所能允许的极限，即超过了空气的稀释、扩散和净化能力，使大气质量恶化，直接或间接地对人、生物或材料等造成急性或慢性危害。

　　大气污染的来源可划分为自然源和人工源。自然源污染包括诸如火山爆发、森林火灾和尘土风扬等自然现象所引发的大气污染，人工源可根据排放体的存在状态划分为固定源和移动源，如工厂废气排放、农业污染废气排放和家庭炉灶废气排放等为固定源排放，而飞机、机动车等交通工具尾气排放则为移动源排放。故化工生产（诸如土法炼焦、火力发电和水泥制造等）在生产制造的过程中所造成的废气排放一般属于固定源排放。化工行业主要废气来源及主要污染物排放见表 5-1。

表 5-1　化学工业主要行业废气来源及主要污染物排放

行业	主要来源	废气中主要污染物
氮肥	合成氨、尿素、碳酸氢铵	NO_x、CO、Ar、NH_3、SO_2、CH_4、
磷肥	磷矿石加工、普通过磷酸钙、钙镁磷肥、重过磷酸钙、磷酸铵类氮磷复合肥、磷酸、硫酸	SO、NH_3、氟化物、粉尘、酸雾

行业	主要来源	废气中主要污染物
无机盐	铬盐、二硫化碳、钡盐、过氧化氢、黄磷	SO_2、P_2O_5、Cl_2、HCl、H_2S、CO、CS_2、As、F、S、氯化铬酰、重芳烃
氯碱	烧碱、氯气、氯产品	Cl_2、HCl、氯乙烯、汞、乙炔
有机原料及合成材料	烯类、苯类、含氧化合物、含氮化合物、卤化物、含硫化合物、芳香烃衍生物	SO_2、Cl_2、HCl、H_2S、NH_3、CO、NO_x、有机气体、烟气、烃类化合物
农药	有机磷类、氨基甲酸酯类、菊酯类、有机氯类	HCl、Cl_2、H_2S、氯乙烷、氯甲烷、有机气体、光气、硫醇、三甲醇、二硫酯、氨、硫代磷酸酯
染料	染料中间体、原染料、商品染料	H_2S、SO_2、Cl_2、HCl、SO_3、NO_x、有机气体、苯、苯类、醇类、醛类、烷烃
涂料	涂料:树脂漆、油脂漆;无机颜料:钛白粉、立德粉、铬黄、氧化锌、氧化铁、红丹、华蓝	芳烃
炼焦	炼焦、煤气净化及化学产品加工	CO、SO_2、NO_x、H_2S、CO_2、芳烃、尘、苯并[a]芘

在实际生产过程中废气的具体来源可大抵归结为以下五点:

① 副反应和化学反应进行不完全所产生的废气;

② 原料在装卸、破碎、筛分和储运的过程中产生的含尘废气;

③ 生产技术路线及设备陈旧落后,造成反应不完全和生产过程不稳定,从而导致不合格产品或物料的"跑、冒、滴或漏";

④ 开停工或因操作失误、指挥不当或管理不善造成的废气排放;

⑤ 化工生产中排放的某些气体在光或雨的作用下发生化学反应并产生有害气体。

5.1.2　工业废气的分类及危害

化工废气种类繁多,不同化工生产行业产生的废气成分差异很大,但大多数具有易燃、易爆、刺激性、毒性和腐蚀性等特征。化工产品在量产的过程中废气排放量大,悬浮颗粒的种类多,特别当悬浮颗粒与有害气体同时存在时具有协同作用,可对人体产生严重危害。为更进一步了解工业废气,本节针对化工废气的存在状态,将其划分为气溶胶状污染物(颗粒物)和气态状污染物并简述了化工废气的危害性。

5.1.2.1 气溶胶状污染物

气溶胶状污染物是指大气中来自燃料燃烧的烟尘、工厂排出的粉尘及风自地面吹起的尘埃等物质。根据颗粒物的尺寸大小可对其进行进一步的划分,当颗粒物粒径<100μm时,称之为总悬浮颗粒物(TSP),如燃料燃烧产生的烟尘、煤矿开采筛选机械处理产生的粉尘;当颗粒物粒径>10μm时,称之为降尘,如水泥粉尘、金属粉尘、飞尘等,一般密度较大,在重力作用下易沉降,危害范围较小;当颗粒粒径<10μm时,称之为飘尘,其密度小,可长期漂浮在大气中,具有胶体性质,易随呼吸进入人体,危害健康,因此也称可吸入颗粒物。通常所说的烟、雾、灰尘均属飘尘范围,其中颗粒物粒径≤2.5μm称为$PM_{2.5}$,又名细颗粒物,其化学成分主要包含有机碳(OC)、元素碳(EC)、硝酸盐、硫酸盐、铵盐、钠盐等。它能较长时间悬浮于空气中,其在空气中含量越高,代表空气污染越严重,世界卫生组织(WHO)于2005年颁布了《空气质量准则》(表5-2)。调查表明,美国洛杉矶市空气中的每立方米2.5μm以下颗粒含量是20μg,纽约16μg,英国伦敦某些繁华街道的含量达到32μg,发展中国家大城市的污染情况更为严重,一些发展中国家的大都市空气中,每立方米微粒含量为300μg,其中大多数微粒直径小于2.5μm。

表 5-2 WHO 对于颗粒物的空气质量准则值和过渡时期目标:年平均浓度[①]

项目	PM_{10}[②]/(μg/m³)	$PM_{2.5}$/(μg/m³)	选择浓度的依据
过渡时期目标-1(IT-1)	70	35	对于空气质量准则值(AQG)水平而言,在这些水平的长期暴露增加大约15%的死亡风险
过渡时期目标-2(IT-2)	50	25	除了其他健康利益外,与过渡时期目标-1相比,在这个水平时暴露会降低大约6%(2%~11%)的死亡风险
过渡时期目标-3(IT-3)	30	15	除了其他健康利益外,与过渡时期目标-2相比,在这个水平时暴露会降低大约6%(2%~11%)的死亡风险
空气质量准测值(AQG)	20	10	对于$PM_{2.5}$的长期暴露,这是个最低水平,在这个水平内,总死亡率、心肺疾病死亡率和肺癌死亡率会增加(95%以上可信度)

① 应优先选择$PM_{2.5}$准则值(AQG)。
② PM_{10}称为可吸入颗粒物。

固体颗粒物的存在一定程度上减少了到达地球表面的太阳辐射量,对农业生产及地面生态系统产生一系列不良影响,并可随呼吸作用直接到达肺部产生沉淀,或随血液送往全身,或伴随着颗粒表面吸附的致癌物(如芳香族化合物等)一同进入人体。若长期暴露于颗粒物中,会增加心血管病、呼吸道疾病以及肺癌等病症的发病率。如硅沉着病（曾称矽肺，又称硅肺）（图 5-1）是长期吸入大量游离石英粉末引起的颗粒物致病的典型案例。

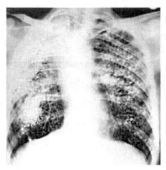 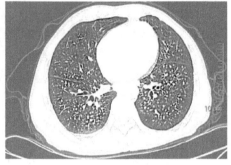

(a) 矽肺X线胸片　　　　　　　　　　　　　(b) 矽肺CT

图 5-1　硅沉着病案例

　　硅沉着病是尘肺中危害性最大的一种类型，由于吸入的游离 SiO_2 粉尘在肺内被巨噬细胞吞噬变为尘细胞，然后进入淋巴循环，被淋巴结过滤，尘细胞受 SiO_2 毒性作用逐渐纤维化和胶原化，造成淋巴结肿大和硬化。尘细胞的聚集是形成硅结节的基础，大量硅结节可以融合成大的团块。与此同时，肺泡间隔明显增厚，纤维组织增生，肺弹性减退，可出现代偿性肺气肿，甚至形成肺大泡。

5.1.2.2　气态状污染物

　　工业废气中主要的气态状污染物有含硫化合物（SO_x）、氮氧化物（NO_x）、碳氢化合物、碳氧化合物、挥发性有机化合物（VOCs）和其他污染物。

　　（1）含硫化合物

　　硫化物中主要是 SO_2，又名亚硫酐，无色、有强烈辛辣刺激味，常见于燃料燃烧、有色金属冶炼、硫酸制造等工业废气中。在大气中，SO_2 会氧化而形成硫酸雾或硫酸盐气溶胶，是环境酸化产生酸雨的重要前驱物。大气中 SO_2 浓度在 0.5ppm（1ppm＝1mg/kg）以上对人体已有潜在影响；在 1～10ppm 时使人感到刺激，出现喉头急性水肿、呼吸困难和胸部有压迫不适感等现象；在 400～500ppm 时人会出现溃疡和肺水肿直至窒息死亡。同时，SO_2 与大气中的烟尘具有协同作用，当大气中 SO_2 浓度为 0.21ppm 时，烟雾浓度＞0.3mg/L，可使呼吸道疾病发病率升高，慢性病患者病情迅速恶化，如 1952 年伦敦烟雾事件、1930 年马斯河谷烟雾事件、1948 年多诺拉烟雾事件等均是由 SO_2 等有毒有害物质与颗粒污染物的协同作用所导致的环境严重破坏事件。

　　（2）氮氧化物

　　氮氧化物在环境学中常指 NO 和 NO_2。天然排放的 NO_x 主要来自土壤和海洋中有机物的分解，属于自然界氮循环过程，NO_x 的人为来源主要是指燃料燃烧、工业生产和交通运输等过程排放的废气，而大气中 90% 以上的 NO_x 来自燃烧，其中固定源燃烧来源于热电厂、水泥厂和工业加热器；移动源 NO_x 主要来源于汽油和柴油发动机产生的废气，如柴油发动机大约会产生 1% 的废气，包括 CO、碳氢化物、NO_x 和有毒颗粒，其中 NO_x 占 50% 以上[1]。

NO_x 对环境危害作用很大，能够和 O_3 发生反应将其还原为 O_2，从而导致臭氧层破坏；可与碳氢化合物在一定情况下发生反应形成光化学烟雾；NO_2 在潮湿气氛中形成硝酸，并与空气中 SO_2 相互作用，导致酸雨形成；NO_x 进入水中可增加水中氮含量破坏水生动植物营养平衡，进一步导致水质恶化；N_2O 导致温室效应的能力是 CO_2 的 298 倍，造成地表温度升高、海平面上升；与空气中水蒸气、有机化合物反应会生成有毒颗粒物[2]。除此之外，NO_x 本身也是有毒气体，过量吸入会导致人体干咳、肺水肿以及呼吸综合征等症状[3]。

在我国工业 NO_x 排放中，火电行业、水泥制造业、黑色金属冶炼和压延加工业占最主要部分，很大程度上是源于我国的能源结构中煤炭占很大比例，以煤炭为燃烧的热电厂不可避免地会排放很多 NO_x。为了有效控制 NO_x 的排放，我国环境保护部审议、颁布并执行了一系列大气污染物排放的标准（表 5-3）。

表 5-3　我国工业行业 NO_x 排放限值

国家标准	执行时间	适用范围	NO_x（以 NO_2 计）排放限值/(mg/m^3)
《火电厂大气污染物排放标准（GB 13223—2011）》	2012.1.1	燃煤锅炉①	100、200②
《水泥工业大气污染物排放标准（GB 4915—2013）》	2014.3.1	水泥窑及窑尾余热利用系统①	400
《炼铁工业大气污染物排放标准（GB 28663—2012）》	2012.10.1	热风炉①	300

① 标准不仅仅适用于该范围，仅以该范围作为例子。
② 采用 W 型火焰炉膛的火力发电锅炉，现有循环流化床火力发电锅炉，以及 2003 年 12 月 31 日前建成投产或通过建设项目环境影响报告书审批的火力发电锅炉执行该限值。

（3）碳氢化合物

大气中的碳氢化合物（烃类污染物）定义并不严格，指各种烃类及其衍生物，包括饱和烃、不饱和烃、芳香烃以及这些烃类的含氧化合物（如醛、酮等），一般以 HC 表示，主要是指燃料油的不充分燃烧或蒸发逸散而产生的多种衍生物。烃类污染物破坏了生态系统的正常循环，且为光化学烟雾的主要成分，与空气中的氮氧化物在阳光作用下形成浅蓝色烟雾。

（4）碳氧化合物

碳氧化合物主要包括 CO 和 CO_2 两种气体。CO_2 是大气的正常成分，但其浓度增加会给环境带来多种影响，主要由燃烧煤炭、石油和天然气产生。CO 是一种无色、无味、无臭的窒息性气体，即通常所说的能引起人体中毒的"煤气"。它产生于含碳化合物不完全燃烧的过程中，主要来源于燃料燃烧、汽车排放的尾气以及其他化工业。空气中 CO 含量达 10ppm 时，可使人中毒，浓度达 1％时，人在两分钟内即死亡。经医学验证，当空气中 CO 浓度达到 35ppm 时，会对儿童智商造成损害。CO 经呼吸道吸入后，极易与血红蛋白结合，血红蛋白亲和能力比 O_2 约大 200～300 倍，结合后形成碳氧血红蛋白，导致组织持续缺氧，而脑是人体内耗氧量最高并且对缺氧反应最敏感的器官，长期接触低浓度的 CO，会出现头痛、头晕、乏力、心烦、急躁、记忆力减退等症状。特别是儿童，长期生活在一氧化碳达到有害浓度的环境中，大脑细胞的新陈代谢直接受到抑制，因而影响大脑的发育，使智商明显降低。

（5）挥发性有机化合物

随着有机合成工业和石油化学工业的发展，进入大气的有机化合物气体越来越多，其中挥发性有机化合物（volatile organic compounds，VOCs）是指在常温下饱和蒸气压约大于 70Pa、常压下沸点低于 260℃的有机化合物[1]。除此之外，VOCs 还有几种定义：①美国环境保护署组织将 VOCs 定义为所有含碳的并参加大气中光化学反应的有机物；②世界卫生组织将 VOCs 定义为熔点低于室温、沸点在 50～260℃之间的挥发性有机化合物。常见的 VOCs 发生源及其逸散物如表 5-4 所示[4]。

表 5-4　VOCs 常见发生源及其逸散物

发生源	主要挥发有机化合物
合成皮革厂	甲苯、乙酸乙酯、丙酮、二甲基甲酰胺等
橡胶加工厂	苯、丁酮、甲苯等
电子半导体行业	甲苯、二甲苯、丙酮、乙酸正丁酯、乙二醇醚、异丙醇、三氯乙烯、甲基氯仿等
印刷厂	甲苯、甲醇、苯、四氯化碳、正己烷、丁酮、异丙醇、乙酸乙酯、甲基异丁基酮等
制药厂	异丙醇、甲基异丁基酮、乙酸、二氯甲烷、丙酮等
涂料厂	甲苯、二甲苯、甲基乙基酮、二氯甲烷、甲醇、乙醇、异丙醇、丙酮、乙酸乙酯等

VOCs 种类繁多，现已检测出的 VOCs 达 300 余种，在美国环境保护署所列有限控制污染物中，VOCs 就达到 50 多种。常见的 VOCs 类别见表 5-5[5]。

表 5-5　常见 VOCs 类别

种类	VOCs
脂肪烃类	乙烷、丙烷、丁烷、丙烯、丁二烯等
芳香烃类及其衍生物	苯、甲苯、二甲苯、苯乙烯等
卤代烃类	二氯甲烷、三氯甲烷、三氯乙烷、四氯乙烯等

种类	VOCs
醇类	甲醇、乙醇、异戊二醇、丁醇、戊醇等
醛和酮	甲醛、乙醛、丙酮、丁酮、甲基丙酮、环己酮等
醚和酯	乙醚、乙酸乙酯、邻苯二甲酸二乙酯等
胺和腈	苯胺、二甲基甲酰胺、丙烯腈等
其他	氯氟烃、甲基溴等

VOCs 的危害主要表现在以下四个方面[5]:

① 大多数 VOCs 具有毒性、恶臭气味，对人眼、鼻、呼吸道有刺激作用，人长期处于含 VOCs 的环境中会出现多种症状，诸如咽喉不适、皮肤过敏、呼吸困难、恶心呕吐、血清胆固醇降低、血浆胆碱酯酶减少等。同时，VOCs 对心、肝、肺等内脏及神经系统有害，甚至有致病、致畸、致突变作用。常见 VOCs 短时间容许浓度及其对人体的危害见表 5-6[6]。

表 5-6　常见 VOCs 短时间容许浓度及其对人体的危害

VOCs	分子量	OELs[①] (mg/m³)		临界不良健康效应
		PC-TWA[②]	PC-STEL[③]	
甲苯	92.14	50	100	麻醉作用；皮肤黏膜刺激
苯	78.11	6	10	头晕、头痛、意识障碍；全血细胞减少；再障；白血病
二甲苯	106.17	50	100	呼吸道和眼刺激；中枢神经系统损害
丙酮	58.08	300	450	呼吸道和眼刺激；麻醉；中枢神经系统损害
环己酮	98.14	50	—	眼和上呼吸道刺激；中枢神经系统抑制；麻醉作用
甲醇	32.04	25	50	麻醉作用和眼、上呼吸道刺激；眼损害
异丙醇	60.06	350	700	眼和上呼吸道刺激；中枢神经系统损害
乙酸乙酯	88.11	200	300	上呼吸道和眼刺激
乙酸丁酯	116.16	200	300	眼和上呼吸道刺激
氯甲烷	50.49	60	120	中枢神经系统损害；肝、肾损害；睾丸损害；致畸
二氯甲烷	84.93	200		碳氧血红蛋白血症；周围神经系统损害
三氯甲烷	119.38	20	—	肝损害；胚胎/胎儿损害；中枢神经系统损害
正己烷	86.18	100	180	中枢神经系统损害；上呼吸道和眼刺激
四氯化碳	153.84	15	25	肝损害
三氯乙烯	131.39	30		中枢神经系统损伤
四氯乙烯	165.82	200		中枢神经系统损害
乙醛	44.05	—	—	眼和上呼吸道刺激

VOCs	分子量	OELs[①] (mg/m³)		临界不良健康效应
		PC-TWA[②]	PC-STEL[③]	
乙醚	74.12	300	500	中枢神经系统损害;上呼吸道刺激
乙腈	41.06	30	—	下呼吸道刺激
丙烯腈	53.06	1	2	中枢神经系统损害;下呼吸道刺激

① 职业接触限值（occupational exposure limits，OELs）：劳动者在职业活动过程中长期反复接触某种或多种职业性有害因素，不会引起绝大多数接触者不良健康效应的容许接触水平。

② 时间加权平均容许浓度（permissible concentration-time weighted average，PC-TWA）：以时间为权数规定的 8h 工作日、40h 工作周的平均容许接触浓度。

③ 短时间接触容许浓度（permissible concentration-time term exposure limit，PC-STEL）：在实际测得的 8h 工作日、40h 工作周平均接触浓度遵循 PC-TWA 的前提下，容许劳动者短时间（15min）接触的加权平均浓度。

② 可破坏大气臭氧层，导致臭氧层空洞。

③ 可在光线照射下与大气中的 NO_2 发生光化学反应，产生光化学烟雾，造成二次污染，并致使大气酸化，诱发酸雨形成。

④ 多数 VOCs 属易燃易爆类化合物，在排放浓度较高时容易发生爆炸和火灾，给企业生产带来较大的安全隐患。

世界各国都通过立法不断限制 VOC 的排放量，早在 1979 年联合国欧洲经济委员会召开的大气污染会议上就对 VOCs 污染控制问题做了重点讨论，国内外也制定了一系列限制 VOCs 相关法规。如 1990 年美国修订的《大气污染法》第三章中规定了 189 种 VOCs 的排放标准。1994 年日本修订的《恶臭防止法》规定了 10 余种 VOCs 的排放标准，1996 年增加到 53 种，2002 年增加至 149 种。我国颁布了《大气污染物综合排放标准》（GB 16297—1996），限制了 33 种有害物质排放，其中 VOCs 有 16 种。

（6）其他污染物

除上述大气污染物外，较为常见的无机气体污染物有硫化氢、氯化氢、氨、氯气等。这类污染物多为刺激性、毒性、易燃易爆气体，在空气中不同的浓度对人体均可造成不同程度上的危害。如空气中氯气含量达到 6ppm 时，人体眼、鼻、咽喉受刺激；浓度达到 0.1% 时，吸入少许即可危及生命；浓度高达 1% 时，一般过滤性防毒面具无法起到保护作用。硫化氢的含量仅在 0.00041ppm 下，即可闻到刺激性臭鸡蛋味；当浓度大于 50ppm 时，可致嗅觉麻痹；浓度达到 0.1% 以上时，可导致瞬间猝死，呈"电击状"死亡。

5.2
常见工业废气处理办法

工业废气一般通过人体呼吸作用进入体内，或附着于食物上、溶解于水中随饮食而侵入体内，或通过接触、刺激皮肤进入体内，可造成人体急性中毒、慢性中毒甚至致癌。同时，大气污染对自然环境的影响十分严重，是造成大气酸化并形成酸雨、温室效应和臭氧层破坏的直接因素之一。因此，净化工业废气的重要性不言而喻。

5.2.1　废气收集与输送排放系统

为避免在工业生产过程中以及废气处理过程中粉尘或是有害气体外逸，污染气体的收集和输送排放系统尤为重要。

对产生逸散废气的设备，宜采取密闭、隔离和负压操作措施并使罩口呈微负压，可达有效防止废气外逸并避免物料被抽走的效果。对于不宜使用密闭罩的加工设备，可根据生产工艺操作要求和技术经济条件选择适宜的敞开式集气（尘）罩，以便捕集和控制污染物。

废气输送管道材质应根据输送物质的温度和性质确定，避免管道本身在输送废气的过程中发生腐蚀和锈化等现象，增加废气泄露隐患。同时，输送系统应设置清灰孔或采取清灰、防磨措施，若倾斜铺设时，倾角应大于 45°，便于放气、防水和防止积灰。根据输送介质特性，系统应采取相关防护措施，如输送废气湿度较大、易结露时，输送管道应采取保温措施；如输送高温废气时，管道应采取热补偿措施；如输送易燃易爆废气时，应采取防止静电的接地措施。输送管道的气密性根据漏风量进行衡量：一般送、排风系统管道漏风率应在 3%～8%，除尘系统的漏风率为 5%～10%。

排气筒材料应根据使用条件、功能和高度确定，一般采用钢筋混凝土、不锈钢、镀锌、聚丙烯（PP）以及玻璃钢等材料。同时，排气筒应设置自动监控设备、永久性采样孔、测试平台、避雷设施、清灰孔以及排水设施，以确保废气排放的合标性和废气排放设施的耐久性。

5.2.2　废气处理的原理及方法

5.2.2.1　气态污染物的吸收

吸收的原理是利用气体混合物的物理和化学性质，即依据各组分在一定液体中溶解度的不同，实现气体混合物的分离，适用于吸收效率和速率较高的有毒有害气体。其系统组成包含收集与输送系统、预处理系统、吸收液系统、吸收装置、排气筒、控制系统、副产品处理与利用系统。针对不同废气的性质，采用的设备工艺和保护措施也不同，高温气体应采用热回收、降温措施；根据处理物质的属性，主体装置和管道统应考虑相应防腐、防冻、防火和防爆措施。

吸收装置可划分为填料塔、喷淋塔、鼓泡塔等。其中填料塔宜用于不易吸收的气体；喷淋塔宜用于气量大、悬浮液少、反应吸收快的气体；鼓泡塔宜用于吸收反应较慢的气体。

吸收装置中吸收剂的选用十分重要，一般要求如下：

① 对被吸收组分有较强的溶解能力和良好的选择性；

② 挥发性小，黏度低，化学稳定性好，腐蚀小，无毒或低毒；

③ 价廉易得，易于重复使用；

④ 利于被吸收组分的回收利用或处理；

⑤ 为避免二次污染，吸收液宜循环使用或经过进一步处理后循环使用，不能循环使用的应按照相关标准和规范处理处置；

⑥ 吸收液再生过程中产生的副产物应回收利用，产生的有毒有害产物应按照有关规定处理处置。

5.2.2.2　气态污染物的吸附

吸附的原理是利用固体吸附剂对气体混合物中各组分的吸附选择性不同而分离气体混合物。吸附可分为变温吸附和变压吸附，适用于低浓度有毒有害气体净化，影响吸附效果的因素主要有吸附剂本身的吸附性，VOCs种类、浓度、性质和吸附系统的操作温度、湿度和压力等因素。

吸附系统组成包含收集、预处理、吸附、脱附（回收）、控制系统、排气筒和副产物的处置与利用。通过预处理去除颗粒物、油雾以及难脱附的气态污染物，确保进入吸附装置的废气中颗粒物浓度应低于一定值。进入吸附床的废气温度宜控制在40℃以下；若为易燃、易爆气体，其浓度应控制在爆炸下限的50%以下。

吸附装置可分为固定床、移动床和流动床，对于工业应用宜采用固定床，对于连续排放且气量大的污染气体，优先选用流动床。污染物的吸附通常采用多级处理方式，尤其在浓度过高时，利用先冷凝后吸收的分级处理方式，可降低机械负荷以及吸附剂饱和速率。

常用的吸附剂有活性炭、沸石分子筛、碳分子筛、活性氧化铝和硅胶，吸附剂要求表面积大、孔隙率高、吸附量大、吸附选择性强以及具有足够的机械强度、热化学稳定性和活化能力。吸附过程采用两个吸附器，通过先吸附后脱附的方式以保证过程的连续性。脱附可通过升温、降压、置换、吹扫和化学转化等方式实现，脱附气源可采用热空气、热烟气、低压水蒸气等，其中有机溶剂的脱附宜选用水蒸气和热空气。

5.2.2.3　气态污染物的催化燃烧

燃烧的原理是利用固体催化剂在较低温度下将废气中的污染物通过氧化作用转化为二氧化碳和水等化合物，适用于由连续、稳定的工艺产生的固定源气态及气溶胶态有机化合物的净化。催化燃烧实际上为完全的催化氧化，即在催化剂作用下，使废气中的有害可燃组分在一个较低的温度下进行无焰燃烧，完全氧化为 CO_2 和 H_2O，同时释放出热量，反应过程如下：

$$C_mH_n+(n+m/4)O_2=nCO_2+m/2H_2O+Q \qquad (5\text{-}1)$$

废气进行催化燃烧处理时应注意：

① 进入催化燃烧装置的废气温度应加热至催化剂的起燃温度。为使催化剂使用寿命延长，不允许废气中含有尘粒、杂质、油污和雾滴。

② 催化剂床层设置的反应空速（指单位时间单位体积催化剂处理的气体量）应考虑催化剂的种类、载体的形式和废气的组分等因素。

③ 选择的催化剂使用温度宜为 200～700℃，并能承受 900℃ 短时间高温冲击，正常使用寿命应大于 8500h。

④ 催化燃烧装置的进、出口处需设置废气浓度检测装置，定时或连续检测进、出口处的气体浓度。进入催化燃烧装置的有机废气浓度应控制在其爆炸下限的 25% 以下。对于混合有机化合物，其浓度要求需根据不同化合物的浓度比例和其爆炸下限值，进行计算与校核。

⑤ 净化效率不应低于 95%。

5.2.2.4　气态污染物的热力燃烧

热力燃烧的原理是利用辅助燃料燃烧产生的热能、废气本身的燃烧热能或蓄热装置所贮存的反应热能，将废气加热至着火温度（一般情况＞750℃），进行氧化（燃烧）反应，通常适用于处理连续、稳定工艺产生的有机废气，其系统组成包含预处理、过滤器、点火设备、燃烧室、蓄热室、热交换器、风机、管道、排风筒、阻燃防爆装置等。通过预处理去除颗粒物（包括漆雾、低分子树脂、有机颗粒物、高沸点芳香烃和溶剂油），采用过滤及喷淋方法以确保进入热力燃烧工艺中颗粒物浓度低于 $50mg/m^3$ 且混合有机废气浓度应控制在爆炸下限的 25% 以下。

5.2.3　主要污染物处理技术

5.2.3.1　挥发性有机化合物（VOCs）气体处理技术

VOCs 种类繁多，诸如低沸点的烃类、卤化烃类、醇类、酮类、醛类、酸类和胺类等，其基本处理技术可划分为回收技术和降解技术。图 5-2 为常见的 VOCs 污染控制技术。针对不同类型 VOCs 废气可采用不同的处理技术。一般来说，对于高浓度（＞$5000mg/m^3$），直接采用回收技术；对于中低浓度（＜$1000mg/m^3$）采用降解技术处理。

在回收技术中，吸收法通过吸收剂和有机废气接触，从而使 VOCs 中的有害物质转移至吸收剂中达到分离有机废气的目的，宜用于废气流量较大、浓度较

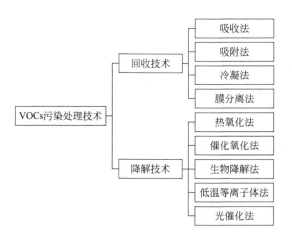

图 5-2　常见的 VOCs 污染控制技术

高、温度较低和压力较高的 VOCs 废气处理，其工艺流程简单，可用于喷漆、绝缘材料、黏结、金属清洗等化工行业应用；吸附法利用比表面积大的粒状活性炭、碳纤维、沸石等吸附剂的多孔结构截留 VOCs 分子，主要用于低浓度、高通量的有机废气，但由于单元吸附容量有限，需要与其他方法配合使用；冷凝法根据不同温度下有机物质的饱和度差异改变系统压力，将处于蒸气环境中的有机物质通过冷凝方式提取出来，此法宜用于高浓度的 VOCs 废气回收，或作为吸附法、燃烧法的预处理单元；膜分离法用于较高浓度 VOCs 废气分离与回收，属高效处理工艺，选择时应考虑预处理的成本和膜元件的造价、寿命以及堵塞等因素。

在降解技术中，热氧化法由于温度较高，出于成本考虑应注意回收燃烧反应的热量，依据热量回收方式可分为三种：热力燃烧式、间壁式、蓄热式。其中热力燃烧式氧化器一般是指气体焚烧炉，该炉主要由助燃剂、混合区和燃烧室三部分组成，采用天然气、石油等作为助燃剂，燃烧室产生的热量可用于混合区对 VOCs 预热，之后进一步实现有机废气的无害化处理；间壁式氧化器利用不锈钢或合金材料所制备的间壁式热交换器可将热量由燃烧室向装置进口处进行转换，进而可使进口处较低温度气体预热并促进其氧化反应，热回收效率可达 85%，因此大幅降低了助燃剂的消耗；蓄热式氧化器采用蓄热式热交换器，在完成 VOCs 预热后便可直接进行氧化反应，热回收效率可达 95%，同时利用陶瓷填料可对具有腐蚀性或含颗粒物的 VOCs 废气进行有效处理。这三种方法均能与催化氧化法结合，宜用于处理可燃且高温可分解或在目前技术下无法回收的 VOCs 废气。催化氧化法常采用贵金属催化剂（铂、钯等）和非贵金属催化剂（过渡元素金属氧化物等）作为催化剂以降低化学反应温度，若有机废气中引起催化剂中毒的物质（如 Zn、Hg 等）无法彻底清除则不可使用该法处理 VOCs 废气。生物降解法作为一种无害的有机废气处理方式备受关注，利用微生物的生理过程将有机废气中的有害物质转化为诸如 CO_2、H_2O 和其他简单的无机物，此法一般要求 VOCs 废气可在水中迅速溶解以降低浓度并扩散至生物膜中，进而被附在生物膜上的微生物吸收，通过微生物自身生理代谢过程降解成环保无害的化合物质。而低温等离子体法通过在外加电场的作用下，使有机废气分子电离、解离和激发，在后续的物理、化学反应中将复杂大分子 VOCs 污染物转化为简单小分子无毒无害物质，该法可加速进行一般情况下难以实现或速度很慢的化学反应，作为 VOCs 废气处理中一项具有极强潜在优势的高新技术，宜用于流量大、浓度低的各类 VOCs 废气处理。光催化法通过辐照使催化剂产生活性极强的自由基，自由基对吸附于表面的 VOCs 气体直接进行氧化还原反应从而彻底将有机废气降解为无毒无害物质，由于其强氧化效果，光催化法对难以降解的有机废气具有特别的降解能力。

在实际处理过程中，为使废气净化达标，多采用几种技术配合处理 VOCs 废气。同时还需考虑废气的浓度和回收要求，浓度在 0.1% 以下时，可采用生物降解法进行处理；浓度在 0.1%~0.5% 时，宜采用膜分离法，要求膜材料具有高的透气性、机械强度、化学稳定性以及良好的成膜加工性能；浓度在 0.5% 以上时，宜采用冷凝法便于回收，可通过恒温下增压、恒压下降温的方式实现理想的冷凝回收过程。需要注意的是，用燃烧法处理 VOCs 废气时应重点避免二次污染，诸如含有氮、硫、卤素元素废气的燃烧产物，催化燃烧后的催化剂，辅助燃烧的燃料等。

5.2.3.2 烟气脱硫脱硝一体化技术

传统的脱硫脱硝技术主要采用分步脱除法或将单独脱硫、脱硝设备简单组合串联，这种方法占地面积大、设备复杂、运行和投资费用高、脱除时间长且效率低，在实际应用中无法进行推广使用。将二者合二为一，发展成熟的脱硫脱硝一体化技术是目前发展的趋势。

现如今，常见的同时脱硫脱硝一体化技术（图 5-3）可大致分为湿法与干法两种，相对于湿法脱硫脱硝技术，干法同时脱硫脱硝技术设备简单、占地面积小、操作方便、能耗较低、生成物便于处置且无污水处理系统，近年来发展迅速且颇受重视。以下对干法同时脱硫脱硝技术进行简要说明：

① NO_xSO 法 在一种干式、可再生系统中，以 γ-Al_2O_3 作为载体、钠盐作为吸附剂，通过钠盐与 γ-Al_2O_3 反应生成 $NaAlO_2$，再和烟气中的 H_2O 反应生成 NaOH，NaOH 进一步与 SO_2 和 NO_x 反应生成 Na_2SO_4 和 $NaNO_3$，从而实现 SO_2 和 NO_x 同时被吸收剂吸收的效果，使用过的吸收剂在高温下释放

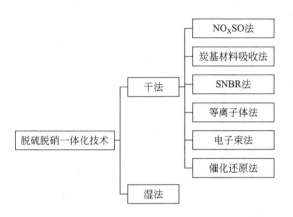

图 5-3　烟气脱硫脱硝一体化技术

NO_x，并使其与烟气中的还原气体进行反应生成无毒害的 N_2，同时通过 H_2 或 CH_4 等气体将吸收剂还原除硫，除硫、释氮后的吸收剂经冷却后进入吸收塔循环使用。

②炭基材料吸附法　活性炭由于自身的多孔结构可使催化剂具有较大的比表面积，进而具有强吸附能力。通过催化剂表面吸附大量的 SO_2 与 O_2 和 H_2O 发生催化氧化生成浓硫酸或单质硫，同时 NH_3 可通过活性炭的吸附与 NO_x 进行反应生成 N_2 和 H_2O，达到同时脱硫脱硝效果。该法可长期运行且效率保持 80%以上、工艺简单、无需加热、无二次污染，但仍存在占地面积大、催化剂易失效、可处理烟气较少等缺点。

③SNRB（SO_x-NO_x-R_{ox}-B_{ox}）法　SNBR 法采用高温布袋除尘器可达到同时脱硫脱硝除尘效果，通过向烟气中通入钠基或钙基吸收剂以除去 SO_2，通入氨以脱除氮氧化物，同时利用陶瓷纤维袋式过滤器在高温条件下收集粉尘，最后降温排放已处理的废气，此法成本偏高且催化剂无法再生。

④等离子体法　利用高压电源或者电子加速器产生等离子体，进一步产生高能电子，对烟气中的 N_2、O_2 和 H_2O 进行轰击生成大量具有强氧化性的自由基，可将 SO_2 和 NO_x 氧化，并与 H_2O 生成 H_2SO_4 和 HNO_3，与 NH_3 生成 $(NH_4)_2SO_4$ 和 NH_4NO_3。此法净化过程中无废水、废渣等二次污染且产物硫酸铵和硝酸铵可作为化工肥料，其缺点在于电能耗量较高，产物难以进行收集。

⑤电子束法　电子束法烟气脱硫脱硝技术是利用电子束（能量为 800keV～1MeV）对降温增湿的烟气进行辐照，与等离子体法一样在烟气中生成大量强氧化性自由基，同时投加氨脱除剂，将烟气中的 SO_2 和 NO_x 转化成硫酸铵和硝酸铵的一种脱硫脱硝工艺。

5.2.3.3　烟气脱硫技术

烟气脱硫技术是指通过物理或化学方法从烟气或其他工业废气中除去硫氧化物（SO_2 和 SO_3）的废气净化技术。目前成熟可行的烟气脱硫技术种类可达几十种，按照脱硫中是否加水和脱硫产物的干湿状态可分为三种[7]：湿法烟气脱硫、半干法烟气脱硫和干法烟气脱硫（图 5-4），针对不同性质的烟气需要选择不同的烟气脱硫技术。

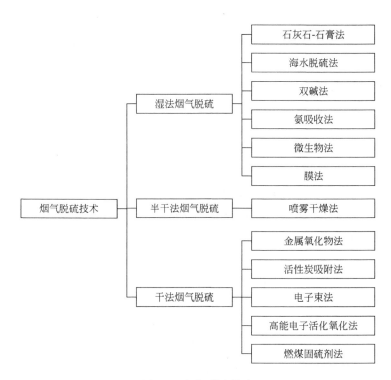

图 5-4　烟气脱硫技术

不同脱硫技术脱硫效率等参数对比见表 5-7[8]，其中湿法烟气脱硫技术效率最高，一般可达 90% 以上的脱硫效率。

表 5-7　不同脱硫技术对比

名称	脱硫效率/%	投资百分比①/%	运行费用②/(元/吨)
湿法	90～99	10	1000～1700
半干法	65～85	8	700～1200
干法	50～80	6～7	700～1200

① 投资百分比指脱硫设备占整体设备的百分比。
② 以 SO_2 含量计算。

湿法烟气脱硫技术利用水、碱液等液体吸收剂将含硫烟气进行洗涤并同时脱除 SO_2。由于湿法烟气脱硫技术速度快、效率高并且适用于大型的燃煤锅炉，因此湿法烟气脱硫在脱硫净化应用中最为广泛。其中技术最为成熟的是钙基烟气脱硫法即石灰石-石膏法，该法可操作性强，脱硫剂廉价易得，但存在运行成本高、设备损耗大、腐蚀快等缺点，其吸收 SO_2 原理如下：

$$2SO_2(g)+2CaCO_3(s)+O_2(g)+4H_2O(l)\longrightarrow 2CaSO_4+2H_2O(s)+2CO_2(g)$$

$$(5\text{-}2)$$

石灰石-石膏法的脱硫剂一般采用石灰石、石灰粉末和水混合均匀，使二氧化硫溶解于原液中经反应生成硫酸根离子与石灰石反应，最终生成硫酸钙沉淀，回收石膏。

海水脱硫法利用海水作为天然吸收剂，在成本上占据极大优势，其原理是烟气中 SO_2 和海水反应生成亚硫酸根离子并经过曝气处理使亚硫酸根离子氧化成稳定的硫酸根离子。需要注意的是酸化后的海水需经过碱性中和后才能排放，避免对环境造成二次污染。海水脱硫工艺一般适用于海边、扩散条件好、用海水作为冷却水、燃用低硫煤的电厂，该法存在地域上的限制性。

双碱法烟气脱硫技术基于石灰石-石膏法发展而来，双碱法过程为将 NaOH（烧碱、火碱）和 $Ca(OH)_2$（熟石灰、消石灰）搅拌均匀后做成溶液置入脱硫塔，该碱性溶液雾化后与含硫烟气充分反应，从而脱除烟气中的 SO_2。脱硫产物（如 Na_2SO_3 或 $NaHSO_3$）经脱硫剂再生池被 $Ca(OH)_2$ 还原成 NaOH，可循环利用。相比钙基脱硫技术，双碱法脱硫效率高达 95% 且可回收纯度更高的石膏。

自 20 世纪 70 年代后期，我国开始从国外引进烟气脱硫技术和烟气脱硫装置，近年来我国对世界上现有的一些烟气脱硫技术的主要类型加以研究试验并自主研发新的烟气脱硫技术，目前我国主要电站烟气脱硫技术见表 5-8[9]。

表 5-8　我国主要电站烟气脱硫技术

名称	使用煤种	优点	缺点	吸收剂及副产品	脱硫率/%
石灰石-石膏法	不限	吸收剂廉价,利用率高,技术成熟可靠	烟气需加热,设备易腐蚀、易因操作不当而结垢	石灰石、石膏	>95
喷雾干燥法	中低硫煤	系统简单、操作方便,烟气无需加热,水耗、能耗、占地面积小	吸收剂利用率低,用量大,脱硫率中等,雾化器材质要求高	石灰石石膏-亚硫酸钙	80
双碱法	中高硫煤	废渣高度水溶性,可避免系统结垢和堵塞,脱硫率高	石灰与石灰石渣的比例更大,烟气需要加热,运行费用高	NaOH、石灰/石灰石、石膏、亚硫酸钙	85
海水脱硫法	低硫煤	无脱硫剂成本,工艺设备简单,投资运行费用较低	海水碱度有限,只适合低硫煤,且存在二次污染	海水	>90

张凡等[8]在实验的基础上，根据研究分析平衡温距（平衡温距指反应器出口物料组成所对应的实际温度和反应达到平衡时物料组成所对应的平衡温度之间的差距，用于表征催化剂活性高低）、喷嘴布局、入塔烟温、Ca/S 摩尔比以及脱硫灰的循环利用等主要影响因素，发现在整体 Ca/S 摩尔比为 1.5～1.7 时，其脱硫效率可达 80%，且在相同条件下，脱硫灰的循环利用比纯脱硫剂的脱硫效率要高。同时将粉煤灰蒸养制砖法移植于脱硫灰制砖技术，通过在脱硫灰中加入 SiO_2 等物质，制造出的脱硫灰砖强度可达 30MPa，是普通红砖强度的 2 倍。王文龙等[10]提出用脱硫灰生产硫铝酸盐水泥的全新方法，充分利用脱硫灰中的 CaO、$CaCO_3$、$Ca(OH)_2$、$CaSO_4$ 及含硫矿物，使其转化为水泥熟料矿物，通过探索性分析和实验，论证了以脱硫灰作为主要成分来生产硫铝酸盐水泥的理论可行性。

5.2.3.4　烟气脱硝技术

我国"十二五"规划中首次将 NO_x 增列为约束性指标，"十三五"规划中再次将氮氧化物污染物排放总量减少确定为十二项约束性指标之一，这意味着 NO_x 已成为我国今后一段时间内的减排重点。

烟气脱硝指去除烟气中氮氧化物的废气净化技术，工业上脱硝技术可分为源头治理（燃烧中脱硝技术）和末端治理（燃烧后脱硝技术）（图 5-5）。燃烧脱硝技术主要是通过控制燃烧的条件以减少氮氧化物的排量，如今低氮燃烧技术相对成熟且成本较低，已有广泛应用，但随着国家烟气排放标准的提高，人们对净化程度更高的燃烧后烟气脱硝技术更为重视。下面重点介绍选择性非催化还原技术

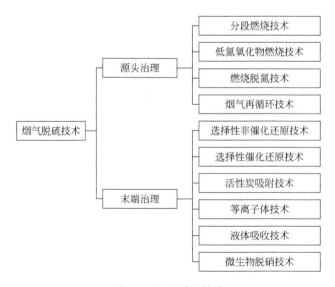

图 5-5　烟气脱硝技术

（selective non-catalytic reduction，SNCR）和选择性催化还原技术（selective catalytic reduction，SCR）。

（1）SNCR 技术

SNCR 技术是在 850～1100℃温度范围内于炉腔尾部加入试剂，在未添加任何催化剂的情况下，试剂有选择性地与 NO_x 发生反应，而不与尾气中的 O_2 产生反应，从而达到脱氮效果的技术。一般采用 NH_3 或尿素作为还原剂，其还原 NO_x 的主要反应为：

以 NH_3 为还原剂：

$$4NH_3 + 4NO + O_2 \longrightarrow 4N_2 + 6H_2O \tag{5-3}$$

以尿素作为还原剂：

$$2NO + CO(NH_2)_2 + 1/2O_2 \longrightarrow 2N_2 + CO_2 + 2H_2O \tag{5-4}$$

SNCR 的概念最早由 Wendt 等[11]在 1973 年提出，1978 年 Lyon 和 Benn[12]研究 $NH_3/NO/O_2$ 的反应体系，并研究了其反应机理。

以 NH_3 为还原剂的 SNCR 技术起始于 NH_3 和羟基反应生成氨基自由基和水：

$$NH_3 + \cdot OH \longrightarrow \cdot NH_2 + H_2O \tag{5-5}$$

反应生成的氨基自由基在合适的温度及氧化环境下可将 NO 还原成 N_2：

$$\cdot NH_2 + NO \longrightarrow N_2 + H_2O \tag{5-6}$$

$$\cdot NH_2 + NO \longrightarrow NHN \cdot + \cdot OH \tag{5-7}$$

式(5-6)中，NH_2 和 NO 的反应能够持续生成 $O \cdot$ 和 $OH \cdot$ 自由基，进而使反应不断进行。也就是说，反应过程中有支链反应能够持续不断地提供 $O \cdot$ 和 $OH \cdot$ 自由基：

$$NHN \cdot + NO \longrightarrow N_2 + HNO \tag{5-8}$$

$$HNO + M \longrightarrow H \cdot + NO + M \tag{5-9}$$

$$H \cdot + O_2 \longrightarrow O + \cdot OH \tag{5-10}$$

$$O + H_2O \longrightarrow \cdot OH + \cdot OH \tag{5-11}$$

如此，每个循环都会有足够的 $O \cdot$ 和 $OH \cdot$ 自由基以保证整个链式反应的持续性。

SNCR 技术主要采用氨（液氨、氨水等）和尿素作为还原剂，大型燃煤机组脱硝效率可达 25%～40%，而小型机组可达 80%，由于该法受锅炉结构尺寸影响较大，实际处理时常配合低 NO_x 燃烧技术进行补充处理。该技术在应用过程仍存在些许缺陷，诸如以尿素和氰尿酸为还原剂的 SNCR 反应会导致出口处 N_2O 浓度增加，反应控制不当时排放量可达 70～200ppm[13]；反应过程生成的 NH_4HSO_4 会损坏燃烧设备；实际运作过程中所需的 NH_3 含量高于理论值，易发生氨气逃逸现象，从而导致二次污染。

（2）SCR 技术

SCR 技术最早由日本于 20 世纪 60～70 年代后期完成商业运行 SCR 和 SNCR 技术对比见表 5-9[14]。

表 5-9　SCR 和 SNCR 技术对比

项目	SCR	SNCR
脱除效率/%	70～90	30～80
操作温度/℃	200～500	800～1100
NH_3/NO 摩尔比	0.4～1.0	0.8～2.5
NH_3 逃逸量/ppm	<5	5～20
资金成本	高	低
操作成本	中等	中等

由表 5-9 可知，SCR 技术较 SNCR 技术脱除效率更高且要求温度更低，应用更加广泛。SCR 技术不仅可以用于锅炉等固定源的烟气处理，还可以用在机动车辆等移动源的尾气处理上。将氨气加入废气中作为还原剂，与 NO_x 反应生成 N_2 和 H_2O，构成氨选择性催化还原技术（NH_3-SCR）。除普遍使用的氨气作为还原剂之外，还可以采用尿素作为还原剂。其中，以 NH_3 作为还原剂的反应方程式见式(5-3)，以尿素作为还原剂的反应方程式见式(5-4)。

目前我国工业上最常用的固定源 NH_3-SCR 催化材料是钒钛体系催化材料，但是目前发现在实际应用中，钒钛体系催化剂存在以下问题[15-18]：

① 积灰且烟气中的灰尘常含有 Na、K、Si、Ca、As 等元素，会导致催化剂碱金属中毒、运输管道磨损堵塞等问题；

② V_2O_5 具有强氧化性，容易将烟气中伴随的 SO_2 氧化成 SO_3，并在 SCR 系统的烟道中生成硫酸盐，严重腐蚀烟道；

③ 钒具有生物毒性，在 NH_3-SCR 过程中易于升华和脱落，对人体的呼吸系统和皮肤会产生严重损害；

④ 钒钛体系催化剂工作温度范围相对较窄，仅在中温段 300～400℃具有较为突出的脱硝性能，高温下会形成 N_2O 对环境产生二次污染；

⑤ 高温稳定性差，在 500℃以上由于 TiO_2 从锐钛矿型向金红石型转变导致催化剂性能急剧下降。

综上所述，钒钛体系催化材料未来的发展前景必将受限，开发高效、环保的脱硝催化剂是当前研究的重点。为克服上述问题，可将催化剂安置在颗粒收集器（除尘器）之后以减少灰尘对催化剂的磨损，或安置于烟气脱硫装置之后可极大程度上减少催化剂磨损和 SO_2 中毒可能性，但由于尾部烟气温度常常低于 200℃，这意味着要求催化剂的最佳工作温度能维持在 200℃甚至以下。因此，

近年来低温 NH_3-SCR 催化剂已引起了广泛关注。

（1）低温 NH_3-SCR 脱硝反应路径

低温 NH_3-SCR 脱硝反应路径一般包括标准-SCR 反应路径［式(5-3)］和快速-SCR 反应路径［式(5-12)］[19]。

$$NO + NO_2 + 2NH_3 \longrightarrow 2N_2 + 3H_2O \tag{5-12}$$

因此一般在在低温 NH_3-SCR 中，少量的 NO_2 将会大幅提高 NO 还原的反应速率。

（2）低温 NH_3-SCR 脱硝反应机理

通常，Langmuir-Hinshelwood（L-H）和 Eley-Rideal（E-R）机理是针对 NH_3-SCR 提出的两种最普遍接受的机理。为更好地理解 NH_3-SCR 机理，有几个过程需要理解：

① O_2 在 NH_3-SCR 中的促进作用主要表面在两个方面，一是使催化剂还原后重新氧化，尤其在低温条件下，催化剂的重新氧化被认为是决定反应速率的重要步骤；二是与 NO 反应物的氧化相关，可通过"快速-SCR"路径加快反应速度。表面氧物种与晶格氧相比，其迁移率较高，更易与 NO 相互作用使其氧化成 NO_2 或硝酸盐，进而在低温下与吸附的 NH_3 或 NH_4^+ 反应[20,21]。

② 催化剂上被吸附的 NH_3 的氧化活化，在催化剂表面上存在两种不同的酸位，一种是可接收来自 NH_3 电子对的 Lewis 酸位，另一种是可向 NH_3 贡献质子形成 NH_4^+ 的 Brønsted 酸位。酸位的存在可减少 NH_3 过度氧化成 NO 或 N_2O，促进 NH_3 在催化剂表面的吸附[19]。

③ 当 NH_3 吸附量足够时，NH_3 的部分氧化活化在反应过程中占据了主导地位。从 NH_3 中提取出一个 H 原子后，便形成了表面 NH_2 物种，它可以进一步参与 NH_3-SCR 反应[19]。此外，温度对反应的影响较为明显。较高的反应温度不利于 NH_3 的吸附，但有利于已被吸附的 NH_3 或中间物种（如—NH_3NO）的转化；而较低的反应温度有利于 NH_3 的吸附，但会抑制吸附的 NH_3 的转化。

④ NO 分子在催化剂表面吸附后会形成一系列的表面 NO 衍生物（如 N_2O、N_2、—NO_3、—NO_2 等），与活化后的 NH_3 可发生直接反应促进催化性能[19]。

⑤ E-R 机理主要通过表面吸附的 NH_3 组分（包括 NH_3、NH_4^+、—NH_2）与环境中或表面弱吸附状态的 NO 发生反应，该反应机理中还原剂 NH_3 的吸附和氧化活化过程至关重要。L-H 机理则认为主要通过催化剂表面相邻活性位点吸附的活性硝酸盐组分（包括不同配位状态的硝酸盐、亚硝酸盐、硝酰基等）和表面吸附的 NH_3 组分发生反应[22]。

（3）低温 NH_3-SCR 脱硝催化剂失活

基于脱硝反应的实际应用情况，研究人员在工业应用上致力于研究可以在200℃左右甚至更低温度下具有良好催化活性、高选择性、高稳定性和较宽温度反应窗口的新型低温 NH_3-SCR 催化剂。但在实际工业生产中，燃煤烟气和焦炉烟气成分复杂，NH_3-SCR 催化剂常面临着失活的风险，常见的失活原因见图 5-6。

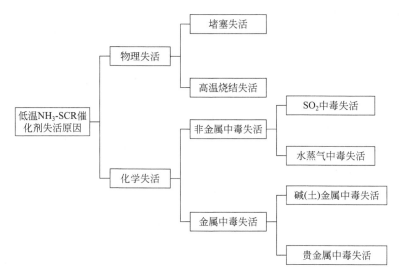

图 5-6　NH_3-SCR 催化剂失活原因

导致 SCR 脱硝催化剂的失活是一个十分复杂的物理和化学变化过程，物理失活主要有堵塞和烧结失活。前者是由于烟气中细小颗粒物进入催化剂表面孔道致使堵塞，后者常发生在催化剂长时间处于 450℃ 以上的高温下，使得催化剂发生烧结，进而出现平均粒径变大、孔容减小，或催化剂颗粒团聚，或晶型转变，甚至熔化等导致催化剂永久失活的现象。

化学失活主要可分为金属中毒和非金属中毒，其中非金属中毒失活是最为常见的一种原因。

一方面，烟气中少量 SO_2 的存在便可引起催化剂脱硝性能的严重下降，甚至失活。催化剂 SO_2 中毒的原因目前可以分为三类[23]：

① SO_2 与反应物之间存在竞争吸附，从而抑制反应活性中间体生成；

② SO_2 与 NH_3 之间反应生成硫酸（氢）铵盐覆盖催化剂表面活性位点并使比表面积下降；

③ 金属表面活性位点被 SO_2 硫化生成金属硫酸盐，致使活性组分丧失且永久失活。

另一方面，固定源和移动源中通常会含有一定量的水蒸气，由于 H_2O 和 NH_3 在催化剂表面活性位点上存在竞争吸附现象，H_2O 吸附在催化剂表面的含量越高，催化剂所能吸附的 NH_3 含量越低，造成的水蒸气毒化作用更加明显[24]。值得注意的是，当 H_2O 以物理形式吸附在催化剂表面时，催化剂因水蒸气中毒而产生的性能钝化现象会随 H_2O 消失而消失；当 H_2O 以化学形式吸附在催化剂表面形成羟基时，即使 H_2O 消失，催化剂性能也无法恢复，此时需要通过高温处理来恢复因水蒸气中毒的催化剂性能（羟基的脱除温度一般位于 $250\sim500℃$）[25,26]。

水蒸气中毒以及 SO_2 中毒造成催化剂孔道的堵塞，不仅会钝化催化剂性能，而且可能腐蚀反应容器，极大限制了催化剂的工业应用。因此，提高 NH_3-SCR 催化剂的抗硫性，尤其是低温下催化剂的抗水抗硫性，已成为广大研究者不断突破的方向。现已发现可以通过掺杂贵金属、掺杂稀土氧化物、控制催化剂结构及形貌、更换活性载体等方式来提高催化剂的抗水抗硫性，但针对不同方式的抗中毒机理研究和解中毒方法对不同类型催化剂体系（贵金属催化剂、分子筛催化剂、金属氧化物催化剂）的适用性仍需进一步的探究，突破 NH_3-SCR 催化剂因水蒸气、SO_2 钝化性能、缩短适用寿命的瓶颈，从根本上降低 NH_3-SCR 脱硝技术成本。

此外，碱金属也是引起 NH_3-SCR 催化剂中毒失活的重要原因之一。火电厂所产生的尾部烟气中碱金属物种含量较高且多以亚微米离子形式存在。这种含有碱金属元素的烟气通过脱硝系统时可沉积在催化剂表面，一方面可造成催化剂表面活性位点的堵塞引发物理中毒，另一方面与催化剂表面酸位（Lewis 酸位或 Brønsted 酸位）发生酸碱中和作用，抑制 NH_3 的吸附从而使 NH_3-SCR 脱硝活性降低，对催化剂的毒化程度远大于前者。目前关于碱金属中毒的研究多集中于中温催化剂，少数低温催化剂碱金属中毒的研究多针对 Mn、Ce 作为活性成分的催化剂[27]。

5.3
稀土催化在挥发性有机化合物催化燃烧中的应用

实际工业应用中，常利用 VOCs 易燃烧性质采用燃烧法进行处理。燃烧法可分为直接燃烧和催化燃烧，两者工艺比较见表 5-10[28]。

表 5-10　直接燃烧法与催化燃烧法工艺比较

燃烧工艺	直接燃烧	催化燃烧
起燃温度/℃	$600\sim900$	$100\sim400$
处理温度/℃	>700	$250\sim450$
燃烧状态	在高温火焰中停留一段时间	与催化剂接触无火焰

燃烧工艺	直接燃烧	催化燃烧
空速/h^{-1}	4000～12000	15000～25000
停留时间/s	0.3～0.5	0.15～0.25
工艺特点	应用范围广,工艺操作简单,温度高,气体扩散快,燃烧耗费大,设备投资大,会生成氮氧化物、硫氧化物,尘含水量大时应先除水汽	相比直接燃烧节约运费25%～40%,净化度高达99%～100%。使用范围广,产生氮氧化物、硫氧化物含量低,不受水汽影响,操作安全

由表 5-10 可知,催化燃烧的应用范围广,几乎可处理所有的烃类污染物和恶臭气体。催化燃烧技术与直接燃烧技术相比起燃温度低、节约能源、净化效率高且造成的二次污染少,最终生成的都是 H_2O 和 CO_2。国内外实践证明,在治理工业有机废气的多种方法中,催化燃烧技术是最有效的净化技术。

催化剂是催化燃烧中的主体部分,其种类繁多,按活性成分划分大体上可分为贵金属催化剂、非贵金属氧化物催化剂、复合氧化物催化剂(含稀土元素的钙钛矿型、尖晶石型等)[29]。稀土(主要是稀土氧化物)在 VOCs 催化燃烧催化剂中起着重要作用。一方面,稀土元素可作为助剂或载体以提高催化剂的热稳定性、反应活性以及反应寿命;另一方面,稀土氧化物本身可在催化燃烧中表现出较高的活性,利用稀土基催化剂进行催化燃烧处理 VOCs 具有非常好的应用前景。

5.3.1 稀土氧化物作为催化剂助剂

催化燃烧催化剂中应用最多的是铂(Pt)、钯(Pd)、钌(Ru)等贵金属,其对烃类 VOCs 的氧化具有很高的催化活性且起燃温度低、转化率高、使用寿命长、适用范围广、宜于回收。在贵金属催化剂使用过程中,稀土元素常作为助剂,在其中起到的作用同汽车尾气处理过程中常用的三效催化净化技术类似。

催化剂暴露在高温环境下会导致结构改变,进一步致使催化剂失活。Pd、Pt 初始活性很好,但其热稳定性能相对较弱,贵金属的高温烧结和结构变化被认为是材料失活的主要原因[30]。Arai 等[31]也指出尽管贵金属具有优异的催化活性,可用于在低反应温度下催化氧化的潜在催化剂,但仍存在两个严重问题,限制了其使用:一是高温下贵金属或其氧化物具有高活动性;二是在 500～900℃左右易烧结,从而使催化剂比表面积下降导致催化剂活性降低。诸如载体(如 γ-Al_2O_3)烧结[31]、Pd 或 PdO 烧结[32]均会导致负载型 Pd 催化剂失活,进一步的研究认为 PdO 的热分解以及 Pd/PdO 之间的转化与载体和活性组分之间的相互作用关系密不可分[33]。利用稀土氧化物(诸如 CeO_2、$LaCoO_3$、$LaMnO_3$)与贵金属元素发生协同作用,一方面提高可负载贵金属活性成分的载体的稳定性，另一方面可以短时间内对氧的波动进行补偿，宏观表现为提高贵金属元素的催化活性、使用寿命以及热稳定性。

焦向东等[34]使用催化性能优异的贵金属 Pd 和 Pt 作为活性物种，La、Ce、Zr 和 Y 作为助剂，附有 Al_2O_3 的蜂窝陶瓷作为载体，采用浸渍法制备 Pd-Pt-Ce/Al_2O_3 催化剂，考察贵金属 Pd 和 Pt 负载量、助剂种类及负载量、空速对催化甲苯燃烧活性的影响。研究发现，贵金属负载的质量分数为 0.05% Pd 和 0.005% Pt 时，催化剂表现出良好的催化活性。此外，添加助剂可以明显提高催化剂活性，且助剂 Ce 添加质量分数 1% 时，催化剂活性最佳。

5.3.2 稀土氧化物作为催化剂载体

如上文所述，在催化燃烧中，高温会导致催化剂结构变化，进一步致使催化剂失活[30]。催化剂在高温下由于"烧结"而使负载的贵金属颗粒尺寸通过扩散或结块等方式大幅增加，这些尺寸较大的颗粒会阻碍大部分的活性位点，降低催化剂活性[35]。现已有研究表明通过在催化剂制备过程中添加助剂，可使贵金属颗粒（如 Pd 或 Rh）在一定温度下的氧化气氛中实现再分散，从而降低高温烧结对催化剂活性的影响[36]。针对 Pt 烧结/再分散过程早已提出两种力学模型，一种认为烧结/再分散过程是通过微晶的移动或者分裂而发生的，烧结时金属微晶在载体表面转移、碰撞并聚结，进一步地通过微晶分裂而再分散[37]；另一种认为烧结（再分散）是通过从金属微晶中解离出的分子或原子在载体表面上的转移而被捕获（再分散）在载体表面[38]。Nagai 等[35]将 $Ce(NO_3)_3$、$ZrO(NO_3)_2$、$Y(NO_3)_3$ 混合水溶液与氨水通过共沉淀法制备出含 50%（质量分数，下同）CeO_2、46%ZrO_2 和 4%Y_2O_3 的 CeZrY 混合氧化物载体，并采用湿法浸渍法将质量分数为 2% 的 Pt 分别负载于 γ-Al_2O_3 载体和 CeZrY 载体上，获得 Pt/γ-Al_2O_3 催化剂和 Pt/CeZrY 催化剂。在不同的循环氧化/还原气氛、温度、初始 Pt 粒径等条件下，通过含 CO 脉冲的原位 TEM 等方式分析了 Pt 在不同载体表面的烧结/再分散行为。研究发现，PtO 的稳定性取决于 PtO 和载体之间的相互作用，对于 Pt/γ-Al_2O_3 催化剂，Pt 物种和 Al_2O_3 载体之间的相互作用较弱，因此氧化铂易分解为 Pt，进而 Pt 的烧结占主导，且 Pt 烧结颗粒（>20nm）难以发生 Pt 再分散；对于 Pt/CeZrY 催化剂，氧被吸附在烧结的 Pt 颗粒表面形成可移动的氧化铂物种，PtO 通过与载体的强相互作用而在表面迁移和捕获，Pt 在表面的分散和烧结是可逆的过程。

Liu 等[39]对 Ag/CeO_2 催化剂物相、氧空位等结构特征进行研究，Ag/CeO_2 催化剂对萘具有出色的催化氧化能力，其催化活性取决于催化剂中活性氧的供给和再生能力大小，将 Ag 引入 CeO_2 中可以提高氧气的利用率和氧气的再生能力。1％ Ag 负载量的 Ag/CeO$_2$ 样品兼备了良好的活性氧供给和再生能力，该催化剂的起燃温度约为 175℃。

5.3.3 稀土氧化物作为催化剂活性组分

5.3.3.1 单组分稀土氧化物催化剂

CeO$_2$ 因其资源丰富、具有独特的晶体结构和优异的储/释氧能力，在 VOCs 催化燃烧应用领域备受关注。已有大量研究证实单组分的 CeO$_2$ 在 VOCs 催化燃烧中具有良好的催化活性。值得进一步关注的是不同形貌的 CeO$_2$ 纳米晶体表面暴露的晶面（如 {111}、{110} 和 {100}）的表面稳定性[40]、氧空位构造能[41]和表面分子吸附能[42]对催化剂表面活性的影响。

何丽芳等[43]用水热法合成了 CeO$_2$ 纳米棒、CeO$_2$ 纳米颗粒和 CeO$_2$ 纳米立方体催化剂，通过 XRD、TEM、O$_2$-TPD、H$_2$-TPR、BET-N$_2$ 和 Raman 等表征手段对上述具有不同表面形貌的 CeO$_2$ 纳米晶体进行表征，并使用连续流动的固定床反应装置测试各催化剂对甲苯的催化氧化性能。研究发现，纳米棒状 CeO$_2$ 对甲苯的催化氧化活性最高，于 275℃下甲苯的转化率在 90％以上。纳米棒状 CeO$_2$ 的侧面暴露出高活性的 {110} 和 {100} 晶面，两端则以 {110} 晶面封口，相对于纳米颗粒状 CeO$_2$ 主要暴露的较稳定 {111} 晶面而言，纳米棒状 CeO$_2$ 表面具有大量氧空位进而提供了更多的活性氧物种，而且纳米棒状 CeO$_2$ 具有更大的比表面积，因此其在甲苯的催化氧化中催化活性最高。

Dai 等[44]通过热分解法，使用硝酸盐作为前驱体，在空气中分别于 450℃、550℃、650℃、800℃下加热 5h 制备了一系列 CeO$_2$ 催化剂，用于三氯乙烯的低温催化燃烧处理，并通过多种表征技术探究了 CeO$_2$ 催化剂的稳定性和失活因素。研究发现，经 550℃煅烧获得的 CeO$_2$ 催化活性最佳，三氯乙烯燃烧温度 T_{90}（三氯乙烯转化率为 90％时对应的燃烧温度）为 205℃。由于合适的表面碱度、较高的活性氧迁移率以及 CeO$_2$ 催化剂优异的供氧能力，CeO$_2$ 对三氯乙烯催化燃烧表现出很高的活性。此外，实验发现，低水浓度（3％）环境下，三氯乙烯催化燃烧受到抑制；高水浓度（12％）环境下，反而促进了三氯乙烯的催化燃烧。

5.3.3.2 多组分稀土基催化剂

为进一步提高 CeO$_2$ 的催化活性，一般通过掺杂过渡金属氧化物与稀土氧化物复合形成更多的氧空位和活性位点改善催化材料的活性。王玉亭等[45]采用 Mn、Fe、Co、Cu 对钒铈钛（Ce-V$_2$O$_5$/TiO$_2$）催化剂进行改性，并研究催化剂对烟气中典型 VOCs 中的邻二甲苯氧化脱除行为。研究表明，Mn、Fe 改性分别在低温段、中高温段有效提高 $Ce\text{-}V_2O_5/TiO_2$ 对邻二甲苯的催化氧化效率。同时发现 Fe 改性的 $Ce\text{-}V_2O_5/TiO_2$ 催化剂表面积高、氧化还原性能强且对烟气中 H_2O、SO_2、NH_3 等耐受性最佳。

赵乐乐等[46]通过共沉淀法设计合成了一系列微球状 MnO_x 催化剂,通过使用甲苯为模型反应物分子对催化剂活性进行了测试,研究发现 MnO_x 催化剂表现出良好的催化性能。为进一步改进 MnO_x 催化剂催化活性,采用联合沉淀法制备了一系列不同比例的 Ce_aMnO_x($a=0.02$、0.03、0.04、0.05)并测试其对甲苯的催化活性。通过 XRD、XPS、H_2-TPR、SEM 等多种表征手段,进一步对催化剂催化反应前后进行表征分析。研究表明,$Ce_{0.03}MnO_x$ 具有最佳的催化活性,于 225℃ 下甲苯转换率可达 100%,在高空速且 H_2O 存在条件下仍具有良好的催化性能。分析认为由于 Ce 的掺杂为催化剂表面提供了更多的化学吸附氧,极大程度上改善了氧化还原性能,并且使催化剂具有更大的比表面积进而提供了更多的活性位点。

许秀鑫等[47]采用等体积浸渍法将钙钛矿 $La_{0.8}Ce_{0.2}Mn_{0.8}Co_{0.2}O_3$ 负载于具有较高比表面积和强度的 $\gamma\text{-}Al_2O_3$ 载体上,考察了不同反应条件(诸如温度、空速、甲苯浓度和水蒸气等)对甲苯催化氧化的影响。研究发现,当反应温度高于 320℃ 时,甲苯的转换率接近 100%,且对反应时间的增加显示出良好的稳定性,在 120h 连续反应中甲苯的转换率保持在 92% 以上。

Zhou 等[48]研究了 Ce-Cu 催化剂结构对甲苯催化燃烧的影响。通过硬模板法合成了多孔结构 Ce-Cu 氧化物催化剂,命名为 CeCu-HT;通过其他方法制备了 $CuO\text{-}CeO_2$ 复合氧化物催化剂,命名为 CeCu-CA,将两种催化剂用于甲苯在空气中的催化燃烧并通过 XRD、TEM、BET 等对催化剂进行表征。XRD 结果表明,不同方法合成的 Ce-Cu 复合氧化物催化剂具有不同的相组成和结晶度,但都是 $CeO_2\text{-}CuO$ 固溶体相。XRD、TEM 和 BET 结果表明,所制得的 CeCu-HT 催化剂具有良好的有序介孔结构,比表面积大,为 $206.1m^2/g$;CeCu-CA 催化剂仅具有低孔隙率且比表面积仅为 $23.5m^2/g$。甲苯催化燃烧结果表明,CeCu-HT 催化剂在空气中的甲苯催化燃烧活性高于 CeCu-CA 催化剂:在 CeCu-HT 催化剂上进行甲苯催化燃烧时,甲苯转化率超过 90% 的最低反应温度为 225℃ 且在 240℃ 时的甲苯催化燃烧转化率超过 99.3%;然而 CeCu-CA 催化剂在 280℃ 条件下其甲苯催化燃烧转化率也仅为 92.0%。进一步的研究认为,由于 CeCu-HT 催化剂较 CeCu-CA 催化剂具有更有序的介孔结构,增大了催化剂比表面积,促进反应物与催化剂的有效接触和反应。此外,Cu^{2+} 进入 CeO_2 晶格中形成了固溶体,极大程度上削弱了 Cu—O、Ce—O 的键能,促进了活性氧的生成。因此,CeCu-HT 催化剂具有更加优异的催化性能。

综上所述,我们不难发现,催化剂的催化性能不仅仅取决于催化剂本身的化学组成，还与其物理结构（诸如颗粒粒径、比表面积、孔结构等）以及外在反应条件（水蒸气、SO_2、NH_3、温度、空速等）密切相关。

5.4
稀土催化在烟气同时脱硫脱硝中的应用

人们希望在脱硫的同时能够去除氮氧化物，因此，研究开发联合脱硫脱硝的技术设备，已经成为目前烟气净化技术发展的总趋势。由于单一湿法烟气脱硫自身的限制，近年来关于干法烟气脱硫以及脱硫脱硝技术的研究及开发得到迅速发展。干法催化还原同时脱硫脱硝技术目前主要采用的还原剂有以下几种：CH_4、H_2、NH_3、CO。其中 CH_4 作为还原剂易积碳且难以裂解；H_2 还原性较好但存在难以运输、储存等问题；NH_3 作为还原剂要求的反应温度较高（800℃以上）；CO 存在于烟气中且其还原产物（单质硫）纯度较高，相对其他还原剂而言，可作为较为优选的干法催化还原同时脱硫脱硝催化剂[49]。利用烟气中来源广泛的 CO 作为还原剂将烟气中的 SO_2 和 NO_x 同时还原成硫磺（S）和 N_2 的干法催化还原同时脱硫脱硝技术自 20 世纪 70 年代以来就备受关注[50]。同时，对稀土材料作为吸收剂或催化剂的干法脱硫脱硝技术的研究早已屡见不鲜，如 Hedges 等[51]发现 CeO_2/Al_2O_3 用于同时脱除烟气中的 SO_2 和 NO_x，其脱硫脱硝效率达到 90％以上。王磊等[52]采用纯稀土氧化物作为催化剂进行 CO 同步还原 SO_2 和 NO 的测试，研究发现，氧化钕和氧化钐两种催化剂的脱硫脱硝效果最好，而 CeO_2 的脱硝效果比脱硫效果好。

为更好地掌握稀土材料作为活性物质在干法催化还原同时脱硫脱硝技术中的应用，这要求我们要对干法脱硫脱硝机理有所研究。目前，在以 CO 作为还原剂的同时脱硫脱硝反应作用机理中得到普遍认可的有：中间产物（COS）机理、氧化还原机理（Redox 机理）以及协同作用机理。

（1）中间产物（COS）**机理**

对于过渡金属硫化物催化 CO 还原 SO_2 的过程，已有学者提出了以 COS 作为活性物质的中间产物机理，即 COS 作为还原 SO_2 的中间物，具体反应过程如下[50]：

$$MS_x + CO \longrightarrow MS_{x-1} + COS \tag{5-13}$$

$$COS + SO_2 \longrightarrow 3/x S_x + 2CO_2 \tag{5-14}$$

$$MS_{x-1} + S \longrightarrow MS_x \tag{5-15}$$

式中，MS_x 为过渡金属硫化物。

COS 中间产物机理除了适用于 CO 还原脱硫反应，也可作为 CO 还原同时脱硫脱硝反应机理。在 CO 还原同时脱硫脱硝反应中，催化剂表面在硫化后形成化学性质活泼的单质硫，单质硫可与 CO 反应生成中间产物 COS，COS 还原性优于 CO，与 SO_2 反应生成单质硫，并将 NO 还原成 N_2 和单质硫[53]。其中涉及的化学反应如下[54-56]：

$$CO+2NO \longrightarrow N_2O+CO_2 \tag{5-16}$$

$$2CO+2NO \longrightarrow N_2+2CO_2 \tag{5-17}$$

$$2CO+SO_2 \longrightarrow S+2CO_2 \tag{5-18}$$

$$CO+S \longrightarrow COS \tag{5-19}$$

$$2COS+SO_2 \longrightarrow 3S+2CO \tag{5-20}$$

$$COS+NO \longrightarrow 1/2N_2+S+CO_2 \tag{5-21}$$

（2）氧化物还原机理（Redox 机理）

Redox 机理主要是有氧空位形成，即催化剂的活性与复合氧化物表面存在的大量氧空位和氧流动性密切相关。该机理主要内容包括通过 CO 还原催化剂表面产生大量氧空位、催化剂表面氧空位还原 SO_2 和 NO、还原产物（单质硫）与表面氧空位结合形成表面单质硫[57]。其中包含的化学反应如下[53]：

$$Cat\text{-}[O]+CO \longrightarrow Cat\text{-}[\,]+CO_2 \tag{5-22}$$

$$Cat\text{-}[\,]+SO_2 \longrightarrow Cat\text{-}[O]+SO \tag{5-23}$$

$$Cat\text{-}[\,]+SO \longrightarrow Cat\text{-}[O]+S \tag{5-24}$$

$$Cat\text{-}[\,]+2NO \longrightarrow Cat\text{-}[O]+N_2O \tag{5-25}$$

$$Cat\text{-}[\,]+N_2O \longrightarrow Cat\text{-}[O]+N_2 \tag{5-26}$$

$$Cat\text{-}[\,]+S \longrightarrow Cat\text{-}[\,]S* \tag{5-27}$$

$$Cat\text{-}[\,]S*+6NO \longrightarrow Cat\text{-}[O]+3N_2O+SO_2 \tag{5-28}$$

$$Cat\text{-}[\,]S*+3N_2O \longrightarrow Cat\text{-}[O]+3N_2+SO_2 \tag{5-29}$$

式中　Cat-[]——催化剂氧空位；

　　　S*——表面硫活性中心。

式(5-22) 为 CO 氧化过程；

式(5-23)、式(5-24) 为 SO_2 还原过程；

式(5-25)、式(5-26) 为 NO 还原过程；

式(5-27)、式(5-28)、式(5-29) 为以表面晶格硫为活性中心的氧化还原反应。

根据 Redox 机理，SO_2 被催化剂表面的氧空位夺氧或氧空位流动到 SO_2 吸附活性位夺氧 [式(5-23)、式(5-24)]，夺氧后流动至 CO 吸附活性位将被吸附 CO 氧化为 CO_2 并伴随着氧空位的生成 [式(5-22)]。由此可见，氧空位的形成和氧流动性对催化剂活性至关重要[58]。

（3）协同作用机理

研究人员在 CO 还原脱硫反应机理的基础上对稀土基催化剂 CO 还原同时脱硫脱硝反应进行了研究。研究发现，脱硫和脱硝之间主要存在以下两种联系：一是认为 COS 作为强还原性中间产物与 NO 反应生成 CO_2 和 N_2；二是脱硫中生成的单质硫一方面弱化了 N—O 键，降低 NO 反应活化能，促进脱硝反应进行，另一方面硫与脱硝产生的 O 反应生成 SO_2，再次促进 NO 反应[50]。

普遍认为脱硝反应是以脱硫反应产生的中间产物 COS 作为主要动力，且在该过程中稀土催化剂的活化（即稀土氧化物向稀土氧硫化物的转化）至关重要。稀土氧硫化物易与 CO 反应生成中间产物 COS 并伴随着氧空位的生成 [式(5-34)]，这表明在 CO 还原脱硫脱硝反应中同时涉及了 COS 中间产物机理和 Redox 机理，其中包含的化学反应如下[50,59]：

$$RE_2O_3 + 3H_2O \longrightarrow 2RE(OH)_3 \tag{5-30}$$

$$RE(OH)_3 \longrightarrow REOOH + H_2O \tag{5-31}$$

$$2REOOH + CO \longrightarrow RE_2O_2[\ ] + CO_2 + H_2O \tag{5-32}$$

$$RE_2O_2[\ ] + 1/2S_2 \longrightarrow RE_2O_2S \tag{5-33}$$

$$RE_2O_2S + CO \longrightarrow RE_2O_2[\ ] + COS \tag{5-34}$$

$$2COS + NO \longrightarrow 1/2N_2 + CO_2 + S_2 \tag{5-35}$$

$$2COS + SO_2 \longrightarrow 2CO_2 + 3/2S_2 \tag{5-36}$$

式中　[ ]——氧空位；

　　　RE——稀土元素；

　RE_2O_2S——稀土氧硫化物。

王磊[52]探讨了 CO 同步还原 SO_2 和 NO 的活性，对脱硫脱氮活性均高的氧化钐进行研究，讨论了反应气体中不含 SO_2 时 NO 的转化率随时间的变化以及反应副产物 COS 生成量随时间的变化关系。研究发现反应初期 NO 转化率较高，随后下降至 0，而 COS 生成浓度随时间的变化关系也存在相同变化曲线，因此认为在此催化剂上，NO 并非直接与 CO 反应，而是与 COS 存在某种联系。继续对 Nd_2O_2S 进行了类似试验，并在 NO 不再发生转换时重新通入 SO_2 气体，发现 NO 转化率得以恢复。该实验结果进一步证明了 NO 不与 CO 直接发生还原反应，而是通过中间相 COS 进行还原。进一步分析可知，中间相 COS 中的 S 原子来自 SO_2 的还原过程，因此在 SO_2 和 NO 共存体系中，应确保 SO_2 可作为反应物从而维持 NO 的还原活性。通过 XRD 分析反应后产物，在稀土氧化物催化剂上发现反应后确存在氧硫化物高活性相，该发现证实了上述推测，即中间产物 COS 作为重要还原剂还原了 SO_2 和 NO，并且通过稀土氧硫化物高活性相维持了反应的可持续性。

5.5
稀土催化在烟气脱硫中的应用

利用稀土氧化物或稀土复合氧化物作为催化剂进行脱硫反应是干法烟气脱硫的重要方法，脱硫方法分类见图 5-5。钙钛矿型稀土复合氧化物、萤石型稀土复合氧化物和尖晶石型稀土复合氧化物等催化剂在 SO_2 中抗硫中毒性强并对 CO 还原 SO_2 和 NO_x 反应具有明显的活性，可以有效控制烟气中的 SO_2 和 NO_x 含量，采用 CO 还原法最大的优势是 CO 还原剂来源方便而且往往存在于废气中，这种脱硫技术不仅避免了传统脱硫工艺的二次污染，而且可将废气中的 SO_2 回收作为工业原料硫磺，起到了变废为宝的效果，具有工业化应用前景。

刘勇健等[60]研究了稀土含量分别为 5%、10%、20%（质量分数）三种脱硫剂在不同温度下对烟道气中 SO_2 的脱除作用。研究发现，稀土型脱硫剂对烟道气中 SO_2 具有显著的脱除作用，其中稀土含量为 10% 的脱硫剂效果最佳。这是由于稀土化合物与 SO_2 发生化学反应生成稳定稀土硫酸盐从而实现 SO_2 的脱除。一方面稀土含量较多易造成紧密堆积从而阻碍反应进行；另一方面稀土含量较少难以在载体表面形成均匀分散的单分子层，从而不利于反应进行。因此，稀土含量居中的脱硫剂脱除效果最佳，可达 90% 左右。此外，研究发现该稀土型脱硫剂的脱硫作用在 $100\sim200℃$ 下最高，同时氧化物对烟道气中 SO_2 有一定物理吸附作用，该作用随温度升高而降低，当温度高于 $200℃$ 时，吸附功能彻底丧失。值得注意的是，将使用过的脱硫剂在 $500℃$ 条件下灼烧氧化还原后仍具有较好的脱硫作用，这说明稀土型脱硫剂可再生重复利用、经济环保。

另一方面，大多关于镧和铈的氧化物构成的多组分的催化剂催化脱硫研究多局限于模拟烟气且无氧环境，实际烟气中含氧量往往高达 3%～6% 且具有较强的氧化性，O_2 的存在势必会对催化 CO 还原 SO_2 有一定的阻碍作用，因此讨论在有氧环境下，含 La_2O_3 和 CeO_2 的复合催化剂对 O_2 的耐受性是有必要的。周金海等[61]采用浸渍法制备了不同浓度配比的 La_2O_3、CeO_2 共负载-Al_2O_3 催化剂，讨论了不同含量催化剂、温度、反应物浓度配比对耐氧性能的影响，研究发现 12% La_2O_3/8%CeO_2/γ-Al_2O_3 复合组分催化剂耐氧性最佳，可耐受 0.4% O_2 并保持 60% 的 SO_2 转化率。此外，研究表明反应温度、催化剂用量、SO_2/CO 比值、载体粒径大小等因素对 12% La_2O_3/8% CeO_2/γ-Al_2O_3 催化剂的耐氧性有明显影响，同时发现 La_2O_3/CeO_2/γ-Al_2O_3 催化还原脱硫反应机理遵循

COS 中间物机理和 Redox 机理，而 SO$_2$ 转化率下降可能是由于反应过程中 O$_2$ 与 CO、S 发生竞争性反应从而阻碍了 COS 和 SO$_2$ 反应生成单质硫。

此外，王磊等[59]制备了 11 种稀土氧化物（La、Ce、Pr、Nd、Sm、Eu、Gd、Tb、Dy、Ho 和 Er 的氧化物）作为催化剂，在含 1% SO$_2$、2% CO 和 97% N$_2$ 的反应气体中进行催化剂活化实验，采用 XRD、BET 分别分析反应前后催化剂结构和比表面积变化。研究发现，催化剂活性顺序为：Sm≥Pr≥Nd≥La>Eu>Gd>Ce>Ho>Er>Tb≈Dy。可将它们分为高活性的镧、镨、钕、钐、铕和钆的氧化物，低活性的铈、钬和铒的氧化物，以及无活性的铽和镝的氧化物；XRD 表征结果表明，高活性催化剂在活化处理后，由于稀土氧化物在 SO$_2$ 和 CO 气氛下，其表面酸碱发生变化，稀土氧化物转变为稀土氧硫化物，而在低活性、无活性的稀土氧化物中并无此发现。

郑彩红等[62]在不同温度下对沉淀法获得的 La(OH)$_3$ 煅烧 4h，对煅烧产物及其催化活性进行研究。研究发现，在不同的温度下煅烧 La(OH)$_3$ 可获得不同的主要产物，在 380～500℃下形成 LaOOH 中间相，并通过与烟气中 CO 反应生成带有氧空位的 La$_2$O$_2$ [ ]（其中 [ ] 表示氧空位），进一步与 S 单质产生反应促进 La$_2$O$_2$S 的生成，La$_2$O$_2$S 是脱硫反应的活性物质，容易水解，放置一段时间后可转化成 La(OH)$_3$。此外，发现单纯的 La(OH)$_3$ 粉末催化效果不佳，采用 γ-Al$_2$O$_3$ 作为载体通过浸泡法制备的负载型 Ce-La/Al$_2$O$_3$ 催化剂催化活性强且脱硫效果好，在 380℃下，其 SO$_2$ 转化率可达 80% 以上。该研究结果对降低还原脱硫的反应温度具有一定意义。

Ma 等[63,64]通过对稀土镧氧化物的活性以及对稀土镧氧化物上 CO 还原 SO$_2$ 的催化活性进行研究，发现在反应过程中，以稀土氧硫化物作为活性相，反应服从 COS 中间物机理。胡辉等[65]通过浸渍法制备了负载型 CeO$_2$/γ-Al$_2$O$_3$、La$_2$O$_3$/γ-Al$_2$O$_3$ 和 CeO$_2$-La$_2$O$_3$/γ-Al$_2$O$_3$ 催化剂，使用 XRD 和 XPS 对催化剂进行表征，考察了催化剂催化 CO 还原 SO$_2$ 反应的性能，研究了催化剂活化过程、催化活性和反应物配比对活性的影响。研究表明，CeO$_2$-La$_2$O$_3$/γ-Al$_2$O$_3$ 催化剂的活化温度相对于单一活性组分的 CeO$_2$/γ-Al$_2$O$_3$ 和 La$_2$O$_3$/γ-Al$_2$O$_3$ 催化剂下降了 50～100℃，且活性更高。胡辉等认为 CeO$_2$-La$_2$O$_3$/γ-Al$_2$O$_3$ 中存在 CeO$_2$ 的氧化还原特征促进了 Redox 反应，且反应过程中生成的晶格硫与 CO 反应生成中间物 COS，成为了 La$_2$O$_3$ 的 COS 中间物反应的重要来源，促进了氧硫化物 La$_2$O$_2$S 的生成。因此，在 CeO$_2$-La$_2$O$_3$/γ-Al$_2$O$_3$ 催化剂催化 CO 还原 SO$_2$ 反应中，同时存在两种协同作用的反应机理，即表现为 Redox-COS 叠加反应机理。

5.6
稀土催化在低温 NH$_3$-SCR 脱硝中的应用

传统钒钛体系催化剂存在着高能耗、生物毒性等缺陷，难以满足如今工业氮氧化物控制的实际需求。近 30 年来，已有大量科研工作者投身于有关低温脱硝催化剂的研究中去，至今发现可满足低温 NH$_3$-SCR 催化剂主要可以分为三大类：贵金属催化剂、金属氧化物催化剂以及分子筛催化剂。贵金属催化剂虽然具有较好的低温脱硝活性，但由于成本较高、N$_2$ 选择性差且 SO$_2$ 耐受性差等缺陷在燃煤烟气等固定源脱硝领域中未能得到广泛应用；分子筛催化剂制备过程复杂，低温下脱硝活性远远不如中高温下活性优异，且其主要应用于机动车尾气脱硝处理中；金属氧化物催化剂是目前 NH$_3$-SCR 脱硝技术中应用最广的催化剂类型[22]。

金属氧化物催化剂通常为复合氧化物，即多组分的氧化物，如 V$_2$O$_5$-MoO$_3$、TiO$_2$-V$_2$O$_5$-P$_2$O$_5$、V$_2$O$_5$-MoO$_3$-Al$_2$O$_3$ 等。在多组分的氧化物中至少有一个组分是过渡金属氧化物。就催化作用与功能来说，有的组分是主催化剂，有的组分为助催化剂或者是载体。因此，可将常见的多金属氧化物催化剂划分为复合金属氧化物催化剂和负载型金属氧化物催化剂[3]。

常见用于烟气脱硝处理的金属氧化物催化剂有锰基催化剂、铁基催化剂、铜基催化剂、钒基催化剂以及稀土基催化剂。由表 5-11 可知，稀土基催化剂相对传统钒钛体系催化剂而言具有更加高效、无毒、无二次污染等优点，稀土基催化剂有望成为低温 NH$_3$-SCR 反应催化剂一个较好的选择。

表 5-11　传统钒钛体系催化剂与稀土催化剂的性能比较

种类	V$_2$O$_5$ 基脱硝催化剂	稀土基脱硝催化剂
活性成分	V$_2$O$_5$（V$_2$O$_5$-MO$_3$/MO$_3$-TiO$_2$）	轻稀土氧化物
毒性分析	有毒； 溶于水	无毒； 不溶于水
温度范围	310～410℃	310～450℃
SO$_2$/SO$_3$ 转化率	<0.5%	<1%
失活后处理	再生可导致二次污染（含 V 有毒废液）	再生无二次污染
失效后处理	危险废物处置（处理费 6000～10000 元/m^3）； 处置前仓储费用	一般废物处置； 无危废处置费； 无处置前特殊仓储费

稀土氧化物尤其是 CeO_2 由于其较高的储/释氧能力、优异的氧化还原性能和良好的 Ce^{3+}/Ce^{4+} 转化能力等特点，通常被用作 NH_3-SCR 催化剂中的助剂、活性组分或载体，其晶胞结构见图 5-7。

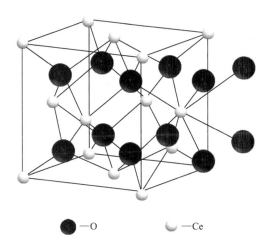

图 5-7　CeO_2 晶胞结构

CeO_2 具有立方晶系萤石结构。CeO_2 晶胞中 Ce^{4+} 按照面心立方（FCC）点阵排列，每个 Ce^{4+} 被 8 个 O^{2-} 包围，每个 O^{2-} 位于 $[OCe_4]$ 配位四面体的几何中心。Ce 元素存在 Ce^{3+} 和 Ce^{4+} 两种氧化态，两者之间可进行氧化还原循环。此外，在高温下 CeO_2 形成非化学计量亚氧化物 CeO_{2-x}，该亚氧化物暴露在含氧气氛中可再次氧化成 CeO_2。由此可见 CeO_2 具有优异的储释氧性能，对调节废气净化过程中的氧化还原反应进程意义重大。

氧化铈优异的储氧功能在 NH_3-SCR 反应中备受关注。已有研究表明，尽管 NO 与 NH_3 的反应可以在不存在 O_2 的情况下进行，但是与有 O_2 存在的情况相比，NO 的还原效率要低得多。这是由于 CeO_2 出色的储氧功能可以使 O_2 活化形成表面活性氧（超氧化物 O_2^- 和过氧化物 O_2^{2-}），与晶格氧（O^{2-}）相比，表面活性氧具有更高的迁移率因而易与 NO 相互作用，使 NO 被氧化形成 NO_2 或硝酸盐物种，并在低温条件下同吸附的 NH_3、NH_4^+ 发生反应。由此可见，氧在 NH_3-SCR 反应中必不可少，因此催化剂储释氧的能力是决定 SCR 活性的重要因素。从该角度考虑，CeO_2 催化剂具有极大的应用前景[19]。

在过去的几年中，研究人员已经对 CeO_2 基的 NH_3-SCR 催化剂进行了许多研究。通常，根据催化剂的存在方式，CeO_2 在稀土基催化剂中存在的状态可以分为以下三种，见图 5-8[19]：

① 表面改性（表面负载稀土氧化物组分）；

② CeO_2 作为纯载体；

③ CeO_2 基混合氧化物（稀土氧化物对本体进行掺杂）。

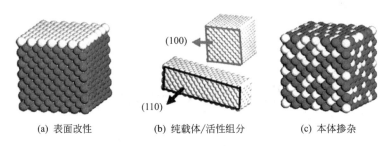

(a) 表面改性　　　　(b) 纯载体/活性组分　　　　(c) 本体掺杂

图 5-8　CeO_2 在稀土基催化剂中存在的状态

浅色小球—CeO_2；深色小球—其他金属氧化物

5.6.1　二氧化铈作为表面负载组分

如图 5-8(a) 所示，CeO_2 可作为负载型金属氧化物催化剂的表面负载组分（助剂和活性组分）。已有诸多研究表明，CeO_2 可作为助剂对催化剂表面进行改性，以提高 NH_3-SCR 催化剂的催化活性，诸如 CeO_2 可通过促进催化剂表面吸附氧、增加表面酸位数量、改善氧化还原性能等途径使催化剂催化活性显著提高，表面负载 CeO_2 可抑制催化剂表面硫酸盐的生成，从而提高催化剂的抗硫性能。

Xu 等[66]通过浸渍法将铈负载在锐钛矿型二氧化钛上，并在 500ppm NO、500ppm NH_3、5%（体积分数）O_2、100 ppm 或 180 ppm SO_2 以及 3%或 10%体积含量的 H_2O 混合进料气体环境下，对所制成的 Ce/TiO_2 催化剂进行了活性测试。研究发现，在铈含量为 5%以上的催化剂在 275~400℃温度范围内，具有最佳催化活性，且掺铈催化剂具有较高的 N_2 选择性以及优异的 SO_2 和 H_2O 耐受性。

Ma 等[67]采用浸渍法将 Ce 和 Nb 负载在 WO_x-TiO_2 上，合成了新型 Nb-Ce/WO_x-TiO_2 催化剂，将其分别在 10% H_2O/空气环境中于 760℃、24h 条件下制备得水热老化催化剂、在 100ppm SO_2＋10% H_2O 环境中于 400℃、24h 条件下制备得硫中毒催化剂、浸泡于 KOH 水溶液中且在干燥后于 500℃、4h 条件下煅烧得碱金属中毒催化剂。通过对上述催化剂进行同等条件的活性测试，发现 Nb-Ce/WO_x-TiO_2 催化剂在 200~500℃的温度范围内 NO 转换率可保持在 80%以上，且比传统的 V_2O_5-WO_3-TiO_2 催化剂具有更好的水热稳定性、操作温度范围以及耐碱中毒性。Ma 认为这是由于 CeO_2 优异的氧化还原特性，促进了催化剂表面氧的生成，改善了催化剂在低温（<300℃）下的脱硝性能；NbO_x 均匀分散弥补了大量酸位的缺失，提高了 NH_3 的吸附，从而确保了催化剂在高温区间的脱硝性能。

Boningari 等[68]通过浸渍法制备了一系列的 Mn-Ce/TiO_2-X（X＝Hk、N1、N2 和 N3）催化剂，其中 Hk 表示 100％锐钛矿型且比表面积为 309m^2/g TiO_2，N1～N3 表示比表面积分别为 620m^2/g、457m^2/g、398m^2/g 的纳米 TiO_2。通过 XRD、BET、H_2-TPR 和 XPS 等表征技术对催化剂模拟低温 NH_3-SCR 反应过程前后物性进行分析研究。结果发现在 Mn 与 Ce 原子比为 5.1 的条件下，Mn-Ce/TiO_2-Hk 催化剂的 NO 转化率远高于 Mn-Ce/TiO_2-X（X＝N1、N2 和 N3），在 100℃、空速为 80000h^{-1}条件下，其 NO_x 转换率高达 93％。表征结果表明，将 Mn 和 Ce 共同掺杂到 TiO_2-Hk 中，可改善催化剂表面酸位浓度和分散程度，此外 Mn-Ce/TiO_2-X 中 Mn^{4+}/Mn^{3+}、Ce^{3+}/Ce^{4+} 比值和表面氧空位数高于其他样品，Mn 和 Ce 共同掺杂促进了表面活性氧的流动性，增加了表面活性位点，从而使 Mn-Ce/TiO_2-Hk 催化剂表现出优异的低温 SCR 脱硝活性。

5.6.2　二氧化铈作为纯载体

在负载型金属氧化物催化剂中，常因为表面活性组分和表面载体之间的相互作用影响催化剂的使用活性，研究负载组分和载体之间的相互作用已成为近年来多相催化剂领域中的研究热点。负载型金属氧化物催化剂的载体通常可分为刚性载体（Al_2O_3、SiO_2 等）和活性载体（CeO_2、TiO_2 等）[69]。如图 5-8(b) 所示，CeO_2 可作为纯载体。一般认为，CeO_2 作为纯载体可提高活性组分的分散程度，并通过其优异的氧化还原性能、适当的表面酸性以及良好的 Ce^{3+}/Ce^{4+} 转化能力可与负载组分发生强烈的相互作用，从而提高催化性能[70]。Xu 等[71]通过沉积-沉淀法将 MnO_x 负载在 CeO_2 载体上，用于 NH_3-SCR 反应。所获得催化剂在整个低温区间内（80～150℃）和 50000h^{-1}获得了接近 100％的 NO 转化率。

CeO_2 的结构特征对催化性能也有重要影响，高表面积、特殊多孔结构或者可控形态的催化剂均是提高催化活性的重要因素，因此未来的研究方向将会更多集中在制备具有可控结构和形态的二氧化铈催化剂以增强其催化活性。

5.6.3　铈基多元复合氧化物催化剂

大部分研究表明，由于 CeO_2 纯载体还存在比表面积较小、热稳定性较差、高温易烧结等缺陷，一定程度上限制了其使用范围[69]。同时，CeO_2 表面酸性强度较弱，对 NH_3 的吸附能力不足，因此纯 CeO_2 的 NH_3-SCR 活性较差[72,73]。如图 5-8（c）所示，通过掺杂其他金属元素形成复合金属氧化物，

CeO$_2$ 和金属氧化物间有很强的相互作用，可在一定程度上改变其氧化还原特性并产生新的活性位点以提高催化效率。

邱枫[3] 以 Ce 元素为主导，采用共沉淀法制备了八个体系的催化剂并考察了这八个催化剂体系在其适应的温度段内的 NO 转化率及相应的 N$_2$ 选择性，其中二元金属氧化物复合催化剂 Ce-X 共计六种，X 分别为 Zr、Cr、Mo、Sn、W、Mn；负载型催化剂两种，分别为 Ce/TiO$_2$，Ce/C。对于 Ce/TiO$_2$ 体系的 N$_2$ 选择性，Ce/TiO$_2$ 较 CeO$_2$ 提高了 10％～20％左右，TiO$_2$ 所提供的酸性表面对提高催化剂的 N$_2$ 选择性有较为重要的作用。对于 Ce/C 体系，在活性炭的耐受温度范围内，NO 转化率最高也达不到 50％，且 NO 是否被还原为 N$_2$ 或是被活性炭孔隙结构和表面官能团所吸收或吸附还尚未清楚，另一方面，活性炭机械强度较低，以活性炭作为载体负载 Ce 基活性组分的催化剂难以二次利用。此外，研究认为若掺杂元素（如 Zr 等）能与 Ce 形成固溶体，反而阻碍了 Ce 本身的催化能力，这是因为固溶体的形成导致最终的复合金属氧化物催化剂表面氧空位减少，致使活性氧流动性就差，催化效果不佳；若掺杂元素（如 Mn、Cr 等）具有较强的氧化性，可增加 NO 转化率，但存在高温区间内 N$_2$ 选择性较差的缺点，实际应用中还需考虑添加改善催化剂氧化还原性能方面的改性助剂。

Liu 等[74] 通过表面活性剂-模板法和常规共沉淀法合成一系列摩尔比不同的 MnO$_x$-CeO$_2$ 复合氧化物催化剂，用以 NH$_3$-SCR 还原 NO$_x$。研究发现表面活性剂-模板法制备的催化剂具有高比表面积，促进了 NH$_3$ 和 NO$_x$ 的吸附和活性，相比于共沉淀法制备的催化剂，其活性更高，在 100～200℃ 温度范围内具有近 100％的 NO$_x$ 转换率，且对于水蒸气和 SO$_2$ 的耐受性高。

Qi 等[75] 通过浸渍法制备复合金属氧化物催化剂 MnO$_x$-CeO$_2$，当 Mn/(Ce＋Mn) 比值为 0.3 时，催化剂表现出最佳活性状态，且发现煅烧温度会明显影响结晶程度和催化剂结构，进而对催化剂的活性产生一定影响：当煅烧温度为 650℃ 时，催化剂活性最高，在 80～150℃ 范围内反应，其催化活性可达 100％且具备良好的抗水蒸气和抗 SO$_2$ 能力；当温度低于 150℃ 时，催化产物中只有 N$_2$ 不含 N$_2$O，温度高于 150℃ 时才产生微量的 N$_2$O。

除 Ce-Mn 复合氧化物体系以外，其他过渡族金属氧化物掺杂于 CeO$_2$ 中也具有优异的 NH$_3$-SCR 脱硝活性。诸如氧化锆、氧化镧、氧化钴等掺杂可显著提高氧化铈的分散性，降低晶粒尺寸，从而提高催化剂活性；氧化铌、氧化钽、氧化锡、氧化铜、氧化钼、氧化钒等氧化物对氧化铈进行掺杂或修饰可在一定程度上提高铈基催化剂表面酸性从而提高 NH$_3$-SCR 催化反应活性。

TiO$_2$（锐钛矿相）具有较强的 Lewis 酸性和高比表面积，常作为传统钒钛脱硝催化剂载体，Yao 等[76] 通过逆向共沉淀法合成了锐钛矿型 TiO$_2$、Ti$_{0.95}$Ce$_{0.05}$O$_2$ 固溶体和 CeO$_2$，然后作为载体通过初湿浸渍法制备了 CuO/TiO$_2$、CuO/Ti$_{0.95}$Ce$_{0.05}$O$_2$

和 CuO/CeO$_2$ 催化剂，采用 BET、XRD、LRS、H$_2$-TPR、XPS、NH$_3$-TPD 和原位 DRIFTS 技术表征了上述合成催化剂。研究结果表明，将 Ce^{4+} 掺入锐钛矿型 TiO$_2$ 晶格中形成 TiO$_2$-CeO$_2$ 固溶体，可能抑制了锐钛矿型 TiO$_2$ 晶粒长大，从而导致锐钛矿型 TiO$_2$ 晶粒尺寸的减少和 BET 比表面积增加；掺入 Ce^{4+} 会使 CuO/Ti$_{0.95}$Ce$_{0.05}$O$_2$ 催化剂中形成 Cu^{2+} 的配位状态由锐钛矿 TiO$_2$ 为载体的稳定的正八面体转变为不稳定畸变的八面体配位结构，同时增强了 Cu^{2+} + Ce^{3+} ⇌ Cu$^+$ + Ce^{4+} 和 Cu^{2+} + Ti^{3+} ⇌ Cu$^+$ + Ti^{4+} 两个氧化还原循环，从而促进了 CuO/Ti$_{0.95}$Ce$_{0.05}$O$_2$ 催化剂表面形成更多的 Lewis 酸位以及反应物分子活化为从而生成更多的 NH$_4$NO$_2$ 物种。以上因素均可促进在过量氧气存在下对 NH$_3$-SCR 催化性能的增强。

Casapu 等[77]通过共沉淀法制备了 MnO$_x$-NbO$_x$-CeO$_2$、MnO$_x$-CeO$_2$、NbO$_x$-CeO$_2$ 和 MnO$_x$-NbO$_x$ 系列催化剂用于 NH$_3$-SCR 脱硝反应研究，通过 DRIFTS、TA、NH$_3$-TPD、XRD、BET、XANES 等手段进行表征。TA、FT-IR 和 DRIFTS 测量表明，酸性 NbO$_x$ 的掺杂为 MnO$_x$-NbO$_x$-CeO$_2$ 催化剂表面提供了强的酸性中心，使催化剂表面 NH$_3$ 的吸附和活化得到显著提高。强氧化性 MnO$_x$ 的掺杂促进了 NO 向 NO$_2$ 的转化；通过 BET，XRD 等表征，证明了锰和铌物种之间存在强相互作用。这种强相互作用使氧化和酸位在催化剂结构中均匀分布，减少了高温下 NH$_3$ 的非选择性氧化。合适比例的 MnO$_x$-NbO$_x$-CeO$_2$ 催化剂具有较好的 NO 氧化性能、表面酸性和高的 N$_2$ 选择性，因此具有高的低温 NH$_3$-SCR 活性。

5.6.4　稀土基催化剂的抗中毒性研究

催化剂在使用过程中随着反应时间延长，活性会逐渐下降，直至失活，催化剂失活的情况主要有以下三种[78]：

① 物理性堵塞活性位点　烟气中存在大量飞灰、碳沉积、粉尘等细微颗粒沉积在催化剂表面造成其活性位和孔道覆盖、堵塞，即为沾污现象；颗粒仅在催化剂外表面包覆，则为遮蔽现象。二者均是通过阻止反应物到达活性位点导致催化剂失活。

② 抑制催化反应　常见抑制活性的毒物有硫及其化合物、碱（土）金属、水蒸气等，通过在烟气气氛中形成沉淀物堵塞活性位点，或中和催化剂表面酸位，又或对反应物竞争吸附等方式抑制催化反应导致催化剂失活。

③ 高温烧结和冲蚀　长期处于高温工作环境下，催化剂因烧结导致颗粒增大、比表面积减少，进而催化剂表面暴露的活性位数减少直至催化剂失活。

催化剂常见失活类型详见图 5-6，本节主要描述了稀土氧化物催化剂在低温

NH$_3$-SCR 中抗 SO$_2$、H$_2$O 以及碱金属中毒方面的应用。

（1）低温 NH$_3$-SCR 中稀土基催化剂对 SO$_2$ 的耐受性

硫中毒是低温 NH$_3$-SCR 催化剂化学失活中最为常见且最难彻底清除的一种失活原因，其中毒机理主要包括生成的硫酸铵盐堵塞催化剂的活性位点、催化剂活性组分的硫酸盐化以及 SO$_2$ 与 NH$_3$、NO 形成竞争吸附等[79]。

大量研究表明，稀土元素的加入可以提高催化剂的抗硫中毒能力。Wu 等[80]通过溶胶-凝胶法分别制备了 Mn/TiO$_2$ 催化剂和 CeO$_2$ 改性的 Mn/TiO$_2$ 催化剂，用于在 SO$_2$ 环境中的低温 NH$_3$-SCR 过程。研究发现，尽管 Mn/TiO$_2$ 催化剂在低温下能有效地通过 NH$_3$ 还原 NO$_x$，但其活性在 NH$_3$-SCR 过反应中受 SO$_2$ 强烈抑制，大量的硫酸盐类物质 [Ti(SO$_4$)$_2$、Mn(SO$_4$)$_x$、(NH$_4$)$_2$SO$_4$、NH$_4$HSO$_4$] 形成并沉积在催化剂表面，Ce 掺杂可提高催化剂的抗 SO$_2$ 性，并防止催化剂被硫酸化，抑制表面硫酸铵的形成，大大提高了催化剂的低温抗硫性能。实验发现，Ce 改性的 Mn/TiO$_2$ 催化剂在 100 ppm SO$_2$ 环境下，于 150℃下持续进行 SCR 反应 6.5h，仍可保证 84% 以上的 NO 转化率。另一方面，Xu 等[81]分别在 100 ppm SO$_2$、350℃ 和 180 ppm SO$_2$、300℃ 两种条件下研究了 SO$_2$ 对 Ce/TiO$_2$ 催化剂上 NH$_3$ 选择性催化还原 NO 的影响。发现在前者条件下 NO 转化率可在 48h 内均保持 90% 以上，后者条件下 NO 转化率仅在 12h 内维持在 90% 以上，继而随时间降低。对中毒前后的催化剂进行表征，发现硫中毒后催化剂表面积明显减少且中毒过程中生成的硫酸盐于表面扩散进体相中，且 SO$_2$ 和 NH$_3$ 反应生成的 NH$_4$HSO$_4$ 沉积在催化剂表面并阻断了活性位点。除此以外，失活的主要原因是由于 SO$_2$ 和催化剂之间发生作用，形成热稳定性较高的 Ce(SO$_4$)$_2$ 和 Ce(SO$_4$)$_3$，从而导致 Ce^{3+} 和 Ce^{4+} 之间的氧化还原转化被破坏，进而抑制了硝酸物种的形成和吸附。Zhang 等[82]采用浸渍法制备了 TiO$_2$/CeO$_2$ 催化剂，并在有或者没有 SO$_2$ 或 H$_2$O 的条件下测试了其对 NH$_3$ 选择催化还原 NO 的催化性能。与常见的以 TiO$_2$ 为载体的 CeO$_2$/TiO$_2$ 催化剂相比，以 CeO$_2$ 为载体的 TiO$_2$/CeO$_2$ 催化剂不仅具有更加优异的低温催化活性（150～250℃），而且在 200 ppm SO$_2$ 和 300℃、5%（体积分数）H$_2$O 条件下表现出更好的抗 SO$_2$ 性能。此外，TG-DTA 和原位 DRIFT 结果表明，在反应条件下进行样品硫酸化会生成三种不同的硫酸盐，包括 NH$_4$HSO$_4$、表面硫酸盐和块状金属硫酸盐，通过 XPS 和 H$_2$-TPR 结果证实金属硫酸盐主要由 Ce(SO$_4$)$_2$ 和 Ce$_2$(SO$_4$)$_3$ 组成，金属硫酸盐会堵塞 Ce-O-Ti 活性位点极大程度影响了 Ce/TiO$_2$ 催化剂性能，但对于 TiO$_2$/CeO$_2$ 催化剂而言，由于表面的硫酸盐可以和 CeO$_2$ 发生协同作用，因此仍具有较好的 NH$_3$-SCR 活性。

（2）低温 NH$_3$-SCR 中稀土基催化剂对 H$_2$O 的耐受性

Liu 等[83]认为 H$_2$O 的负面影响通常分为两个方面：可逆的和不可逆的失

活。可逆失活通常被认为是 H_2O 和反应物（如 NH_3 和 NO）之间在催化剂表面的竞争性吸附，反应物吸附减少会导致 NO 转化率降低，当温度升高时，抑制作用将消失并且催化剂可以被重新活化。不可逆失活通常与催化剂表面上 H_2O 的解离吸附和分解引起的额外表面羟基（—OH）形成有关。由于羟基只能在高温（252~502℃）下被去除，导致催化剂的不可逆失活。通常在低于 200℃ 的温度下，由于 H_2O 与 NH_3 的竞争性吸附，H_2O 通常对 NH_3-SCR 表现出可逆的负面影响。实际上，水是烟气中的主要成分之一，也是 NH_3-SCR 反应的产物，它可以与催化剂表面产生强烈相互作用，可能会改变活性位点的结构。H_2O 不仅可以导致金属氧化物催化剂失活，也能够导致负载类催化剂失活。但是，与 SO_2 耐受性相比，NH_3-SCR 中催化剂的 H_2O 耐受性研究较少。

Du 等[84]通过实验测试了 NH_3 吸附（有无 H_2O）和 NH_3 氧化（有无 H_2O）中水蒸气对 Ce-Cu-Ti 氧化物 NH_3-SCR 催化剂性能的影响。研究结果证明，H_2O 在低温下抑制了 Ce-Cu-Ti 氧化物催化剂的 SCR 性能，而在高于 300℃ 的温度下却促进了 SCR 性能。NH_3 的吸附曲线表明，H_2O 的存在大大降低了 NH_3 的吸附量，尤其是弱吸附的 NH_3 部分，DFT 计算表明，H_2O 和 NH_3 在催化剂表面产生竞争吸附现象，NH_3 氧化实验表明，在 300℃ 以上的温度下，NH_3 氧化随着 10% H_2O 的添加而减少，同时电荷密度分布和吸附结构参数表明 CeO_2 和 CuO 物种是 NH_3 氧化的优选位，吸附能进一步证实 H_2O 易与 NH_3 竞争被 Ce 和 Cu 原子吸附。H_2O 在低温下的抑制作用归因于 H_2O 与 NH_3 的竞争吸附，而高温下的促进作用归因于 NH_3 过度氧化受到抑制。

Chen 等[85]采用溶胶-凝胶法制备了用于 NH_3-SCR 的 MnO_x-NbO_x-CeO_2 催化剂，并通过对催化剂进行 TPD、XRD、BET、H_2-TPR 和原位漫反射红外傅里叶变换光谱（DRIFTS）测试以表征 NH_3-SCR 催化活性和 NO/NH_3 氧化活性。研究发现，MnO_x-NbO_x-CeO_2 催化剂在 150~300℃ 的温度范围内具有出色的低温 NH_3-SCR 活性。由于抑制了 NO_x 的吸附，进料中的水蒸气降低了标准 SCR 反应中催化剂的低温活性。随着进料中 NO_2 含量的增加，该抑制现象减弱，水蒸气不会影响 SCR 活性。同时，水蒸气通过抑制 NH_4NO_3 转化为 N_2O，从而大大提高了新鲜催化剂和老化催化剂的 N_2 选择性。基于目前有关提高抗 H_2O 性能的工作大多通过增加催化剂表面酸位、提高催化剂氧化还原性能等增加催化剂活性的方式实现，Tang[19]认为从 H_2O 致使 NH_3-SCR 催化剂失活的基本原因考虑，使 H_2O 在催化剂表面上的吸附能力下降，从而不会破坏催化剂表面酸性和氧化还原特征，是提高低温 NH_3-SCR 催化剂对 H_2O 耐受性能的可行方法。

（3）低温 NH_3-SCR 中稀土基催化剂对碱金属的耐受性

低温 NH_3-SCR 催化剂碱金属中毒的机理可简单归结为以下几点：

① 吸附堵塞活性位点导致失活；

② 催化剂表面酸位点含量及强度下降导致 NH_3 吸附含量减少，从而影响催化剂活性；

③ 抑制催化剂的氧化还原性能；

④ 碱金属覆盖在催化剂表面形成新的活性位点，并与活化后的 NO 发生反应生成稳定的非活性硝酸盐物种，抑制 NH_3 活化。

周学荣等[86]在总结前人工作的基础上，将近年来文献报道的有关提高催化剂抗碱金属中毒的方法归为了以下五类：

① 制备酸化催化剂，采用杂多酸、稀硫酸等液体酸处理催化剂；

② 采用酸位点多的第三金属改性；

③ 增大催化剂活性组分中 Lewis 酸/Brønsted 酸比例，因为 Brønsted 酸更容易被钾影响；

④ 改变催化剂制备方法或前驱体与沉淀剂的类型；

⑤ 分隔 SCR 反应活性位点与碱金属毒化位点。

闫东杰等[87]采用溶胶-凝胶法制备了 Mn-Ce/TiO_2 低温 NH_3-SCR 催化剂，并通过浸渍法获得了模拟 K、Na 中毒的 Mn-Ce/TiO_2 催化剂，通过 SEM、BET、XRD 和 FTIR 等表征技术对催化剂碱金属中毒原因进行了分析。研究发现，碱金属毒化后催化剂脱硝活性下降，未中毒 Mn-Ce/TiO_2 催化剂、2% 钠中毒催化剂、2% 钾中毒催化剂在 160℃ 下 NO 去除率分别为 91.2%、68.4%、62.0%。钾中毒催化剂失活程度高于钠，这表明催化剂中毒程度与碱金属碱度正相关。另一方面，通过 BET 和 SEM 表征，发现碱金属沉积堵塞了催化剂表面的部分微孔，阻碍了烟气与催化剂的接触，从而致使脱硝效率降低。

王丽霞等[88]采用浸渍法将碱金属（钾和钠）负载到柠檬酸法制备的铁铈复合催化剂（FeCeO$_x$）表面模拟碱金属中毒，通过 N_2 吸附、NH_3-TPD、NO-TPD、H_2-TPR、in situ DRIFTS 等表征技术分析了催化剂的失活原因和机理。结果发现碱金属钾比钠对铁铈复合催化剂的脱硝活性影响更大，通过 NH_3-TPD 表征发现催化剂表面 Brønsted 酸位和 Lewis 酸位数量均下降，因此认为催化剂表面酸性下降导致的 NH_3 吸附能力的降低是引起碱金属钾中毒的主要原因，通过 H_2-TPR 表征发现中毒后的催化剂还原峰温度向高温迁移且峰面积明显降低，该现象表明钾使得催化剂金属氧化还原性能降低，从而影响 NH_3-SCR 反应过程中如 NH_3 活化以及 NO 氧化的进行。Zhang 等[89]研究 K 对低温催化剂 MnO_x-CeO_2/TiO_2 的影响时也得到了类似的发现，认为 K 的毒化降低了催化剂表面化学吸附氧的含量，使 Brønsted 酸位含量降低。

Wang 等[90]通过浸渍法制备了 CeO_2/TiO_2 新鲜催化剂，采用再次浸渍碱金属盐溶液模拟碱金属中毒催化剂，研究发现，当 Na/Ce 或 Ca/Ce 摩尔比超过

0.25 时，CeO_2/TiO_2 催化剂在 380℃ 下 NO 转化率从 78％ 急剧下降到很低。XPS 结果表明 Na^+ 或 Ca^{2+} 的负载使 Ce^{3+} 向 Ce^{4+} 进行转换，导致二氧化铈中氧空位和 Ce^{3+} 的减少，进一步抑制 CeO_2/TiO_2 催化剂中氧化铈的还原，即降低 Ce^{4+}/Ce^{3+} 氧化还原循环的速率，从而导致 NH_3-SCR 活性下降。

周学荣[91]以 Mn/Ce-ZrO_2 为研究对象，通过共沉淀和浸渍法制备催化剂，采用浸渍法负载碱金属 K_2O、Na_2O 模拟催化剂碱金属中毒，并采用 Co、Sn 对催化剂进行第三金属改性，通过 XRD、BET、H_2-TPR、吡啶吸附红外光谱等表征技术探究了改性剂、改性方式以及改性剂添加量对 Mn/Ce-ZrO_2 催化剂性质（晶体结构、比表面积、孔隙结构、表面酸性、氧化还原能力等）的影响。研究发现，催化剂 K、Na 中毒后，活性下降且下降程度随碱金属负载量增大而增大、随温度（80～240℃）升高失活程度呈现出先增大后减小趋势，同时导致 Mn/Ce-ZrO_2 催化剂表面孔体积、比表面积下降，减少了催化剂表面酸位点数量。另一方面，Co 的改性效果优于 Sn。对于 Co 改性提高催化剂脱硝活性以及抗碱金属中毒能力，Co 改性载体的方式优于改性催化剂活性成分，当 Co 的摩尔添加量为 0.05～3mol 时 Co 改性载体催化剂脱硝活性提高，NO 转化率在 120～240℃ 范围内保持在 100％，K 中毒后，经 0.1mol 添加量的 Co 改性催化剂比未改性催化剂在 240℃ 下 NO 转换率提高了 50％。表征结果还表明 Co 改性后催化剂的比表面积增大、氧化还原能力提高、表面酸度增加，即使在碱金属中毒后比表面积下降幅度小、仍具备较多的酸位点，充分表明 Co 改性载体的催化剂具有更好的脱硝性能。

5.7
稀土催化材料在工业废气中应用总结

稀土元素具有十分丰富的光、电、磁、化学等特殊性能，在环保领域中具有巨大的潜力和发展前景。稀土元素具有 4f 轨道[92]，轨道上未成对电子数目多、能级丰富且易失去外层电子、化学性能活泼，因此稀土元素可以作为催化剂或催化剂助剂。目前的研究表明，稀土元素在催化领域中的影响如下：

① 提高催化剂的储氧能力；
② 提高活性金属的分散度，改善活性金属颗粒的催化活性；
③ 降低贵金属的用量；
④ 提高载体材料的热稳定性；
⑤ 提高晶格氧的活动能力，从而显著提高催化剂性能。

尽管稀土元素在工业废气中的应用广泛，但目前仍存在一些不可忽视的问题[93]，诸如对于 VOCs，如卤代烃、脂、醇、醚等，具有较大的分子尺寸，浓度虽低但是毒性较大，常规的催化燃烧技术并不适合；催化燃烧等高温反应下，将会引起催化活性相的烧结与失活，硫、氯等元素易引发热稳定性差的催化剂中毒，进而导致其失活；对于金属氧化物催化剂和活性蜂窝载体而言，起燃温度高、能耗成本高，在催化材料的制备科学性、催化活性、污染物消除机理和中毒、抗中毒机理等方面的研究和探讨较少，缺乏系统的研究和分析总结。

稀土催化材料在工业废气治理中的应用研究，涉及诸多方面，诸如材料科学、催化科学和环境科学，是一项从多学科、多角度进行交叉研究才能有突破的研究领域。我国是稀土资源大国，应抓住国家能源结构调整和发展环保的契机，大力发展高性能稀土催化材料，将我国稀土资源优势转化为技术优势和经济优势。现今稀土催化材料在工业废气治理领域中主要有以下研究方向[94]：

① 现今已知稀土元素在工业废气治理中具有提高催化载体热稳定性、增强催化成分活性、调节催化活性成分分散度、改善氧化还原特性、提高催化成分抗毒性等作用，但对掺杂稀土元素催化剂的组成-结构-性能之间的关系尚未明确，揭示稀土提高复合氧化物氧化性能的机制，稳定复合氧化物结构的原理，稀土与其他氧化物、过渡金属和贵金属之间相互作用的机制等仍需大量研究工作。

② 现今采用的稀土催化材料主要有钙钛矿稀土催化剂、铈锆稀土催化剂、分子筛稀土催化剂、稀土纳米催化剂。针对特殊废气治理方面，还应发展具有大比表面积、高储氧能力、高热稳定性、强抗毒性的复合催化材料以及新型稀土基介孔材料。

③ 针对稀土催化材料在实际治理废气的设备工艺研究方面，还需进一步探讨稀土催化材料在反应气氛下的表面动力学，建立动态催化理论，以拟定最佳工艺参数。探讨特定反应物的活化和反应机理，坚持无二次污染环保原则，提出低碳烷烃的利用和反应副产物循环使用的新思路。

大气污染一直是困扰各个国家的难题，不仅仅是由于汽车尾气、工业制造等原因导致空气中超标的硫氧化物、氮氧化物、碳氧化物以及挥发性有机气体，而且还有室内环境污染，诸如各种建筑材料、室内装潢涂料造成的化学污染。室内空气污染种类繁多、浓度低、自净性差，传统空气净化技术多采用活性炭吸附，存在吸附污染物处理难、成本高、工艺复杂等缺点。近年来以 ABO_3 钙钛矿复合氧化物及 TiO_2 基的复合氧化物等作为新型光催化材料，由于其具有室温深度氧化、二次污染小、运行成本低以及可望利用太阳能为反应光源等优点而备受关注。利用稀土元素进行改性，以提高 TiO_2 等光催化剂的吸光度、化学稳定性和机械强度等性能。充分发挥稀土氧化物催化剂和光催化剂的协同作用，结合吸附净化和光催化净化的优势，使其在空气中尤其是室内空气的深度净化中发挥巨大作用。利用光催化反应实现有害废气的净化一直是广大科研工作者关注的重点，本书下一章将详细阐述稀土元素在光催化反应中的多种应用。

参考文献

[1] Reşitoğlu İ A, Altinişik K, Keskin A. The pollutant emissions from diesel-engine vehicles and exhaust aftertreatment systems [J]. Clean Technologies and Environmental Policy, 2015, 17 (1): 15-27.

[2] Riess J. Nox: how nitrogen oxides affect the way we live and breathe [J]. US Environmental Protection Agency, Office of Air Quality Planning and Standards, 1998: 2.

[3] 邱枫. Ce 基催化剂在烟气低温 NH_3-SCR 中脱硝性能的研究 [D]. 北京: 北京化工大学, 2016.

[4] 吴忠标. 大气污染控制技术 [M]. 北京: 化学工业出版社, 2002.

[5] 唐伟. 钙钛矿型催化剂对 VOCs 催化燃烧的研究 [D]. 杭州: 浙江工业大学, 2005.

[6] GBZ 2.1—2019. 工作场所有害因素职业接触限值 第一部分: 化学有害因素 [S].

[7] 冯玲, 杨景玲, 蔡树中. 烟气脱硫技术的发展及应用现状 [J]. 环境工程, 1997, 15 (2): 19-24.

[8] 张凡, 张伟, 杨霓云, 等. 半干半湿法烟气脱硫技术研究 [J]. 环境科学研究, 2000, 13 (1): 60-64.

[9] 张秀云, 郑继成. 国内外烟气脱硫技术综述 [J]. 电站系统工程, 2010 (4): 1-2.

[10] 王文龙, 崔琳, 马春元, 等. 干法半干法脱硫灰的特性与综合利用研究 [J]. 电站系统工程, 2005, 21 (5): 27-29.

[11] Wendt J O L, Sternling C V, Matovich M A. Reduction of sulfur trioxide and nitrogen oxides by secondary fuel injection [C]. Symposium (International) on Combustion. Elsevier, 1973, 14 (1): 897-904.

[12] Lyon R K, Benn D. Kinetics of the NO-NH_3-O_2 reaction [C]. Symposium (International) on Combustion. Elsevier, 1979, 17 (1): 601-610.

[13] Javed M T, Irfan N, Gibbs B M. Control of combustion-generated nitrogen oxides by selective non-catalytic reduction [J]. Journal of environmental management, 2007, 83 (3): 251-289.

[14] Radojevic M. Reduction of nitrogen oxides in flue gases [J]. Environmental Pollution, 1998, 102 (1): 685-689.

[15] Gao F Y, Tang X L, Yi H H, et al. A review on selective catalytic reduction of NO_x by NH_3 over Mn-based catalysts at low temperatures: catalysts, mechanisms, kinetics and DFT calculations [J]. Catalysts, 2017, 7 (7): 199.

[16] Shan W, Song H. Catalysts for the selective catalytic reduction of NO_x with NH_3 at low temperature [J]. Catalysis Science & Technology, 2015, 5 (9): 4280-4288.

[17] Liu C, Shi J W, Gao C, et al. Manganese oxide-based catalysts for low-temperature selective catalytic reduction of NO_x with NH_3: A review [J]. Applied Catalysis A: General, 2016, 522: 54-69.

[18] Zhang S, Zhang B, Liu B, et al. A review of Mn-containing oxide catalysts for low temperature selective catalytic reduction of NO_x with NH_3: reaction mechanism and catalyst deactivation [J]. RSC advances, 2017, 7 (42): 26226-26242.

[19] Tang C, Zhang H, Dong L. Ceria-based catalysts for low-temperature selective catalytic reduction of NO with NH_3 [J]. Catalysis Science & Technology, 2016, 6 (5): 1248-1264.

[20] Guan B，Lin H，Zhu L，et al. Selective catalytic reduction of NO_x with NH_3 over Mn，Ce substitution $Ti_{0.9}V_{0.1}O_{2-\delta}$ nanocomposites catalysts prepared by self-propagating high-temperature synthesis method [J]. The Journal of Physical Chemistry C，2011，115（26）：12850-12863.

[21] Chang H，Li J，Su W，et al. A novel mechanism for poisoning of metal oxide SCR catalysts：base-acid explanation correlated with redox properties [J]. Chemical Communications，2014，50（70）：10031-10034.

[22] 朱林. 过渡金属氧化物低温 SCR 催化剂脱硝性能及机理研究 [D]. 南京：东南大学，2018.

[23] Zhang M，Huang B，Jiang H，et al. Research progress in the SO_2 resistance of the catalysts for selective catalytic reduction of NO_x [J]. Chinese Journal of Chemical Engineering，2017，25（12）：1695-1705.

[24] Tufanno，Turcon. Kinetic modelling of nitroxide reduction over a high-surface area V_2O_5/TiO_2 catalyst [J]. Applied Catalysis B：Environ mental，1992，2（1）：9-26.

[25] Liu C，Shi J W，Gao C，et al. Manganese oxide-based catalysts for low-temperature selective catalytic reduction of NO_x with NH_3：A review [J]. Applied Catalysis A：General，2016，522：54-69.

[26] Kijlstra W S，Brands D S，et al. Kinetics of the selective catalytic reduction of NO with NH_3 over MnO_x/Al_2O_3 catalysts at low temperature [J]. Catalysis Today，1999，50（1）：133-140.

[27] 李慧. 钒钛系 SCR 脱硝催化剂构效关系及碱金属中毒特性研究 [D]. 北京：华北电力大学，2018.

[28] 孙锦宜，林西平. 环保催化材料与应用 [M]. 北京：化学工业出版社. 2002.

[29] 詹望成，郭耘，龚学庆，等. 稀土催化材料的应用及研究进展（英文）[J]. 催化学报，2014（8）：1238-1250.

[30] Ramanathan K，Oh S H. Modeling and analysis of rapid catalyst aging cycles [J]. Chemical Engineering Research and Design，2014，92（2）：350-361.

[31] Arai H，Machida M. Recent progress in high-temperature catalytic combustion [J]. Catalysis today，1991，10（1）：81-94.

[32] Farrauto R J，Hobson M C，Kennelly T，et al. Catalytic chemistry of supported palladium for combustion of methane [J]. Applied Catalysis A：General，1992，81（2）：227-237.

[33] Farrauto R J，Lampert J K，Hobson M C，et al. Thermal decomposition and reformation of PdO catalysts：support effects [J]. Applied Catalysis B：Environmental，1995，6（3）：263-270.

[34] 焦向东，盛斌，陈梦霞，等. Pd-Pt-Ce/Al_2O_3 催化剂在 VOC 净化处理中的催化性能 [J]. 工业催化，2016，24（5）：31-33.

[35] Nagai Y，Dohmae K，Ikeda Y，et al. In situ redispersion of platinum autoexhaust catalysts：an on-line approach to increasing catalyst lifetimes？[J]. Angewandte Chemie International Edition，2008，47（48）：9303-9306.

[36] Lieske H，Lietz G，Hanke W，et al. Oberflächenchemie，Sintern und Redispergieren von Pd/Al_2O_3-Katalysatoren [J]. Zeitschrift für anorganische und allgemeine Chemie，1985，527（8）：135-149.

[37] Wynblatt P，Gjostein N A. A model study of catalyst particle coarsening [J]. Scripta metallurgica，1973，7（9）：969-975.

[38] Flynn P C，Wanke S E. A model of supported metal catalyst sintering：II. Application of model [J]. Journal of Catalysis，1974，34（3）：400-410.

[39] Liu M，Wu X，Liu S，et al. Study of Ag/CeO_2 catalysts for naphthalene oxidation：Balancing the oxygen availability and oxygen regeneration capacity [J]. Applied Catalysis B：Environmental，

2017，219：231-240.

[40] Baudin M，Wójcik M，Hermansson K. Dynamics，structure and energetics of the (111)，(011) and (001) surfaces of ceria [J]. Surface science，2000，468 (1-3)：51-61.

[41] Nolan M，Parker S C，Watson G W. CeO_2 catalysed conversion of CO，NO_2 and NO from first principles energetics [J]. Physical Chemistry Chemical Physics，2006，8 (2)：216-218.

[42] Nolan M，Watson G W. The surface dependence of CO adsorption on ceria [J]. The Journal of Physical Chemistry B，2006，110 (33)：16600-16606.

[43] 何丽芳，廖银念，陈礼敏，等. 纳米 CeO_2 催化氧化甲苯的形貌效应研究 [J]. 环境科学学报，2013，33 (9)：2412-2421.

[44] Dai Q，Wang X，Lu G. Low-temperature catalytic combustion of trichloroethylene over cerium oxide and catalyst deactivation [J]. Applied Catalysis B：Environmental，2008，81 (3-4)：192-202.

[45] 王玉亭，石其其，张铭洋，等. 改性钒铈基催化剂催化氧化烟气中邻二甲苯 [J]. 化工进展.

[46] 赵乐乐，李明扬，张诚，等. Ce 的掺杂对 Ce_aMnO_x 催化剂催化甲苯燃烧性能的影响 [C]. 全国环境催化与环境材料学术会议.

[47] 许秀鑫，王永强，赵朝成. 负载型钙钛矿催化剂对 VOCs 的催化燃烧性能研究 [J]. 四川环境，2013，32 (4)：33-36.

[48] Zhou G，Lan H，Yang X，et al. Effects of the structure of Ce-Cu catalysts on the catalytic combustion of toluene in air [J]. Ceramics International，2013，39 (4)：3677-3683.

[49] 王文超. 铁系催化剂干法烟气脱硫脱硝机理研究 [D]. 武汉：华中科技大学，2009.

[50] 郑园园. 铁锰掺杂稀土催化剂同时脱硫脱硝实验研究 [D]. 大连：大连理工大学，2013.

[51] Hedges S W，Yeh J T. Kinetics of sulfur dioxide uptake on supported cerium oxide sorbents [J]. Environ Prog，1992，11 (2)：98-103.

[52] 王磊，马建新，谢敏明，等. 稀土氧化物上 SO_2 和 NO 的催化还原（Ⅲ）：用 CO 作还原剂的同步脱硫和脱氮 [J]. 高等学校化学学报，2002，23 (5)：897-901.

[53] 彭亚光. $Ce_xTi_{(1-x)}O_2$ 复合氧化物的制备及其脱硫脱硝性能研究 [D]. 长沙：中南大学，2014.

[54] Happel J，Hnatow M A，Bajars L，et al. Lanthanum titanate catalyst-sulfur dioxide reduction [J]. Industrial & Engineering Chemistry Product Research and Development，1975，14 (3)：154-158.

[55] Zhang Z，Geng H，Zheng L，et al. Resistance to sulfidation and catalytic performance of titanium-tin solid solutions in SO_2 + CO and NO + SO_2 + CO reactions [J]. Applied Catalysis A：General，2005，284 (1-2)：231-237.

[56] Zhaoliang Z，Jun M，Xiyao Y. Separate/simultaneous catalytic reduction of sulfur dioxide and/or nitric oxide by carbon monoxide over TiO_2-promoted cobalt sulfides [J]. Journal of Molecular Catalysis A：Chemical，2003，195 (1-2)：189-200.

[57] Zhu T，Kundakovic L，Dreher A，et al. Redox chemistry over CeO_2-based catalysts：SO_2 reduction by CO or CH_4 [J]. Catalysis Today，1999，50 (2)：381-397.

[58] Khalafalla S E，Haas L A. Active sites for catalytic reduction of SO_2 with CO on alumina [J]. Journal of Catalysis，1972，24 (1)：115-120.

[59] 王磊，马建新，路小峰，等. 稀土氧化物上 SO_2 和 NO 的催化还原（Ⅰ）：催化剂的活化特性和机理 [J]. 催化学报，2000，21 (6)：542-546.

[60] 刘勇健，江传力，黄汝彬，等. 稀土型烟道气脱硫剂脱硫作用的研究 [J]. 中国矿业大学学报，2001，30 (6)：582-584.

[61] 周金海，何正浩，余福胜，等.La$_2$O$_3$-CeO$_2$/γ-Al$_2$O$_3$催化剂还原脱硫耐氧特性及其反应机理研究 [J].环境污染与防治，2007，29（2）：99-103.

[62] 郑彩红，李胜利，胡辉.脉冲等离子体催化还原脱硫催化剂的活性研究 [J].电力环境保护，2002，18（2）：4-6.

[63] Ma J，Fang M，Lau N T. Activation of La$_2$O$_3$ for the Catalytic Reduction of SO$_2$ by CO [J]. Journal of catalysis，1996，163（2）：271-278.

[64] Ma J，Fang M，Lau N T. On the synergism between La$_2$O$_2$S and CoS$_2$ in the reduction of SO$_2$ to elemental sulfur by CO [J]. Journal of catalysis，1996，158（1）：251-259.

[65] 胡辉，李胜利，张顺喜，等.CeO$_2$-La$_2$O$_3$/γ-Al$_2$O$_3$催化还原 SO$_2$ 反应机理的研究 [J].催化学报，2004，25（2）：115-119.

[66] Xu W，Yu Y，Zhang C，et al. Selective catalytic reduction of NO by NH$_3$ over a Ce/TiO$_2$ catalyst [J]. Catalysis Communications，2008，9（6）：1453-1457.

[67] Ma Z，Weng D，Wu X，et al. A novel Nb-Ce/WO$_x$-TiO$_2$ catalyst with high NH$_3$-SCR activity and stability [J]. Catalysis Communications，2012，27：97-100.

[68] Boningari T，Ettireddy P R，Somogyvari A，et al. Influence of elevated surface texture hydrated titania on Ce-doped Mn/TiO$_2$ catalysts for the low-temperature SCR of NO$_x$ under oxygen-rich conditions [J]. Journal of Catalysis，2015，325：145-155.

[69] 姚小江，贡营涛，李红丽，等.铈基催化剂用于 NH$_3$ 选择性催化还原 NO$_x$ 的研究进展 [J].物理化学学报，2015（2015 年 05）：817-828.

[70] Shan W，Liu F，Yu Y，et al. The use of ceria for the selective catalytic reduction of NO$_x$ with NH$_3$ [J]. Chinese Journal of Catalysis，2014，35（8）：1251-1259.

[71] Xu L，Li X S，Crocker M，et al. A study of the mechanism of low-temperature SCR of NO with NH$_3$ on MnO$_x$/CeO$_2$ [J]. Journal of Molecular Catalysis A：Chemical，2013，378：82-90.

[72] Chang H，Ma L，Yang S，et al. Comparison of preparation methods for ceria catalyst and the effect of surface and bulk sulfates on its activity toward NH$_3$-SCR [J]. Journal of hazardous materials，2013，262：782-788.

[73] Yang S，Guo Y，Chang H，et al. Novel effect of SO$_2$ on the SCR reaction over CeO$_2$：Mechanism and significance [J]. Applied Catalysis B：Environmental，2013，136：19-28.

[74] Liu Z，Yi Y，et al. Selective catalytic reduction of NO$_x$ with NH$_3$ over Mn-Ce mixed oxide catalyst at low temperature [J]. Catalysis Today，2013，216：76-81.

[75] Qi G，Yang R T. A superior catalyst for low-temperature NO reduction with NH$_3$ [J]. Chemical Communication，2003（7）：848-849.

[76] Yao X，Zhang L，Li L，et al. Investigation of the structure，acidity，and catalytic performance of CuO/Ti$_{0.95}$Ce$_{0.05}$O$_2$ catalyst for the selective catalytic reduction of NO by NH$_3$ at low temperature [J]. Applied Catalysis B：Environmental，2014，150：315-329.

[77] Casapu M，Krocher O，Mehring M，et al. Characterization of Nb-Containing MnO$_x$-CeO$_2$ Catalyst for Low-Temperature Selective Catalytic Reduction of NO with NH$_3$ [J]. The Journal of Physical Chemistry C，2010，114（21）：9791-9801.

[78] 杨政.钒钨钛催化剂碱金属中毒规律及抗中毒实验研究 [D].重庆：重庆大学，2016.

[79] 蔡程.锰基脱硝催化剂 SO$_2$ 中毒与再生研究 [D].合肥：合肥工业大学，2018.

[80] Wu Z，Jin R，Wang H，et al. Effect of ceria doping on SO$_2$ resistance of Mn/TiO$_2$ for selective cata-

lytic reduction of NO with NH$_3$ at low temperature [J]. Catalysis Communications，2009，10（6）：935-939.

[81] Xu W，He H，Yu Y. Deactivation of a Ce/TiO$_2$ catalyst by SO$_2$ in the selective catalytic reduction of NO by NH$_3$ [J]. The Journal of Physical Chemistry C，2009，113（11）：4426-4432.

[82] Zhang L，Li L，Cao Y，et al. Getting insight into the influence of SO$_2$ on TiO$_2$/CeO$_2$ for the selective catalytic reduction of NO by NH$_3$ [J]. Applied Catalysis B：Environmental，2015，165：589-598.

[83] Liu C，Shi J W，Gao C，et al. Manganese oxide-based catalysts for low-temperature selective catalytic reduction of NO$_x$ with NH$_3$：A review [J]. Applied Catalysis A：General，2016，522：54-69.

[84] Du X，Gao X，Cui L，et al. Experimental and theoretical studies on the influence of water vapor on the performance of a Ce-Cu-Ti oxide SCR catalyst [J]. Applied surface science，2013，270：370-376.

[85] Chen L，Si Z，Wu X，et al. Effect of water vapor on NH$_3$-NO/NO$_2$ SCR performance of fresh and aged MnO$_x$-NbO$_x$-CeO$_2$catalysts [J]. Journal of environmental sciences，2015，31：240-247.

[86] 周学荣，张晓鹏. SCR 催化剂碱（土）金属中毒的研究进展 [J]. 化学通报（印刷版），2015（2015年07）：590-596.

[87] 闫东杰，李亚静，玉亚，等. 碱金属沉积对 Mn-Ce/TiO$_2$ 低温 SCR 催化剂性能影响 [J]. 燃料化学学报，2018，46（12）：1513-1519.

[88] 王丽霞，仲兆平，朱林，等. 铁铈复合选择性催化还原脱硝催化剂的碱金属（钾）中毒机理 [J]. 化工进展，2017，36（11）：4064-4071.

[89] Zhang L，Cui S，Guo H，et al. The influence of K$^+$ cation on the MnO$_x$-CeO$_2$/TiO$_2$ catalysts for selective catalytic reduction of NO$_x$ with NH$_3$ at low temperature [J]. Journal of Molecular Catalysis A：Chemical，2014，390：14-21.

[90] Wang H，Chen X，Gao S，et al. Deactivation mechanism of Ce/TiO$_2$ selective catalytic reduction catalysts by the loading of sodium and calcium salts [J]. Catalysis Science & Technology，2013，3（3）：715-722.

[91] 周学荣. 低温 SCR 催化剂 Mn/Ce-ZrO$_2$ 碱金属中毒研究 [D]. 大连：大连理工大学，2015.

[92] 易师，刘荣丽. 稀土催化剂在环保领域中的研究和应用 [J]. 中国环保产业，2014，（10）：30-33.

[93] 张雪黎，罗来涛. 稀土催化材料在工业废气、人居环境净化中的研究与应用综述 [J]. 气象与减灾研究，2006，29（4）：47-52.

[94] 翁端，卢冠忠，张国成，等. 稀土催化材料在能源环境领域中的应用探讨 [J]. 中国基础科学，2003，4（10）.

第6章

稀土材料在光催化反应中的应用

6.1
光催化反应过程

在目前的光催化研究中，光催化材料主要指的是半导体。半导体材料是介于金属和绝缘体之间的物质，其具有独特的能带结构。如图 6-1 所示，半导体的能带结构是间断的：一部分是充满电子的高能量导带（conduction band，CB），另一部分是空穴的低能量价带（valence band，VB）。半导体导带底部与价带顶部之间存在的区域称为禁带，禁带区域的大小一般称为带隙宽度，通常用 E_g 表示。半导体能够进行光催化的本质是：半导体吸收太阳光，然后利用太阳能产生光生电子和空穴进行光催化反应。从半导体光化学的观点来看，光催化反应是半导体在光照射的条件下引发或加速的特定的氧化和还原（氧化还原）反应。根据光催化反应中反应物和催化剂的物理状态，可以将催化反应分为均相光催化反应和多相光催化反应两种。均相光催化反应是指催化剂和反应物处于同一相，或同为气体、或同为固体、或同为液体。多相光催化反应是指催化剂和反应物处于不同相，即催化剂和反应物是固、液、气三种形态的两两组合。根据带隙大小不同可对光催化材料进行分类：

① 绝缘体 $E_g > 5.0\mathrm{eV}$；

② 半导体 $E_g = 1.5 \sim 3.0\mathrm{eV}$；

③ 金属或导体 $E_g < 1.0\mathrm{eV}$。

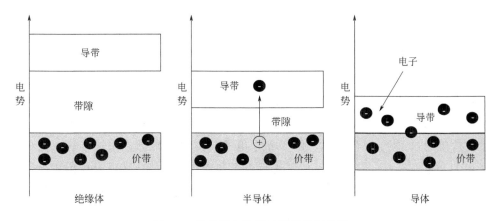

图 6-1　以带隙为依据对材料进行分类

　　入射光照射到材料表面，当入射光的能量与带隙宽度相匹配或超过带隙宽度时，将发生光吸收。起初，被吸收的入射光子的能量通过光激发储存于半导体中，之后通过一系列电子过程以及表/界面反应将储存于半导体内的入射光子的能量转化为化学形式。与常规催化的热力学不同，该过程不仅可以通过光催化促进自发反应（$\Delta G < 0$）而且还可以促进非自发反应（$\Delta G > 0$）。其中，在光催化促进自发反应的情况下，输入能量用于克服活化能，这样便可以在更温和的反应条件下促进光催化反应的速率；在光催化促进非自发反应的情况下，部分输入能量被转换为在反应产物中累积的化学能。

　　一般来说，半导体参与光催化循环过程包括以下三个步骤。

　　（1）光生电子与空穴的形成

　　当入射光子的能量大于或等于半导体的带隙宽度时，价带上的电子受到光子的诱导，从价带跃迁到导带上生成光生电子，同时在价带上留下等量空穴。该过程在半导体材料上同时生成了光生电子和空穴，即产生了光生载流子。研究发现，半导体材料的光吸收能力与它的带隙宽度的大小密不可分，具体关系如式(6-1)所示：

$$\lambda = \frac{1240}{E_{\mathrm{g}}} \tag{6-1}$$

式中　λ——半导体的光吸收波长阈值。

　　由式(6-1)可知，半导体光吸收能力的大小与它的带隙宽度成反比。

　　（2）光生电子与空穴的迁移

　　首先，能量大于或等于带隙宽度的入射光子诱导半导体材料价带上的电子发生跃迁，生成光生电子和空穴。随后生成的光生电子与空穴向表面进行迁移，如图 6-2 所示，一种迁移途径是光生电子与空穴分别通过（c）和（d）过程迁移至半导体光催化材料的表面，然后被催化材料表面的电子受体 A 和电子供体 D 捕获，进而发生氧化还原反应；另一种迁移途径是光生电子和空穴在向表面迁移的过程中重新复合。由于光生电子和空穴所带电荷为相反电荷，它们之间相互吸引，导致一部分电子和空穴还未完全分离就会通过（b）过程重新复合，或者电子和空穴已经迁移到半导体催化材料表面，但在被电子受体 A 和电子供体 D 捕获之前就通过（a）过程复合。由于光生电子和空穴在向半导体材料表面迁移的过程中会重新复合，这样就减少了光生电子和空穴发生氧化还原反应的机会，最终使得光催化反应效率降低。因此，为了提高光催化反应效率，应该在光催化反应的过程中尽可能阻止光生电子与空穴的重新复合。

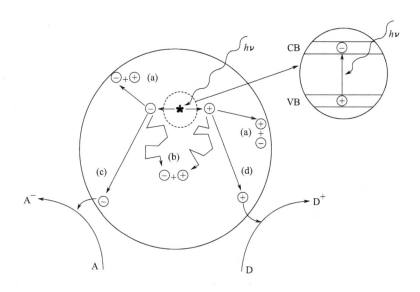

图 6-2　光催化反应过程

（3）光生电子与空穴参与光催化反应

由于光催化反应过程是在半导体催化材料表面进行的，所以只有能够迁移至半导体材料表面并且被电子受体 A 和电子供体 D 捕获的电子和空穴才能参与光催化反应。迁移到半导体催化材料表面的光生电子被吸附在催化材料表面的溶解氧分子捕获，形成超氧自由基（$\cdot O_2^-$），而吸附在半导体表面的水分子和氢氧根离子将与光生空穴发生反应，生成具有强氧化性的羟基自由基（$\cdot OH$）。光催化反应形成的超氧自由基和羟基自由基均具有较强的氧化性，能够将绝大多数的有机物氧化至无污染的二氧化碳和水等无机小分子，达到绿色环保的目的。

在光催化反应中既包括氧化作用也包括还原作用。被激发光生电子和空穴的反应过程是由导带和价带的相对位置以及底物的氧化还原所需能量决定的。半导体与反应物相互作用的方式有四种，如图 6-3 所示。

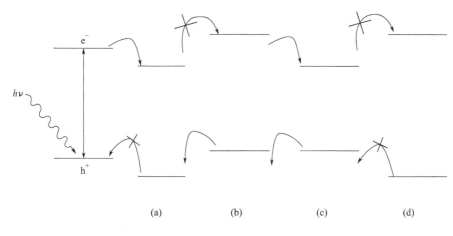

图 6-3　光催化反应中可能存在的反应

① 还原反应（a）发生：反应物的氧化还原水平低于半导体的导带。

② 氧化反应（b）发生：反应物的氧化还原水平高于半导体的价带。

③ 氧化还原反应（c）发生：反应物的氧化还原水平比导带低，比价带高。

④ 无反应（d）发生：反应物的氧化还原水平比导带高，比价带低。

光生电子和空穴在光催化反应过程中的氧化还原能力主要是由导带和价带的相对位置以及底物的氧化还原所需能量决定的，也就是说，价带和导带的位置与被降解物质的氧化还原电位是否匹配决定了半导体材料的催化能力。根据热力学原理，要满足半导体光催化剂的导带底的电势比电子受体反应物的电势更负、价带顶的电势要比电子供体反应物的电势更正，这样才能使光生电子和空穴有效地参与到光催化反应过程中，正如图 6-4 给出的部分半导体的能带位置所示。除此之外，由半导体的光吸收波长阈值与半导体带隙宽度的关系式可以看出，带隙宽度窄的半导体材料能更好地吸收入射光子发生光催化反应。综上所述，光生电子与空穴的有效分离、合适的能带结构、较窄的半导体带隙宽度共同影响着半导体材料的光催化效率。

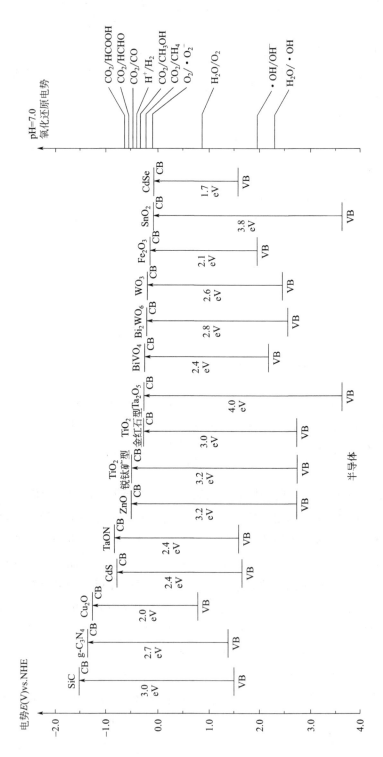

图 6-4　以氢电极（NHE）为标准的半导体的带隙能量、价带和导带位置

6.2
光催化反应的应用

6.2.1 光催化分解水

氢能已被全世界视为代替传统化石燃料（例如煤、原油和天然气）的潜在能源，因为氢具有很高的能量利用率和环境友好性。氢能的使用不会排放温室气体或不健康的大气颗粒物（例如 PM_{10}、$PM_{2.5}$ 等）。但是，目前生产氢气的技术仍不能满足降低生产成本的要求。在现阶段，大部分氢气是由水煤气经过滤和冷凝的方式生产的，通过该方法不能有效地去除某些浓度很低但是具有高毒性的有机污染物，需要更加先进的技术将这些有机污染物转化为无害化合物（CO_2 和 H_2O）。

在紫外光和可见光的照射下，利用光催化剂直接分解水是大规模生产清洁 H_2 最有效的方法。与传统路线相比，通过光催化利用太阳能分解水生产氢是一种十分理想的选择，它可以最大程度地减少对环境的污染并降低生产成本。1972 年，Fujishima 和 Honda 证明了 TiO_2 可以将水分解成 H_2 和 O_2[1,2]，此项工作引发了半导体光催化技术在环境污染问题和能源领域的广泛发展和应用。以下是二氧化钛光催化制氢的反应过程：

TiO_2 电极处，见式(6-2) 和式(6-3)：

$$TiO_2 + E_{h\nu} \longrightarrow 2e^- + 2h^+ \tag{6-2}$$

$$2h^+ + H_2O \longrightarrow 2H^+ + \frac{1}{2}O_2 \tag{6-3}$$

Pt 电极处，见式(6-4)：

$$2H^+ + 2e^- \longrightarrow H_2 \tag{6-4}$$

传统金属氧化物光催化剂光催化分解水的活性很大程度上取决于材料结晶度和颗粒的大小。在过去的 40 年中，各种光催化材料被尝试用来将水催化分解成 H_2 和 O_2。目前由于缺乏具有合适能带位置并能实现水全分解的材料，所以半导体光催化分解水的效率还处于较低水平。一般来说，高效的光催化材料包含具有 d^0 轨道电子排布的过渡金属阳离子（例如 Ta^{5+}、Ti^{4+}、Zr^{4+}、Nb^{5+}、Ta^{5+}、W^{6+} 和 Mo^{6+}）或具有 d^{10} 轨道电子排布的金属阳离子（例如 In^{3+}、Ga^{3+}、Sn^{4+}、Ge^{4+}、Sb^{5+}）作为主要的阳离子组成部分。氮化物中含有 d^0 轨道电子排布的过渡金属阳离子，如 Ta_3N_5、$TaON$ 和 $LaTiO_2N$，是实现光催化分解水的最有潜力的光催化材料。到目前为止，还没有一种催化材料能在可见光下反应量子产率大于10%。所以，对影响光催化制氢反应因素的研究是开发高活性光催化剂的一个重要的方向。

由于地球表面的太阳能入射量远远超过人类对其的需求，因此科研工作者可以开发一种有效的光催化系统以达到更好地利用太阳能的效果。虽然目前研究者已经报道了一些具有光催化分解水能力的催化剂，但目前为止还尚未设计出令人满意的光催化材料。在光催化过程中太阳能可以将水转化为氢气和氧气，该过程在热力学上是一个吸热的过程，如式(6-5) 所示：

$$H_2O \longrightarrow H_2 + \frac{1}{2}O_2; \Delta G^0 = 237.13 kJ/mol \tag{6-5}$$

图 6-5 为光催化分解水的原理。光催化分解水主要包括以下三个步骤：

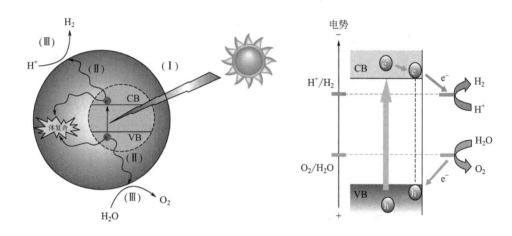

图 6-5　光催化分解水原理

① 吸收能量等于或大于半导体材料带隙宽度 E_g 的光子，形成光生电子和空穴；

② 光生载流子在半导体内迁移产生电荷分离；

③ 催化剂与水在半导体材料表面发生光催化反应，电子和空穴也可以重新结合而不参与任何化学反应。

当光催化剂用于水分解时，需满足导带底部的电势比产氢还原电位更负、价带顶部的电势比水的氧化电位更正，如图 6-5 所示。此外，光催化剂在光照下的水溶液中需保持稳定。1980 年 Scaife 指出[3]，价带位置一般是由 O 2p 轨道组成的，其既要有足够负的导带电势以产生氢气，又要有足够小的带隙宽度使得催化剂具有较高的可见光活性，所以开发一个氧化物半导体光催化剂是非常困难的。为了使光催化剂具有产氧电势，其价带顶的电势必须超过水的氧化电势，即理论上半导体带隙宽度约为 1.23eV 方可分解水。如果半导体带隙宽度比较小或者价带电势较低，那么则需要偏压或用外部氧化还原试剂来驱动水分解反应。还有一种方法就是将两个或更多的带隙宽度较小的半导体组合起来，通过多个过程来驱动水氧化/还原过程。

光催化产氢的过程包括半导体光催化剂的光子吸收、激发产生光生电子和空穴、电子和空穴的迁移以及载流子的捕获，这些过程均会影响半导体光催化剂分解水最终生成 H_2。半导体光催化剂产生 H_2 总量的多少是由光催化剂的激发态电子数量决定的。在电子-空穴对形成之后，电荷分离、迁移和复合过程是半导体光催化剂内部重要的竞争过程，它们在很大程度上影响了光催化反应分解水的效率。电荷复合包括光生电子与空穴的表面复合和体相复合。电荷复合使得参加光催化反应的电子-空穴对减少，其不利于水的分解。高效的电荷分离、快速的载流子运输避免了光生电子与空穴的复合，因此对提高光催化分解水产生 H_2 的效率非常重要。光催化反应过程生成的 H_2 和 O_2 在光催化剂表面反应生成 H_2O，该过程通常称为"表面逆反应（SBR）"。抑制表面逆反应的方法主要有两种：

① 在光催化反应环境中加入牺牲剂；

② 分离光催化剂表面的活性位点。

一般来说，当牺牲剂被氧化或还原时，它们分别作为电子供体或受体。

以光催化分解水的基本机理为依据，高效分解水的可见光半导体光催化剂需要有两个关键要素：

① 光催化剂应该有足够窄的带隙宽度（$1.23eV < E_g < 3.0eV$）以及合适的能带结构，这样才能很好地吸收可见光；

② 有效分离光催化剂中的光生载流子，避免表面和体相的电子与空穴复合。

经过科学家们进行的一系列关于光催化分解水反应的研究，目前通过光催化分解水产氢产氧的技术已经获得了很大的进展。比如，Kato[4] 利用钽酸盐实现了在紫外光下将水分解成氢气和氧气。Sayama 等[5] 首次提出利用 IO^{3-}/I^- 实现光催化分解水。经过不断地研究，目前已经发现了 TiO_2、ZnO、$g-C_3N_4$、CdS 和 $SrTiO_3$ 等一系列优异的产氢材料以及 $BiVO_4$、Bi_2WO_6 和 WO_3 等一系列产氧材料。

6.2.2　光催化降解有机废弃污染物

自从第二次工业革命以来，随着经济社会的发展，环境污染问题日益严重，尤其是水体污染，已经成为了威胁人类健康的重大问题。工业上排放的工业废水、农业上农药化肥的使用都会造成严重的土壤和水体污染。当前活性炭吸附、化学沉淀法、生物降解膜分离技术等是解决环境污染问题采用的最普遍的方法。

但是，这些方法只能实现污染物的转移，不能将其彻底分解处理掉，治标不治本且还会导致二次污染的产生。反观半导体光催化技术不仅可以高效地实现有机污染物的转移，而且还能将其分解成无害无机物（CO_2 和 H_2O）。半导体光催化技术具有如下的优点：

① 光催化技术具有利用可再生能源太阳能的能力，可以很好地替代能源密集型的传统处理方法；

② 传统的处理方法是将污染物从一种介质转移到另一种介质。与传统的处理方法不同，光催化处理没有有害物质的产生；

③ 该工艺可用于不同废水中各种有害化合物的处理；

④ 可用于水溶液、气相处理和固（土）相处理；

⑤ 光催化反应条件温和，反应时间适中，所需化学物质较少；

⑥ 产生的二次有害产物很少；

⑦ 可以开发金属的回收办法，将其转换成毒性较低/无害的金属状态。

该技术的主要应用是去除染料颜色和降解染料、减少化学需氧量、使有害有机物矿化、破坏有害无机物、降解有害除草剂和杀虫剂、水净化消毒、土壤净化、室内空气净化、杀死癌症细胞和病毒等。

在降解过程中半导体光催化剂起核心作用，由于 TiO_2 的亲水性及其在紫外光或近紫外光照射下拥有能够降解各种无机和有机化合物的能力，所以 TiO_2 是目前使用最广泛的光催化剂。根据光催化反应机理，空穴可以与电子供体的电子结合。同样的，电子也可以捐赠给电子受体，如氧分子或金属离子。如果反应物预先吸附在表面，则电子转移过程是更有效的。光催化降解有机废弃污染物的原理如图 6-6 所示。

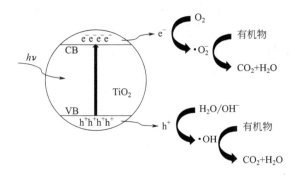

图 6-6　TiO_2 光催化降解有机废弃污染物基本原理

Kumar 等[6]描述了一种降解水中有机污染物的光催化反应过程。羟基自由基（·OH）被认为是光催化体系中的主要氧化剂，下面是与之相关的四个机理，表示的顺序如下：

① 太阳光照射到半导体材料表面，能量大于或等于半导体催化剂带隙宽度的光子被吸收，产生光生电子和空穴，见式（6-6）：

$$TiO_2 \xrightarrow{h\nu} e^- + h^+ \tag{6-6}$$

② 有机分子和水分子吸附在催化剂表面或晶格氧（O_L^{2-}）上，见式（6-7）至式（6-9）：

$$O_L^{2-} + Ti^{IV} + H_2O \xrightarrow{h\nu} O_L H^- + Ti^{IV} - OH^- \tag{6-7}$$

$$Ti^{IV} + H_2O \xrightarrow{h\nu} Ti^{IV} - H_2O \tag{6-8}$$

$$Site + R_1 \xrightarrow{h\nu} R_{1ads} \tag{6-9}$$

式（6-9）中　R_1——有机分子；

　　　　　R_{1ads}——吸附的有机分子。

③ 光生电子和空穴可能会在催化剂内部重新复合，并释放热能。重新结合的光生电子和空穴并未参与到降解过程中，因此是无效的，见式（6-10）：

$$e^- + h^+ \longrightarrow 热能 \tag{6-10}$$

④ 电子和空穴被捕获。一部分 h^+ 扩散到光催化剂表面被捕获，与吸附水结合生成羟基自由基（·OH），见式（6-11）至式（6-15）：

$$Ti^{IV} - OH^- + h^+ \longrightarrow Ti^{IV} - \cdot OH \tag{6-11}$$

$$Ti^{IV} - H_2O + h^+ \longrightarrow Ti^{IV} - \cdot OH + H^+ \tag{6-12}$$

$$R_{1ads} + h^+ \longrightarrow R_{1ads}^+ \tag{6-13}$$

$$Ti^{IV} + e^- \longrightarrow Ti^{III} \tag{6-14}$$

$$Ti^{III} + O_2 \longrightarrow Ti^{IV} - \cdot O_2^- \tag{6-15}$$

吸附或者游离的羟基自由基与吸附或者游离的反应物分子的四种反应，见式（6-16）至式（6-19）：

$$Ti^{IV} - OH^- + R_{1ads} \longrightarrow Ti^{IV} + R_{2ads} \tag{6-16}$$

$$\cdot OH + R_{1ads} \longrightarrow R_{2ads} \tag{6-17}$$

$$Ti^{IV} - OH^- + R_1 \longrightarrow Ti^{IV} + R_2 \tag{6-18}$$

$$\cdot OH + R_1 \longrightarrow R_2 \tag{6-19}$$

其他自由基的反应，见式（6-20）至式（6-22）：

$$e^- + Ti^{IV} - \cdot O_2^- + 2H^+ \longrightarrow Ti^{IV}(H_2O_2) \tag{6-20}$$

$$Ti^{IV} - \cdot O_2^- + H^+ \longrightarrow Ti^{IV}(\cdot HO_2) \tag{6-21}$$

$$H_2O_2 + \cdot OH \longrightarrow \cdot HO_2 + H_2O \tag{6-22}$$

导带电子还原其他金属（A^{n+}），见式（6-23）：

$$n e^- + A^{n+} \longrightarrow A^0 \tag{6-23}$$

1976 年，Carey 课题组[7]最早报道了纳米二氧化钛可以利用紫外光分解难以降解的多氯联苯；2009 年，Huang 课题组[8]制备的 $Cd_2Ge_2O_6$ 催化材料可以在紫外光的照射下降解苯及其衍生物；2013 年，Benhebal 课题组[9]证明了氧化锌纳米颗粒在紫外光下可对苯甲酸和苯酚进行有效地降解；2015 年，Fan 课题组[10]制备的 3D 结构的 AgX/石墨烯气凝胶复合物在光催化降解水中有机污染物的过程中表现出了良好的光催化活性和稳定性。所以光催化技术在降解有机废弃污染物方面有着广阔的应用前景。

6.2.3 光催化 CO_2 还原反应

根据政府间气候变化专门委员会（IPCC）的说法，在 1920～2020 年这一个世纪中，地球的地表温度上升了约 0.6K，全球变暖现象尤为明显。造成这种现象的主要原因是化石燃料燃烧产生的二氧化碳被大量地排放到空气中。为了减少化石燃料燃烧产生的二氧化碳排放，人们已经付出了巨大的努力。当前光催化技术是减少二氧化碳排放量最具发展潜力的方法，该技术与其他化学方法（例如化学燃烧法、吸收分离法等）相比具有如下的优点：

① 光催化反应在能量输入较低的相对温和的条件下就可以进行；

② 光催化过程利用太阳能，可以比常规方法消耗更少的能量；

③ 光催化过程在去除 CO_2 的同时可将其转化为可销售的产品，例如甲烷、甲醇和乙醇。

所以到目前为止，光催化技术已成为去除 CO_2 的理想选择。1979 年，Inoue 等[11]首次报道了光催化还原水溶液中的 CO_2 以产生甲醛的方法。光催化还原 CO_2 的反应过程中，在 H_2O 存在的条件下根据电子转移的数目和转化为不同产物的还原电势，能将 CO_2 转化为多种产物，如 CH_4、CH_3OH、$HCOOH$、$HCHO$ 和 CO 等。式(6-24) 至式(6-30) 列出了光催化还原 CO_2 为不同产物及分解水的还原电势。理论上讲，只要半导体的禁带宽度与光的能量匹配，导带和价带的位置与反应物的氧化还原电位匹配，就可通过光催化反应实现人工模拟光合作用进行 CO_2 的能源化转化与利用。

$$CO_2 + 2e^- + 2H^+ \longrightarrow HCOOH；E^0 = -0.61V \tag{6-24}$$

$$CO_2 + 2e^- + 2H^+ \longrightarrow CO + H_2O；E^0 = -0.53V \tag{6-25}$$

$$CO_2 + 4e^- + 4H^+ \longrightarrow HCHO + H_2O；E^0 = -0.48V \tag{6-26}$$

$$CO_2 + 6e^- + 6H^+ \longrightarrow CH_3OH + H_2O；E^0 = -0.38V \tag{6-27}$$

$$CO_2 + 8e^- + 8H^+ \longrightarrow CH_4 + 2H_2O；E^0 = -0.24V \tag{6-28}$$

$$2H_2O \longrightarrow O_2 + 4e^- + 4H^+；E^0 = -0.81V \tag{6-29}$$

$$2e^- + 2H^+ \longrightarrow H_2；E^0 = -0.42V \tag{6-30}$$

光催化参与 CO_2 还原的两个重要物质是 H·（氢自由基）和·CO_2^-（二氧化碳阴离子自由基），具体过程如式(6-31) 和式(6-32) 所示：

$$H^+ + e^- \longrightarrow H \cdot \qquad (6\text{-}31)$$

$$CO_2 + e^- \longrightarrow \cdot CO_2^- \qquad (6\text{-}32)$$

但是，CO_2 在水中的溶解度特别低，并且光催化还原 CO_2 过程与 H_2 和 H_2O_2 的产生形成竞争，后者消耗 H^+ 和 e^- 如式(6-33) 所示：

$$光催化剂 + 4h\nu \longrightarrow 4e^- + 4h^+ \qquad (6\text{-}33)$$

水分解，如式(6-34) 所示：

$$2H_2O + 4h^+ \longrightarrow O_2 + 4H^+ \qquad (6\text{-}34)$$

氢的形成，如式 (6-35) 所示：

$$4H^+ + 4e^- \longrightarrow 2H_2 \qquad (6\text{-}35)$$

过氧化氢的形成，如式(6-36) 所示：

$$O_2 + 2H^+ + 2e^- \longrightarrow H_2O_2 \qquad (6\text{-}36)$$

由于这些限制，一些研究人员试图用其他还原剂来代替水。通过改变反应机理，提供了高的反应产率和对所需产物的高选择性。Liu 等[12] 在不同介电常数的溶剂中进行了 CdS 光催化还原 CO_2 的实验。研究发现，如果使用低介电常数溶剂或低极性溶剂，·CO_2^- 阴离子自由基与另一个·CO_2^- 阴离子自由基的碳原子强烈地被吸附在光催化剂表面上，而且在低极性的溶剂中不容易解吸，在这种情况下，CO_2 的主要还原产物是 CO，如式(6-37) 所示。如果使用高介电常数的溶剂（例如水），则生成的·CO_2^- 阴离子自由基会被稳定在溶剂中，从而导致·CO_2^- 阴离子自由基与光催化剂表面的相互作用减弱。随后，自由基的碳原子趋于与质子反应生成甲酸盐，如式(6-38) 所示。

$$\cdot CO_2^- + \cdot CO_2^- \longrightarrow CO + CO_3^{2-} \qquad (6\text{-}37)$$

$$\cdot CO_2^- + H^+ + e^- \longrightarrow HCOO^- \qquad (6\text{-}38)$$

在不存在还原剂的情况下进行的 CO_2 光催化反应的研究是在氙灯照射下，将 TiO_2 粉末均匀分散在超临界 CO_2 中进行的[13]。氙灯照射后，添加脱气水溶液以使 TiO_2 粉末上的反应中间体质子化。研究发现，CO_2 分子与激发态光催化剂表面相互作用，导致·CO_2^- 阴离子自由基的形成。在照射期间，未鉴定出气态还原产物。由此可以推断，·CO_2^- 阴离子自由基在这种情况下不能被另一个·CO_2^- 阴离子自由基吸附，这是因为激发态的光催化剂表面比·CO_2^- 阴离子自由基更具活性。然而，在用几种溶剂洗涤之后，检测到甲酸。甲酸的量随着溶液 pH 值的增加而增加。因此研究发现，还原剂中 H^+ 的量控制着 CO_2 光催化还原产物的方向和选择性。

半导体对光催化还原 CO_2 反应效率的影响，并不是由某个单一的因素所决定的，而是多种因素相互协调、共同作用的结果。光催化剂本身的性质，如能带结构、大小、表面特性等是影响半导体光催化还原 CO_2 活性的重要因素。

（1）带隙和能带结构

半导体带隙和能带结构是由半导体性质直接决定的，通过调节半导体本身的结构能优化其能带位置和带隙宽度，包括：

① 掺杂稀土离子使稀土离子直接进入宽带隙半导体晶格形成杂质能级，增强光催化材料的光吸收能力；

② 通过阴离子取代半导体氧化物晶格中的 O 原子，提升其价带位置，调节半导体的带隙宽度以达到增强光响应的目的；

③ 可以将两种晶体结构相似的宽带隙和窄带隙半导体复合形成半导体固溶体，实现电子结构的重组，从而获得更合适的能带结构，进而促进光催化还原 CO_2 的活性。

（2）晶型和晶面

半导体的不同晶型会影响光催化还原 CO_2 的活性。以 TiO_2 为例，一般认为，锐钛矿型 TiO_2 比金红石型 TiO_2 具有更高的光催化还原 CO_2 活性，这主要是由于锐钛矿型 TiO_2 的导带能级位置更负，热力学上光生电子的还原能力更强。

（3）比表面积

比表面积的提高有利于增大反应物的吸附量，并且大的比表面积也有利于半导体材料对光的吸收。因此，合成比表面积大的半导体材料是提高光催化活性的一种途径，其被广泛应用于光催化还原 CO_2 领域。

6.2.4　光催化挥发性有机化合物处理

建筑装修材料的使用导致室内产生大量的挥发性有机化合物（VOCs），包括三氯乙烯（C_2HCl_3）、丙酮（C_3H_6O）、1-丁醇（$C_4H_{10}O$）、丁醛（C_4H_8O）、1,3-丁二烯（C_4H_6）、甲苯（$C_6H_5CH_3$）和甲醛（CH_2O）等。VOCs 严重影响了室内空气品质，并且其被认为具有致癌性，对人类健康具有长期影响。因此对室内空气进行净化处理已迫在眉睫。与吸附、生物过滤和热催化方法相比，光催化氧化技术是一种经济有效的 VOCs 去除技术。光催化氧化技术具有如下优点：

① 可以降解绝大部分室内 VOCs；

② 应用范围广；

③ 二次污染少；

④ 反应条件相对比较温和。

使用光催化氧化可以实现室内空气中 VOCs 的去除，此方法使用了高效的光催化剂。利用 TiO_2 作为光催化剂的光催化反应其实就是在紫外光的照射下，污染物在催化剂表面发生的氧化还原反应，紫外光源和光催化剂是光催化反应能够进行的两个不可或缺的条件。在光催化反应过程中，TiO_2 作为催化剂必须受到具有一定能量要求的紫外光的激发，这样才能产生具有催化活性的电子-空穴对；其中，空穴可以得到电子，是强氧化剂；而电子具有强还原性，它们既可以直接与污染物反应，也可以与吸附在光催化剂上的其他具有氧化还原能力的分子反应。光生电子和空穴具有的这种强氧化还原能力使它们几乎能够对所有的污染物进行降解，进而改善了室内空气品质。

在光催化氧化降解 VOCs 过程中最重要的步骤是形成电子-空穴对。当光子能量大于或等于带隙宽度 E_g 时，在半导体中会形成电子-空穴对，同时，在空气、氧气和污染物分子的存在下发生光催化氧化和还原反应。在反应过程中，来自吸附水或 OH^- 氧化的羟基自由基（·OH）具有很高的反应活性。另外，电子的还原能力可以引起分子氧（O_2）还原成超氧自由基 ·O_2^-。高活性物质 ·OH 和 ·O_2^- 表现出强大的降解微生物以及有机和无机污染物的能力。

图 6-7 为光催化降解 VOCs 的原理。VOCs 气体分子在固体催化剂上发生的催化过程十分复杂，主要是多相催化反应，一般可分为以下 5 个步骤：①VOCs 分子向固体催化剂表面扩散（快步骤）；②VOCs 吸附在催化剂表面上；③VOCs 在催化剂表面上发生氧化还原反应（整个催化反应的速控步）；④反应产物从催化剂表面的脱附过程（慢步骤）；⑤反应产物扩散离开。TiO_2 光催化剂能够完全破坏许多挥发性有机污染物，其激活过程如式(6-39) 所示：

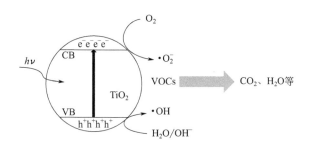

图 6-7 光催化降解 VOCs 原理

$$TiO_2 + h\nu \longrightarrow h^+ + e^- + TiO_2 \qquad (6-39)$$

在该反应中，催化剂的光子激发是整个催化体系的起始步骤，其产生的 h^+ 和 e^- 分别具有强氧化性和还原性。氧化反应如式(6-40) 所示：

$$h^+ + H_2O \longrightarrow \cdot OH + H^+ \qquad (6-40)$$

还原反应，如式(6-41) 所示：

$$e^- + O_2 \longrightarrow \cdot O_2^-$$ (6-41)

羟基自由基（·OH）、超氧自由基（·O_2^-）与 VOCs 之间的反应，如式(6-42)所示：

$$\cdot OH + VOCs + \cdot O_2^- \longrightarrow CO_2 + H_2O$$ (6-42)

对于完整的光催化氧化反应，反应的最终产物是无害的 CO_2、H_2O。但实际上，在 VOCs 的降解过程中，总有副产物的出现。产生的这些副产物不仅会影响反应速率，而且会因为其吸附在光催化剂表面导致催化剂的反应活性位点受阻，甚至完全失活。此外，某些副产物本身是有毒的，其毒性甚至超过原 VOCs，如果产生的副产物是气态，并被排放到室内空气中，会严重危害人类健康。因此研究光催化降解的副产物具有重大意义。对气相含氧有机物的降解有大量的研究，Peral 等[14]在研究 1-丁醇的光催化过程中发现了副产物：丁醛。Blount 等[15]对甲苯的光催化降解副产物进行了研究，研究发现其副产物是苯甲酸和苯甲醛，最终产物为 CO_2 和 H_2O。因此，如何避免光催化 VOCs 处理过程产生中间体也是一项艰巨的研究任务，未来的研究应集中在中间体的检测及其进一步的再吸收和氧化上。

6.3
含稀土的光催化剂

光催化技术是在 20 世纪 70 年代诞生的催化技术，其主要用于环境净化、自清洁材料、先进新能源、癌症医疗、高效抗菌等多个前沿领域。然而光催化技术的关键是光催化剂，本书主要介绍了稀土掺杂光催化剂、稀土化合物光催化剂以及稀土复合光催化剂三大类。

6.3.1 稀土掺杂光催化剂

6.3.1.1 稀土掺杂二氧化钛光催化剂

TiO_2 在自然界的普遍存在形式有金红石、锐钛矿和板钛矿三种晶型。其中，金红石和锐钛矿两者的晶型结构都属于四方晶系，具有一定程度的光催化性能，且后者光催化性能优于前者。锐钛矿型 TiO_2 是一种 N 型半导体（N 型半导体是以电子为多数载流子的半导体材料，是通过引入施主型杂质而形成的，在纯半导体材料中掺入杂质，使禁带中出现杂质能级，若杂质原子能给出电子的，其能级为施主能级，则该半导体为 N 型半导体），禁带宽度为 3.2eV，其价带顶与导带底分别由 O 2p 轨道电子与 Ti 3d 轨道电子共同形成；锐钛矿型 TiO_2 的导带底略高于金红石相，具有比金红石相更高的还原能力。板钛矿属于斜方晶系，并不具有光催化性能。TiO_2 因其具有良好的稳定性、高催化活性、无毒以及低成本等优点，被广泛应用于光催化剂、空气和水净化、杀菌消毒以及环境污染物的处理等。如图 6-8 为 TiO_2 光催化应用。

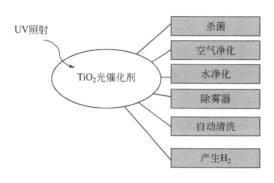

图 6-8 TiO_2 光催化应用

　　TiO_2 作为一种良好的光催化剂，其可用于光催化分解水制氢。但 TiO_2 本身具有较宽的带隙，其只能吸收一小部分太阳光，所以人们提出了一系列改善 TiO_2 光催化性能的方法，包括离子掺杂、染料敏化、与其他半导体复合、贵金属沉积等，其中离子掺杂作为一种有效的方法已被广泛研究。在本节讨论了通过在晶格中掺入稀土离子的方法来改变 TiO_2 的光学带隙，此方法改善了 TiO_2 的光收集和电荷分离属性。沿着这个方法，不同的稀土离子已被掺入 TiO_2 晶格，用以改善 TiO_2 的光催化性能。

　　Sun 等[16]通过溶胶-凝胶法（指将前驱体化合物经过溶液、溶胶、凝胶而固化，然后再经过煅烧而形成氧化物或其他化合物固体的方法）成功制备了铈氮共掺杂的 TiO_2 光催化剂，并通过一系列表征手段对制得的 TiO_2 的光催化活性进行了研究。研究发现，制得的 TiO_2 样品的晶格会因为铈和氮的共掺杂而发生畸变。同时，共掺杂的 TiO_2 中形成了 N—Ti 键和 N—Ti—O 键，从而缩小了 TiO_2 的带隙，并将其光吸收边缘扩展到了可见光范围，并且在紫外、可见吸收光谱分析（UV-vis）中，铈和氮共掺杂样品中铈和氮的协同效应使吸收带红移现象更加明显。其次，适量掺杂的 Ce^{3+} 离子不仅能捕获空穴，以阻止光生电子和空穴的复合，而且还能使 TiO_2 的带隙变窄，从而导致其对光的响应能力增强。此外，他们还研究了煅烧温度对 Ce—N—TiO_2 析氢活性的影响。研究发现，在 500℃下煅烧的 Ce—N—TiO_2 光催化剂在可见光照射下对 H_2O 分解制备

H_2 显示出最高的光催化活性，这是由于锐钛矿与金红石的晶相比随煅烧温度变化的原因，在 500℃ 下煅烧的 Ce—N—TiO_2 光催化剂样品结晶良好，晶相主要以锐钛矿为主。锐钛矿的光催化活性较高，进而提高了 TiO_2 光催化剂分解水制氢的效率。从 Sun 等[16]对铈氮共掺杂的 TiO_2 光催化活性的研究可以得出：一方面，铈氮共掺使得 TiO_2 的带隙减小，从而扩展了 TiO_2 的光吸收范围；另一方面，适量掺杂的 Ce^{3+} 离子充当空穴陷阱，从而有效地阻止光生电子和空穴的复合。所以稀土元素 Ce 的掺杂有利于提高 TiO_2 光催化分解水制氢的活性。

TiO_2 在光催化降解有机废弃污染物方面有着重要应用。在稀土元素 Sm 改性 TiO_2 光催化剂工作中，Xiao 等[17]采用溶胶-凝胶法制备了 Sm^{3+} 掺杂的 TiO_2 纳米晶粒，同时对 Sm^{3+} 掺杂的 TiO_2 样品进行了多种表征。从实验得到的 X 射线衍射分析（XRD）图谱中可以得出：在 600℃ 煅烧 2h 的纯二氧化钛样品中，金红石为主要结晶相；而掺杂 Sm^{3+} 的 TiO_2 样品则呈现出锐钛矿和金红石的混合相，并且随着 Sm 含量的增加，金红石与锐钛矿的相对比值降低，这表明稀土元素 Sm 显著抑制了样品结晶相从锐钛矿到金红石的转化。Sm 元素对相变的抑制可能归因于稀土离子通过形成 Ti—O—Sm 稳定了锐钛矿相。同时他们研究了纯 TiO_2 和 Sm 掺杂的 TiO_2 在 220～850nm 范围内的 UV-vis 光谱，结果表明，纯 TiO_2 在可见光区域（＞400nm）没有吸收，但掺 Sm^{3+} 的 TiO_2 在 400～500nm 之间有明显的吸收，并且吸光度随 Sm 含量的增加而增加。其次，他们还测量了样品的比表面积，研究了纯 TiO_2 和 Sm^{3+} 掺杂的 TiO_2 对甲基蓝的吸附。研究表明稀土元素 Sm 的掺杂增大了 TiO_2 的比表面积，从而提高了 TiO_2 对甲基蓝的吸附。进一步对光催化活性进行评价发现，0.5% Sm 掺杂的 TiO_2 光催化活性最好。此外，稀土元素 Sm 的掺杂提高了 TiO_2 纳米晶体上羟基自由基·OH 的形成速率。综上所述，稀土元素 Sm 的掺杂不仅增大了 TiO_2 的比表面积，同时提高了 TiO_2 纳米晶体上·OH 自由基的形成速率，进而使得 TiO_2 光催化剂对反应物的吸附能力和降解能力都大幅度提升。

Anandan 等[18]通过溶胶-凝胶法制备了稀土元素 La 掺杂的 TiO_2 高效光催化剂，并通过各种复杂的技术对其进行了广泛的表征，同时通过研究久效磷在水溶液中的降解速率来评价 La 掺杂的 TiO_2 的光催化活性。他们实验得到的 XRD 结果表明：纯 TiO_2 和 La 掺杂的 TiO_2 光催化剂均由锐钛矿相和金红石相组成，并且在 La 掺杂的 TiO_2 中没有形成诸如 La_2O_3 的复合金属氧化物。同时，掺杂 La 的 TiO_2 光催化剂在 $2\theta = 25.4°$ 处的峰稍微移到了较低的角度，这表明较大半径的 La^{3+} 成功替代了 TiO_2 晶格中较小半径的 Ti^{4+}，并且随着掺杂的 La 含量的增加 TiO_2 的晶粒尺寸逐渐减小，这表明掺杂的稀土元素 La 抑制了 TiO_2 晶粒的生长。其次，他们通过观察纯 TiO_2 和 La 掺杂的 TiO_2 的原子力显微镜（AFM）图像发现，La 掺杂的 TiO_2 比纯 TiO_2 具有更高的粗糙度和多孔表面，这些高粗糙度且多孔的表面有利于增强光催化剂对水溶液中存在的有机污染物的降解。为了评估纯 TiO_2 和 La 掺杂的 TiO_2 的光催化活性，他们在波长为 254nm 和 365nm 的光的照射下，在水悬浮液中进行了一系列久效磷的降解实验。实验结果显示：随着 La 含量的增加，TiO_2 对久效磷的降解速率逐渐升高，但当 La 含量过高时，TiO_2 对久效磷的降解速率会降低，这是因为较高的镧含量降低了 TiO_2 的结晶度和光生载流子迁移率，从而导致 TiO_2 的光催化活性降低。所以若要通过掺杂元素 La 来提高 TiO_2 的光催化活性，掺杂 La 的含量不宜过高，否则会导致相反的结果。综上所述，从以上实验可以得出：在 TiO_2 晶格中掺入 La^{3+} 会降低微晶尺寸，掺杂的稀土元素 La 增加了 TiO_2 的表面粗糙度，从而为光催化反应提供了更多的活性表面，进而提高了 TiO_2 的光催化活性。

TiO_2 作为典型的过渡金属氧化物半导体，其具有良好的耐光腐蚀性、化学稳定性和催化活性，可用于光催化还原 CO_2。Dimitrijevic 等[19] 利用电子顺磁共振技术研究了在水蒸气存在下 TiO_2 光催化还原 CO_2 中的反应过程，他们发现 H_2O 在 TiO_2 表面解离，并起到以下三个方面的作用：

① 抑制光生载流子复合；

② 作为电子供体与光生空穴反应产生羟基自由基（·OH）；

③ 作为电子受体接受 TiO_2 表面的光生电子。

Liu 等[20] 利用原位漫反射红外傅里叶变换光谱技术研究了在表面无缺陷和有缺陷的 TiO_2 纳米晶体上用 H_2O 蒸气进行的 CO_2 还原过程。研究发现，表面有缺陷的 TiO_2 的光催化活性明显高于无缺陷的 TiO_2，这个增强主要归因于氧空位和 Ti^{3+} 的产生；同时他们研究发现，在光催化还原 CO_2 气相体系中，CO_2 和 H_2O 在半导体表面的吸附和存在状态以及半导体表面的电子转移决定光催化反应过程中形成的中间产物及最终还原产物。因此，人们对光催化还原 CO_2 的半导体材料的研究主要集中于 TiO_2 及其改性方面。

在稀土元素镧（La）改性 TiO_2 光催化剂的研究中，Tahir 等[21] 通过溶胶-凝胶法合成了 La 掺杂的 TiO_2 纳米颗粒，并通过一系列表征手段对其结构和性质进行了研究。研究发现，La 掺杂的 TiO_2 纳米颗粒具有更高的光催化活性，这是因为掺杂的 La 阻止了 TiO_2 的团聚，使得 TiO_2 的晶粒尺寸逐渐减小，并且 La 掺杂的 TiO_2 纳米颗粒具有更大的比表面积，较大的比表面积使得催化剂的活性位点增加，从而导致更多 CO_2 的吸附，进而提高了 TiO_2 光催化还原 CO_2 的效率。其次，通过研究 La 修饰的 TiO_2 纳米颗粒的光致发光（PL）光谱发现，与纯 TiO_2 样品相比，掺杂 La 的 TiO_2 中的 PL 光谱强度显著降低，这是由于稀土元素 La 在 TiO_2 表面引入了缺陷位点，形成了电子或空穴的捕获中心，从而导致光生电子与空穴的复合受到阻碍，进而提高了光催化剂的光催化活性。此外，他们在连续流动光反应器中，研究了在存在 H_2O 时 La 掺杂的 TiO_2 纳米粒

子光催化还原 CO_2 生成 CH_4 的活性。研究表明，稀土元素 La 的掺杂有利于增强 TiO_2 对 CO_2 的吸附，并且有效地阻止了光生电子和空穴的复合。所以稀土元素 La 的掺杂有利于提高 TiO_2 光催化还原 CO_2 的活性。

除此之外，TiO_2 能够在紫外光照射下氧化 VOCs，这在清洁室内外空气以及在医用行业中均具有重要的应用前景。Mo 等[22]总结了涉及吸附步骤的光催化氧化反应的动力学模型。单分子反应物 R 在 TiO_2 上进行光催化氧化时，R 的降解速率 r 可以用单分子型 Langmuir-Hinshelwood（L-H）模型式（6-43）表示：

$$r = k\theta_R = k \frac{K[R]}{1+K[R]} \tag{6-43}$$

式中　k——反应常数（取决于温度、紫外光强度等）；

　　　θ_R——TiO_2 表面上 R 的吸附率；

　　　K——吸附平衡系数；

　　　$[R]$——R 的浓度。

假设有足够的氧气和紫外光照射，气态污染物可以在 TiO_2 表面完全被降解为 CO_2、H_2O 和无机酸。

Chen 等[23]通过溶胶-凝胶法合成了 La 掺杂的 TiO_2 光催化剂，并通过一系列表征手段和实验研究了 La 掺杂的 TiO_2 光催化处理 VOCs 的活性。从实验所得的 XRD 和透射电子显微镜（TEM）图像中发现，稀土元素 La 的掺杂会阻碍 TiO_2 晶相从锐钛矿到金红石的相变，二氧化钛的锐钛矿相具有比板钛矿或金红石相更高的光催化活性，因此稀土元素 La 的掺入可以提高二氧化钛的光催化活性。同时，锐钛矿的晶体尺寸随稀土元素 La 的增加而减小，而较小颗粒尺寸的催化剂可以在光催化反应中为底物分子提供更多的吸附位点，更有利于气态污染物的降解。此外，在稀土元素 La 掺杂的 TiO_2 光催化剂中，La 以稳定的 La^{3+} 形式存在，但 La^{3+} 会俘获光激发电子以产生 La^{2+}，然而 La^{2+} 比较不稳定，所以电子可以很容易地被 La^{3+} 俘获并转移到吸附在光催化剂表面的氧（O_2）上，从而产生超氧自由基离子（$\cdot O_2^-$），这样便有效地抑制了光生电子和空穴的复合，同时留在 TiO_2 价带中的空穴可以有效地氧化 VOCs，进而提高了 TiO_2 光催化处理 VOCs 的效率。通过以上实验研究可以得出：掺入的稀土元素 La 可以有效抑制 TiO_2 晶相从锐钛矿到金红石的相变、增加 TiO_2 表面的吸附位点以及有效抑制光生电子和空穴的复合，从而有效地提高了 TiO_2 光催化剂在处理 VOCs 方面的光催化活性。

同时，Rao 等[24]通过溶胶-凝胶法合成了 Tm^{3+} 改性的 TiO_2 纳米颗粒，并研究了其降解气相 VOCs 的活性。他们通过分析实验得到的 XRD 图谱和高分辨率透射电子显微镜（HRTEM）下观察到的图像发现，所有样品都保留了纯锐钛矿相，且随着 Tm 含量的增加，TiO_2 的平均晶粒尺寸逐渐减小。这是由于 Ti^{4+}（61pm)的离子半径小于 Tm^{3+}（87pm）的离子半径，因此很难将 Tm^{3+} 掺入 TiO_2 的晶格中。与此同时，离子半径的失配可能导致 Ti—O—Tm 键的形成或在晶界处形成 Tm_2O_3，从而抑制 TiO_2 晶粒的生长，这是导致晶粒尺寸减小的原因。其次，实验所得的扫描电子显微镜（SEM）下的图片和粒度分布图同样表明，随着 Tm 含量的增加，掺杂 Tm 的 TiO_2 样品晶粒尺寸逐渐减小，这表明掺杂的 Tm 抑制了 TiO_2 晶粒的生长。O 1s X 射线光电子能谱（XPS）的宽谱带可分为两个峰，分别对应于表面 Ti—OH 基团（O_{OH}）和表面晶格氧（O_L）。$O_{OH}/(O_{OH}+O_L)$ 的比率可以粗略地用来解释材料的亲水性或极性。随着 Tm 含量的增加，O_{OH} 与 O_L 之间的比值逐渐增加，这表明催化剂的表面亲水性增加，从而对极性反应物的吸附能力也随之增强。此外，电子自旋共振测试结果表明，稀土 Tm 的掺杂促进了·OH 和·O_2^- 的产生，进而提高了 TiO_2 的光催化性能。光催化材料中光生载流子的迁移和复合是影响光催化过程的主要因素，实验所得的 PL 光谱显示：将稀土元素 Tm 掺入 TiO_2 晶格后，制得的 TiO_2 光催化剂的 PL 强度降低，这表明光生电子-空穴对的分离过程得到了加强。这是因为稀土元素 Tm 掺入后，新的 Tm 4f 能级和 Tm 4f 电子的加入促进了光生载流子在 TiO_2 和 Tm 离子之间的转移和跃迁，从而增强了光催化剂的光催化性能。综上所述，稀土元素 Tm 的掺入提高了 TiO_2 光催化剂的吸附能力、促进了·OH 和·O_2^- 的产生以及改善了光生电子-空穴对的分离过程，进而提高了 TiO_2 的光催化 VOCs 降解活性。

此外，Sunada 等[25]还报道了有关光催化杀菌机理的开创性研究。他们研究了 TiO_2 薄膜上大肠杆菌的光催化杀菌过程。在紫外线照射下，通过 AFM 观察涂在 TiO_2 玻璃板上的大肠杆菌细胞。他们得出结论，可以通过两步反应机理实现 TiO_2 表面细菌的光催化灭活：TiO_2 薄膜产生的活性物质（·OH、H_2O_2、$O_2^{\cdot-}$）使细胞外膜部分分解；细胞膜中脂类的过氧化作用引起细胞质膜的结构和功能紊乱。在第一个阶段，细胞活力虽然没有丧失，但是反应物的通透性会增加。因此，反应性物质容易到达并腐蚀细胞质膜。因此，TiO_2 在光催化消毒、杀菌方面具有重要的应用前景。

6.3.1.2 稀土掺杂氧化锌光催化剂

ZnO 的纳米结构对于光催化反应非常重要，不同的纳米结构将决定 ZnO 在各个领域的应用。适当的 ZnO 纳米结构将提高光催化反应效率，并且在后处理阶段提高光催化剂的回收率。ZnO 的纳米结构可分为零维（0D）、一维（1D）、二维（2D）和三维（3D），这些纳米结构可以细分为量子点阵列、细长阵列、平面阵列和有序结构。一维 ZnO 阵列包括纳米棒、纳米纤维、纳米线、纳米管和纳米针。二维和三维阵列中 ZnO 的纳米结构分别是纳米片和纳米花。ZnO 纳米材料因其具有高稳定性、良好的机械强度和高电子迁移率而被用于许多新兴应用，特别是在光伏、电子和光催化过程中。

一维 ZnO 在电子、光电和气体传感领域具有广泛的潜在应用。二维 ZnO 所具有的较大的比表面积和极性面使 ZnO 纳米片成为光催化的最佳材料，ZnO 较大的比表面积可实现更多污染物的吸附，从而导致更多的污染物与羟基自由基发生反应产生无毒的产物。Luo 等[26]研究报道，3D 纳米花与 1D 和 2D 纳米结构相比，其在气体乙醇感测中显示出更高的灵敏度，这是因为与其他尺寸的纳米结构相比，纳米花具有更大的表面积与体积之比。这一发现表明气体传感器的功能高度依赖于材料的形态。另外，与纳米棒相比，ZnO 纳米花还具有更好的光散射特性。

许多研究小组已经报道了用作光催化剂的 ZnO 纳米线。Sugunan 等[27]描述了一种连续流水净化系统，该系统主要使用在聚（L-丙交酯）纳米纤维上生长出的 ZnO 纳米线作为催化剂。如图 6-9 所示，该系统使用蠕动泵将要分解的有机化合物水溶液通过含有 ZnO 纳米结构的玻璃管，用 100W 汞灯（作为 UV 光源）照亮玻璃管，并通过紫外分光光度计检测有机分子的光催化分解。

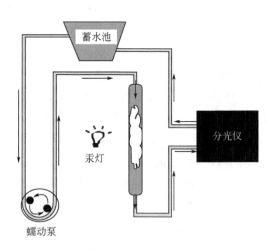

图 6-9　连续流水光催化处理系统

稀土改性的 ZnO 光催化剂可用于有机废弃污染物的降解。Alam 等[28]利用简便的溶胶-凝胶路线合成了掺杂不同稀土元素（La、Nd、Sm、Dy 或 Ho）的 ZnO 纳米颗粒，然后通过研究甲基蓝和罗丹明 B 的降解来评估其光催化活性。实验过程中通过式(6-44)来估算催化剂的降解效率：

$$降解效率 = \frac{(C_0 - C_t)}{C_0} \times 100\% \qquad (6-44)$$

式中　C_0——甲基蓝或罗丹明 B 的初始浓度；

　　　C_t——紫外光照射后不同时间间隔的浓度。

他们利用 XRD 图谱来分析制备样品的晶相和结构。从实验所得的 XRD 图谱观察到：

① 纯 ZnO 和稀土元素掺杂的 ZnO 纳米颗粒中显示的峰与六方 ZnO 的标准样品相符，XRD 中并未显示出与掺杂剂和杂质相对应的其他峰，这表明实验制得的样品为高度结晶形式；

② 与纯 ZnO 纳米颗粒相比，稀土元素掺杂的 ZnO 的衍射峰都明显朝向较低衍射角偏移，衍射峰向较低角度的移动是由于离子半径不匹配导致晶胞膨胀所致，所以，这种转变也为稀土元素成功掺入 ZnO 提供了证据。其次，通过实验得到的 PL 光谱可以看出，所有掺杂稀土元素的 ZnO 的 PL 光谱都比纯 ZnO 纳米颗粒的 PL 光谱低，该现象表明，向 ZnO 中掺杂稀土元素可以最大程度地减少电子-空穴对的复合，从而更好地分离光生载流子，进而提高 ZnO 光催化降解有机物的活性。此外，通过甲基蓝的降解实验可以得出，掺杂稀土元素的 ZnO 对甲基蓝的降解表现出较高的光催化活性，他们认为出现这种现象的原因是掺杂的稀土元素有效地抑制了光生电子和空穴的复合，从而提高了 ZnO 对甲基蓝的降解活性。

稀土掺杂的 ZnO 在光催化还原 CO_2 方面也有着重要应用。Geng 等[29]研究发现，ZnO 纳米片光催化还原 CO_2 的效率与光催化剂表面存在的氧空位的数量有着密切联系。他们指出，氧空位的引入增加了价带最大值附近 ZnO 的电荷密度，从而增强了 CO_2 的活化。所以，增加 ZnO 表面的氧空位数量逐渐成为改善 ZnO 光催化还原 CO_2 活性最有效的办法。Guo 等[30]采用浸渍途径合成了 Ce 修饰的和 La-Ce 共修饰的 ZnO 纳米棒。他们通过研究实验获得的 ZnO 样品的 PL 光谱发现，与纯 ZnO 相比，Ce 修饰的 ZnO 具有更强的 PL 光谱峰强度，这表明在 Ce 修饰的 ZnO 中存在更高的氧空位，并且稀土元素 Ce 的掺入提高了 ZnO 对 CO_2 的吸附能力，进而提高了其光催化还原 CO_2 的活性；其次，他们发现，La-Ce 共修饰的 ZnO 的 PL 峰强度略有降低，这是因为掺杂的稀土元素 La 可以有效地抑制光生电子和空穴的重组，从而提高了光生电子和空穴的分离率，进而有助于增强 ZnO 光催化还原 CO_2 的活性。

6.3.1.3　稀土掺杂石墨相氮化碳光催化剂

石墨氮化碳（$g\text{-}C_3N_4$）主要由碳和氮组成，是一种无金属的二维共轭半导体材料。$g\text{-}C_3N_4$ 具有可见光产氢活性，但由于其具有比表面积小、可见光吸收能力弱、电荷重组速度快以及导电性低等不足，所以其光催化活性仍处于较低水平。g-C$_3$N$_4$ 的光催化活性很大程度上受其结构的影响，包括电子结构、纳米结构、晶体结构和异质结结构。近年来，科学家们从电子结构调控、纳米结构设计、晶体结构工程和异质结构建等方面提出了许多优化 g-C$_3$N$_4$ 光催化活性的合成技术和修饰方法，其中将 g-C$_3$N$_4$ 与其他半导体耦合形成异质结结构的复合材料受到了广泛的关注，因为此方法不仅有效地抑制了光生电荷的重组，而且由于协同效应使得复合材料的性能得到了增强，并且具有了其他新颖的特性。因此，对 g-C$_3$N$_4$ 结构的合理设计将实现其对太阳能的高效转换，从而有效提高其光催化活性。

诸如 TiO$_2$、SrTiO$_3$ 等金属氧化物已被研究用于光催化制氢，但由于它们的带隙较宽以及仅在紫外光区具有光催化活性，所以它们的应用并未得到推广。其他一些氧化物，例如 WO$_3$、BiVO$_4$ 等也具有可见光响应性，但由于它们的导带电位低于水的还原电位所以不能将水还原成 H$_2$，因此它们也未被应用于光催化制氢。石墨化氮化碳（g-C$_3$N$_4$）在室温条件下被认为是各种氮化碳中最稳定的，其氮原子和碳原子中独立存在着水分解的氧化还原位点。g-C$_3$N$_4$ 光催化剂用于水分解具有如下优点：

① 460nm 的光学吸收边使得利用可见光成为可能；

② g-C$_3$N$_4$ 的能带覆盖水的氧化还原电位，因此，光生电子具有足够的还原能力，可以将水还原为 H$_2$，光生空穴具有足够的氧化能力，可以氧化水生成 O$_2$；

③ g-C$_3$N$_4$ 具有化学稳定性和热稳定性，在水分解反应中不受光腐蚀；

④ g-C$_3$N$_4$ 具有特定的微观结构，结构末端为缺陷和氮原子，是电子定域或固定无机/有机功能基团的活性位点。

因此，g-C$_3$N$_4$ 是一种很有发展潜力的非金属光催化剂，其为人工光合作用领域提供了新的思路。g-C$_3$N$_4$ 光催化反应的过程高度依赖于 g-C$_3$N$_4$ 的大小、形态和缺陷。g-C$_3$N$_4$ 微结构/纳米结构的控制可以使其具有较大的表面积、丰富的表面状态以及更广的光收集能力，g-C$_3$N$_4$ 的这些表面特性都有利于光催化反应的进行。另一方面，g-C$_3$N$_4$ 的形态调节也可通过促进光催化反应过程中的光吸收、电荷分离以及电荷迁移来增加产氢量。其次，杂原子掺杂可以有效地调节 g-C$_3$N$_4$ 的电子能带结构，以扩展其对光的吸收从而在可见光范围内促进光催化反应。此外，与其他半导体复合也是一种有效的策略，该方法可以扩大 g-C$_3$N$_4$ 在可见光光催化反应中的应用。虽然通过纳米结构设计、形态调节、修饰电子能带结构和异质结构建可以提高 g-C$_3$N$_4$ 的光催化性能，但这些方法仍存在许多不足，所以需要进一步的研究以促进 g-C$_3$N$_4$ 在光催化方面的应用。上转换发光是一种独特的光学过程，其可将低能光子转换为高能光子，这与常规的发光现象相反。到目前为止，镧系离子作为上转换剂表现出良好的活性，因为它们在红外到可见光范围内具有许多吸收，并且具有相对较长的寿命。由于具有波长转换的能力，上转换材料已被广泛应用。在过去的几年中，镧系稀土离子被用于各种领域，例如激光、光电设备、生物成像等。上转换剂引入光催化中的策略使光催化剂能够通过收集能量比带隙低的光子来克服其理论转换效率。

Xu 等[31]研究了稀土元素改性的 g-C_3N_4 在降解有机废弃污染物方面的应用，他们使用铒（Er）和铥（Tm）离子作为上转换剂来改善 g-C_3N_4 的光催化活性，并通过原位合成方法制备了掺杂 Er^{3+} 的 g-C_3N_4。实验研究了稀土元素掺杂浓度对 g-C_3N_4 的化学和光电性能的影响。他们通过研究罗丹明 B（RhB）的降解反应发现：掺 Er^{3+} 的 g-C_3N_4 的光催化活性随 Er^{3+} 浓度的提高而提高，但在较高的 Er^{3+} 浓度的情况下，光催化活性开始下降，这可能是由于 Er^{3+} 的自猝灭以及 $ErCl_3$ 结晶沉淀导致的。其次，他们研究发现，Er^{3+} 的掺杂还可能导致 g-C_3N_4 中出现新的局域能级，从而产生新的电荷转移路径，进而提高了 g-C_3N_4 表面上的电子-空穴浓度和电荷分离率。此外，他们还对样品的 BET 表面积进行了表征，研究发现：g-C_3N_4 的表面积随 Er^{3+} 浓度的增加而减小，这意味着样品表面积的改变与光催化活性的提高无关，增强的光催化活性应归因于掺杂的 Er^{3+} 对电子和光学性质的修饰。因此，通过实验可以得出结论，电子和光学性质主导着稀土改性材料的光催化活性。引入稀土上转换剂，尤其是 Er^{3+} 和 Tm^{3+} 离子可以明显改善石墨碳氮化物的光催化活性，活性提高的原因可能是从上转换剂到 g-C_3N_4 的能量转移或者稀土掺杂提供了新的电荷转移通道。

此外，Wang 等[32]也研究了稀土元素改性的 g-C_3N_4 在降解有机废弃污染物方面的应用，他们通过热缩聚法制备了掺杂稀土元素铕（Eu）的 g-C_3N_4 光催化剂，并通过一系列表征方法对制备的样品的结构形态和光学性质进行了研究。通过研究实验得到的 UV-vis 光谱和 PL 光谱发现，掺杂 Eu 的 g-C_3N_4 具有更宽的光吸收范围以及较低的 PL 光谱强度，这是因为掺杂的 Eu 元素导致了低于 g-C_3N_4 导带的杂质能级的形成，从而导致了较窄的带隙，进而促进了 g-C_3N_4 对可见光吸收；同时较低的 PL 光谱强度表明，稀土元素的掺杂有效地抑制了光生电子和空穴的复合，并且促进了光生载流子的转移。此外，他们研究发现掺杂稀土元素 Eu 的 g-C_3N_4 对于 RhB 的降解显示出更高的活性。这是因为稀土元素 Eu 的掺入不仅增大了 g-C_3N_4 的比表面积，提高了其对污染物的吸附能力，而且掺杂的稀土元素 Eu 还可以捕获由 g-C_3N_4 的价带产生的电子，从而有效抑制了光生载流子的重组，进而提高了 g-C_3N_4 降解 RhB 的光催化活性。

通过 Eu 元素改性的 g-C_3N_4 光催化剂还可应用于光催化还原 CO_2，Tang 等[33]通过实验合成了稀土元素 Eu 掺杂的 g-C_3N_4 光催化剂，并通过一系列表征手段对其结构和光催化性质进行了表征。实验所得的 XPS 和 SEM 图像表明，

Eu 元素可以成功地掺杂到 g-C$_3$N$_4$ 中，并且其均匀地分散在 g-C$_3$N$_4$ 表面上，同时，稀土元素 Eu 的掺入使得 g-C$_3$N$_4$ 光催化剂具有更多的活性部位，这有利于更多 CO$_2$ 的吸附。此外，实验所得的 PL 光谱显示，掺杂稀土元素 Eu 的 g-C$_3$N$_4$ 的峰强度降低，这意味向 g-C$_3$N$_4$ 中掺杂稀土元素 Eu 可以减少光生电子和空穴的复合，更好地分离光生载流子，从而有效地提高 g-C$_3$N$_4$ 光催化还原 CO$_2$ 的效率。综上所述，以上研究表明：稀土元素 Eu 的掺入可以使得 g-C$_3$N$_4$ 的表面产生更多的活性部位，同时可以有效抑制光生电子和空穴的复合，更好地分离光生载流子，进而有利于提高 g-C$_3$N$_4$ 光催化 CO$_2$ 转化成 CH$_4$ 的活性。

6.3.1.4 稀土掺杂卤氧化铋光催化剂

随着环境污染问题和能源危机问题的凸显，光催化技术受到了越来越多的关注，在光催化技术的应用中二氧化钛是应用最为广泛的光催化剂，但常规的 TiO$_2$ 光催化剂受其宽带隙限制，并且其仅对紫外光做出响应，而紫外光仅占太阳光能量的 5%，所以 TiO$_2$ 对太阳光的吸收利用仍有许多不足。为了充分利用丰富的太阳能，开发高效可见光驱动的光催化剂具有至关重要的意义。由于铋（Bi）基半导体（例如 Bi$_2$O$_3$、CaBi$_2$O$_4$、Bi$_2$WO$_6$、BiVO$_4$、Bi$_4$Ti$_3$O$_{12}$、Bi$_2$O$_2$CO$_3$ 和 BiOIO$_3$ 等）具有强大的可见光吸收能力和出色的光催化活性，所以对铋基半导体的关注度日益上升。卤氧化铋 BiOX（X＝Cl、Br、I），作为另一类 Bi 基半导体，因其具有出色的光学和电学性能，所以其在制药、催化剂以及气体传感器中展现出了广阔的应用前景。由于材料的物理和化学性质与微观结构（即形状、尺寸、表面积和维度）密切相关，因此合成新型纳米材料的微观结构一直是研究的重中之重。纳米材料合理的微观结构会使其具有更高的比表面积以及更多的活性位点，这将有助于光生载流子的分离，从而有利于提高 BiOX（X＝Cl、Br、I）半导体的光催化活性。最近，各种 BiOX（X＝Cl、Br、I）纳米微结构，包括一维纳米棒、二维纳米片和三维结构已被合成，进而最大限度地发挥其光催化作用。

一维纳米结构即材料厚度和宽度在纳米级范围内的材料，其长度可以是几微米或更长。一维纳米结构半导体高的长宽比有助于光生电子和空穴的快速分离，进而有利于高效光催化反应的发生。不同纳米结构具有高度各向异性的分层结构，而该分层结构使 BiOX（X＝Cl、Br、I）倾向于形成固有的 2D 纳米结构（例如纳米板、纳米片）。在（Bi$_2$O$_2$）$^{2+}$ 层和卤素原子层之间形成的内部电场可以加速光生载流子的转移，从而增强 BiOX（X＝Cl、Br、I）的光催化活性。与 1D 和 2D 纳米结构相比，3D 分层纳米微观结构在太阳能存储和转换方面更具优势，3D 结构可以使 BiOX（X＝Cl、Br、I）半导体具有更好的光收集、更短的扩散路径、更快的界面电荷分离以及更多的反应性位点，从而使其具有更高的光催化效率。

卤氧化铋（BiOX，X＝Cl、Br 和 I）由于其具有出色的电、光学特性，所以被广泛地研究。其中，溴化氧铋（BiOBr）由于具有理想的带隙宽度和稳定的光催化活性以及较低的生产成本等优点，引起了科学家们广泛的关注。具有不同尺寸和形状的纳米结构材料可以提供不同的物理和化学特性。到目前为止，不同形态的溴化氧铋纳米材料，例如纳米颗粒、纳米带、纳米片和微球已经可以通过多种方法制备。根据之前的研究，BiOBr 微球具有很高的比表面积以及具有比其他形态的 BiOBr 更好的光催化活性，但是光生空穴和电子的高复合特性仍然限制了 BiOBr 的降解能力。为了增强 BiOBr 微球的光催化活性，科学家们已经尝试了多种方法，例如与其他半导体复合、离子掺杂等。一系列研究结果表明，掺杂稀土元素的 BiOBr 在可见光照射下显示出较强的光催化活性。

Yin 等[34]通过溶剂热法制备了 La³⁺ 掺杂的 BiOBr 微球，并对制备得到的 BiOBr 微球的形貌和结构特征进行了一系列表征，同时研究了稀土 La³⁺ 掺杂的 BiOBr 光催化剂在降解有机污染物方面的应用。实验获得的 XRD 图谱中没有观察到 La₂O₃ 和 La 其他相的特征峰，这个结果表明 La 的可能存在形式为 La³⁺。由于 La 的离子半径与 Bi 的离子半径相近，所以 La³⁺ 可能会取代 Bi³⁺ 进入晶格，且随着 La³⁺ 的掺杂量增加，界面（220）衍射峰的强度也会增加，这意味着 La³⁺ 进入了 BiOBr 的晶格，而且影响了 BiOBr 的生长速率。然后，他们通过观察 SEM 图像发现：在纳米片组装过程中，La-BiOBr 微球表面上形成了多孔结构。这些多孔结构可以提高 La-BiOBr 微球的比表面积，从而提高被降解物质的吸附量，进而提高 La-BiOBr 复合材料的光催化性能。此外，他们通过研究样品的 UV-vis 光谱发现，随着 La³⁺ 的增加，制得的 La-BiOBr 样品可见光区域的吸收强度增强，通过式（6-45）计算样品的带隙发现，稀土元素的掺入减小了 BiOBr 的带隙宽度，从而提高了 BiOBr 对可见光的吸收能力，这有利于更多的光生电子和空穴的产生，进而有利于提高 BiOBr 对有机废弃污染物的光催化分解能力。

$$\alpha E_{photon} = K(E_{photon} - E_g)^{\frac{n}{2}} \qquad (6\text{-}45)$$

式中　α——吸收系数；

　E_{photon}——离散光子能量；

　K——常数，通常取 1；

　E_g——带隙宽度；

　n——取决于半导体中的跃迁特性（直接跃迁 $n=1$，间接跃迁 $n=4$）。

对于 BiOBr，n 取值为 4。同时，他们通过光电流分析研究了制备的质量分数 1% La-BiOBr 和纯 BiOBr 样品的电荷分离率，实验结果表明，在可见光的照射下，1% La-BiOBr 的光电流响应高于纯 BiOBr 的光电流响应，这说明稀土

La 的掺杂提高了 BiOBr 的电荷分离和转移效率，因此，对于有机污染物的降解，稀土元素掺杂的 BiOBr 表现出更高的光催化活性。综上所述，他们的研究表明：稀土元素 La 的掺入有利于增大 BiOBr 的表面积，从而使得更多的污染物被吸附，并且稀土元素 La 的掺入使得 BiOBr 的带隙宽度变窄，这有助于更多光生电子和空穴的产生，同时掺杂的稀土元素提高了光生载离子的分离效率，进而有利于提高 BiOBr 的光催化活性。

Wu 等[35]通过一步水热法合成了一种新型的掺杂稀土元素 Gd 的 BiOBr 微球，并研究了这种稀土掺杂的 BiOBr 光催化剂在光催化还原 CO_2 方面的应用。研究发现，BiOBr/Gd-0.05 样品还原 CO_2 制甲醇的产率为 $61.1\mu mol/(g \cdot h)$，为了研究增强的光催化活性，他们对制得的样品进行了一系列表征和测试。通过研究所得样品的 XRD 图谱发现：Gd 掺杂的 BiOBr 样品的结晶度明显降低，这表明稀土元素 Gd 的掺杂，会导致 BiOBr 的晶格出现缺陷，从而抑制了 BiOBr 晶体的生长。其次，他们还通过电子顺磁共振（EPR）测试来研究氧空位对 BiOBr 光催化活性的影响，测试结果显示，掺杂稀土 Gd 的 BiOBr 的氧空位信号要比纯 BiOBr 的氧空位信号要强，这表明掺杂的 Gd 有利于氧空位的形成，由于氧空位，缺陷能级被引入 BiOBr 的带隙，从而促进了 BiOBr 对可见光区域的光吸收，进而有利于其光催化活性的提高。此外，他们从 PL 光谱中发现，稀土掺杂的 BiOBr 的峰强度远远低于纯 BiOBr 的峰强度。这表明 Gd^{3+} 的掺入促进了光生电子和空穴产生，并抑制了它们之间的重组，从而提高了 BiOBr 光催化还原 CO_2 的活性。综上所述，以上研究表明：稀土元素 Gd 的掺入有利于提高 BiOBr 对可见光的响应能力，促进更多光生电子和空穴的产生，同时，稀土 Gd 的掺入抑制了光生载流子的重组，从而有利于提高 BiOBr 光催化还原 CO_2 的活性。

6.3.1.5　其他稀土掺杂光催化剂

二氧化钛、氧化锌和二氧化锡被人们认为是能够降解染料、酚和农药的活性催化剂。在光催化氧化过程中，有机污染物在宽带隙半导体的存在下被分解，这些宽带隙半导体在存在紫外光的情况下促进了反应但在整个反应中没有被消耗。尽管 SnO_2（3.6eV）、ZnO（3.3eV）和 TiO_2（3.2eV）的带隙宽度差距很小，但与其他两种光催化剂相比，SnO_2 的使用并不频繁。近年来，已经有几项关于对不同金属掺杂的 SnO_2 纳米晶粒的研究。在 SnO_2 中，Sn^{4+} 容易被还原为 Sn^{2+}，从而改变了材料的表面电子结构。众所周知，稀土阳离子对 SnO_2 催化性能的影响与所涉及氧化物的酸/碱特性有关。目前，稀土元素还不能完全占据 4f 轨道和空的 5d 轨道，从而阻止了不稳定氧空位的形成。掺杂稀土阳离子会影响材料的电子分布，从而导致高表面积和较小尺寸颗粒的产生。合成 SnO_2 纳米颗粒使用最广泛的方案是溶胶-凝胶工艺，该工艺基于金属醇盐在水中的水解，见式(6-46)：

$$Sn(C_2H_5O)_4 + 4H_2O \underset{水解}{\longleftrightarrow} Sn(OH)_4 + 4C_2H_5OH \qquad (6\text{-}46)$$

通过上式形成溶胶，随后进行第二步反应（缩合），如式(6-47) 所示：

$$2Sn(OH)_4 \underset{缩合}{\longleftrightarrow} 2SnO_2 + 4H_2O \qquad (6\text{-}47)$$

Alhamdi 等[36] 通过溶胶-凝胶法合成了掺有稀土元素钆（Gd）的二氧化锡纳米颗粒，并在可见光照射下对制得的 SnO_2 纳米颗粒的光催化活性进行了详细研究。他们通过研究气体吸附实验可以得出：掺杂 Gd 后的 SnO_2 的比表面积有明显的增大，比表面积的增大有利于 SnO_2 表面吸附位的增加，从而使得 SnO_2 的吸附能力提高。与此同时，Gd 的掺入提高了 SnO_2 表面的光吸收效率，从而使得其表面光生载流子的浓度增大，进而提高了 SnO_2 表面氧化还原的效率。其次，通过研究苯酚的矿化过程他们发现：稀土元素 Gd 的掺杂明显改善了 SnO_2 光催化降解苯酚过程，同时，他们通过对光催化降解苯酚获得的副产物进行了一系列研究，并提出了降解过程的动力学途径。研究发现，光降解的第一步是对 SnO_2 进行光激发从而产生光生电子-空穴对。其次，光生空穴 h^+ 迁移到催化剂表面，与吸附在表面的 H_2O_{ab} 发生反应。之后，光生电子 e^- 迁移到催化剂表面，与分子氧发生反应，分子氧在电子转移反应中充当受体。如式(6-48) 至式(6-50)所示：

$$SnO_2 + h\nu \longrightarrow SnO_2(h^+ + e^-) \qquad (6\text{-}48)$$

$$SnO_2(h^+) + H_2O_{ab} \longrightarrow H^+ + HO^- + SnO_2 \qquad (6\text{-}49)$$

$$SnO_2(e^-) + O_2 \longrightarrow \cdot O_2^- + SnO_2 \qquad (6\text{-}50)$$

式(6-51) 中形成的氢过氧自由基也会导致苯酚的矿化：

$$\cdot O_2^- + H^+ \longrightarrow \cdot HO_2^- \qquad (6\text{-}51)$$

反应最终所有母体化合物和中间体都将被氧化为 CO_2。他们的研究表明：稀土元素的掺入有助于提高 SnO_2 对污染物的吸附，同时有利于提高 SnO_2 的光吸收效率，从而使得 SnO_2 表面光生载流子的浓度增大，进而提高了 SnO_2 表面氧化还原的效率。

对半导体材料进行掺杂是改善其结构、形态、光学、发光、磁性和光催化特性的重要且有效的策略。特别是，将稀土离子掺杂到 ZnS 主晶格中会影响其光学带隙，从而增强 ZnS 的光吸收，使其更好地进行光催化反应。Poornaprakash 等[37] 通过溶剂热法合成了掺杂稀土元素 Tb 的 ZnS 光催化剂，并通过一系列表征手段对所制得的样品的结构和光学性质进行了研究。实验所得的 XRD 图谱和拉曼光谱表明稀土元素 Tb 已成功掺入 ZnS 晶格中，且 ZnS 的晶粒尺寸会随着稀土元素的掺入而逐渐减小，同时 ZnS 晶格中不存在杂质相。从实验所得的 PL 光谱中可以观察到，ZnS 的 PL 强度会随着稀土元素 Tb 浓度的增加而下降，这表明稀土元素 Tb 的掺杂有利于抑制光生电子和空穴的复合以及促进光生载流子的转移，进而有利于提高 ZnS 的光催化活性。此外，他们研究发现，与纯 ZnS 相比，掺杂 Tb 的 ZnS 对结晶紫染料的降解表现出更高的活性。这是因为随着 Tb 浓度的增加，ZnS 晶粒尺寸的减小导致了表面缺陷的增加，从而导致了氧空位的形成，进而有利于提高 ZnS 的光催化活性。他们的研究表明：稀土元素 Tb 的掺入有利于抑制光生电子和空穴的复合以及促进光生载流子的转移，同时稀土元素 Tb 的掺入促进了 ZnS 表面氧空位的形成，从而有利于改善 ZnS 对可见光的吸收性能，进而有利于提高 ZnS 的光催化活性。

6.3.2　稀土化合物光催化剂

6.3.2.1　二氧化铈光催化剂

CeO_2 是一种重要的稀土材料，其被广泛用于制备催化剂、燃料电池、太阳能电池、抛光材料和储氢材料等。CeO_2 纳米结构的形态包括纳米球、纳米棒、纳米线、纳米立方体、纳米多面体和纳米管。不同形态 CeO_2 纳米结构材料的合成为获得所需性能提供了新的机遇。

一维有机和无机纳米结构，包括纳米管、纳米棒和纳米线，由于其独特的结构和电子特性引起了科学家们极大的研究兴趣。迄今为止，一维有机和无机纳米结构已在许多领域（例如光波导、太阳能转换、光催化、锂电池、共振拉曼光谱、生物医学植入物和气体传感器）得到了广泛的应用，特别是一维纳米管，其具有空心的内部，允许将其他物质（包括金属氧化物、金属卤化物和有机分子）引入空腔，从而形成了基于纳米管的复合材料。Tang 等[38] 采用了水热处理 $Ce(OH)CO_3$ 前驱体的方法，轻松合成了无模板、高产率单晶萤石结构的二氧化铈纳米管（CeO_2-NT）。所获得的 CeO_2-NT 不仅具有出色的纳米管开口结构，而且具有良好的中空内部结构。更重要的是，制备得到的 CeO_2-NT 与商用 TiO_2 纳米颗粒相比，其光催化活性明显增强，可降解城市中常见的有毒污染物芳族苯，这是因为与对应的 CeO_2 纳米颗粒（CeO_2-NP）相比，在 CeO_2-NT 上能够产生更多活性自由基（即羟基自由基和超氧自由基）。实验得到的 UV-vis 光谱显示，CeO_2-NT 样品在紫外光和可见光下的光吸收强度均高于 CeO_2-NP 的光吸收强度，这有利于更多光生载流子的产生。此外，与 CeO_2-NP 相比，CeO_2-NT 的纳米管形态还具有作为光催化剂的固有优势：

① 一维纳米管的几何形状有助于快速和长距离的电子传输；

② 由于长径比高，纳米管形态有利于增强光的吸收和散射。

合成 CeO_2 的二维纳米薄片的溶液燃烧方法具有快速、简便的特点，而且合成效率和产量也较高。Umar 等[39] 通过此方法合成了二维 CeO_2 纳米片，并将其用于直接红 23 染料的降解和高灵敏度的对苯二酚（HQ）化学传感器。通过对二维 CeO_2 纳米片的形态、结构、成分的研究以及光学和各种分析工具的表征结果，证实了制备所得的 CeO_2 纳米薄片具有良好的结晶性和光学特性。同时，拉曼光谱结果表明，所制备的 CeO_2 纳米薄片表面存在氧空位和缺陷。此外，他们研究了直接红 23 染料在 CeO_2 表面的降解原理，并得出在紫外光照射下，CeO_2 光催化剂表面上形成了大量的氧化物种（如 $\cdot O_2^-$、HO_2、H_2O_2 和 $\cdot OH$），这进一步肯定了 CeO_2 良好的光催化活性。综上所述，合成的二维 CeO_2 纳米薄片可以有效地用于有机染料的光催化降解。

三维 CeO_2 纳米球和 TiO_2 纳米颗粒相比显示出较强的可见光吸收率。Muduli 等[40]提出了一种以异丙醇和乙二醇为溶剂和还原剂的新型溶剂介质合成新型介孔 CeO_2 纳米球的方法。他们通过一系列光谱和电子显微镜技术对所制得的 CeO_2 纳米球材料进行了表征，实验结果证实了该材料具有较高的表面积和可见光吸收特性以及较高的光催化活性，CeO_2 纳米球材料在 RhB 降解中的可见光光催化活性超过了商用 CeO_2 和 TiO_2 纳米颗粒。因此 CeO_2 纳米球材料在光催化降解染料方面有着良好的催化效果。

此外，CeO_2 在光催化还原 CO_2 方面也有着重要应用。研究表明，向 CeO_2 中适当掺杂稀土元素可以改善其储氧能力、稳定性和光催化活性。Singh 等[41]研究表明，La 掺杂的 CeO_2 具有出色的光催化性能。当 La 掺入纯 CeO_2 基体中时，La^{3+} 替代 Ce^{4+} 并形成氧空位以保持电荷守恒，从而促进了氧离子的扩散，最终使得 CeO_2 的光催化性能增强。他们通过共沉淀方法合成了不同含量 La^{3+} 掺杂的 CeO_2 晶体，并在可见光照射下对稀土掺杂的 CeO_2 纳米颗粒进行了光催化活性测试。他们从实验所得的 XRD 图谱发现：掺杂 La 元素的 CeO_2 出现了晶格膨胀，这是因为 La^{3+} 的离子半径（0.11nm）大于 Ce^{4+} 的离子半径（0.097nm），因此，在将 La^{3+} 添加到 CeO_2 基体中时，CeO_2 晶粒的晶胞会发生扩展。在掺杂 La 元素的 CeO_2 的拉曼光谱图中有两个明显的氧空位峰，这是因为 La^{3+} 成功取代了 Ce^{4+}，从而导致氧空位的形成，这有利于氧离子在晶格内的扩散，从而增强了 CeO_2 还原 CO_2 的能力。以上工作表明：稀土元素 La 的掺入促进了 CeO_2 表面氧空位的形成，提高了光生电子和空穴的分离效率，从而提高了 CeO_2 光催化还原 CO_2 和降解有机废弃污染物的活性。

6.3.2.2 稀土钙钛矿光催化剂

由于钙钛矿具有独特的结构和性能以及广泛的应用，因此，其已逐渐成为研究的热点。最早鉴定出的钙钛矿是 $CaTiO_3$，后来这个分子式又衍生出许多新形式，例如 ABX_3、$A_3B_2X_9$、A_2BX_6、A_4BX_6 等，其中 A 和 B 是阳离子（A 的半径大于 B 的半径），X 是卤素或氧离子。两种不同的阴离子和各种金属阳离子形成卤化物钙钛矿和氧化物钙钛矿，这两类钙钛矿具有相似的晶体结构，晶体中都具有 BX_6 八面体结构。随着纳米技术的发展，科学家们一直在尝试将钙钛矿材料制成纳米结构，以进一步提高其性能和应用。与块状钙钛矿材料相比，钙钛矿纳米材料（PNMs，包括纳米颗粒、纳米线、纳米膜等）具有一系列优势：一方面，PNMs 在薄膜和柔性器件的制造中显示出较高的可加工性；其次，PNMs 具有丰富且可控的晶面和活性位点；此外，PNMs 凭借其小尺寸效应和量子效应还具有出色的光电特性。所有这些新特性有助于丰富钙钛矿的性能，并且扩大其应用范围。然而，原始钙钛矿具有一些固有的缺点，例如，某些卤化物 PNMs 具有较差的稳定性，并且光学和电子性能的可调性有限；一些氧化物 PNMs 的催化、光学和电磁性能不理想。近年来，科学家们一直在将外来金属离子掺入 PNMs 中，以克服这些缺点。

为了提高钙钛矿材料的光催化性能，Dhiman 等[42]通过溶胶-凝胶法制备了窄带隙的稀土钙钛矿 $LaRE_xFe_{1-x}O_3$（其中 RE＝Eu、Gd、Dy、Nd；$x=0.02$、0.04、0.06、0.08、0.1），并对制得的钙钛矿样品的光催化性能进行了研究。通过观察实验得到的 XRD 图谱发现，将稀土金属离子引入 $LaFeO_3$ 的晶格后，观察到单位晶胞体积逐渐增加，单位晶胞体积的增加归因于具有较小半径的 Fe^{3+}（0.64nm）被较大半径的稀土金属离子 Eu^{3+}（0.95nm）、Gd^{3+}（0.938nm）、Dy^{3+}（0.908nm）和 Nd^{3+}（0.995nm）替换；同时他们观察到，随着稀土含量的增加，$LaFeO_3$ 的晶粒尺寸逐渐减小。其次，他们使用 UV-vis 光谱研究了所有样品的光学性质。研究发现，随着稀土含量的增加，样品的带隙值逐渐降低，窄带隙表明所制备的 $LaFeO_3$ 纳米颗粒具有良好的光催化活性。此外，他们研究发现，引入具有较大离子半径的稀土金属离子会引起 $LaFeO_3$ 的晶格发生畸变，从而导致各种缺陷的产生，进而导致染料分子更好地吸附在 $LaFeO_3$ 纳米颗粒表面。稀土金属阳离子的引入导致了微晶尺寸的减小，从而导致了 $LaFeO_3$ 表面缺陷产生，增强了 $LaFeO_3$ 对染料分子的吸附能力，进而提高了 $LaFeO_3$ 的光催化活性。

6.3.3 稀土复合光催化剂

6.3.3.1 $CeO_2/g-C_3N_4$ 复合光催化剂

由于石墨相氮化碳（$g-C_3N_4$）具有窄的带隙、出色的稳定性和快速的电荷转移等优点，所以，其被视为潜在的制氢光催化剂。然而，$g-C_3N_4$ 本身仍存在许多不足，例如对可见光存在较低的吸收（$\lambda > 460nm$）、光生载流子具有较高的复合率、较低的比表面积等，这些因素可能对其光催化性能产生负面影响。因此，人们一直致力于开发高效的 $g-C_3N_4$ 光催化剂，其中构建复合光催化剂是一种有效的途径，例如石墨烯/g-C₃N₄、CaIn₂S₄/g-C₃N₄、ZnO/g-C₃N₄ 等。这些基于 g-C₃N₄ 的复合材料表现出优异的光催化性能，其性能优于纯 g-C₃N₄，这可以归因于两个组分之间紧密接触的界面和良好匹配的能带结构。二氧化铈（CeO₂）是一种常用的稀土氧化物，由于其具有良好的氧化还原作用、酸碱性质以及高的储氧能力，所以被广泛用于各个领域（例如三元催化转化器、燃料电池、水煤气变换反应、氧传感器），同时，CeO₂ 也是一种出色的光催化剂，目前已经研究了许多基于 CeO₂ 的材料（例如 CeO₂/石墨烯、Au/CeO₂、CeO₂/g-C₃N₄）在光催化分解水制氢、光催化降解有机污染物和光催化还原 CO₂ 中的应用，其中 CeO₂/g-C₃N₄ 材料引起了人们的广泛关注，通过大量表征表明，CeO₂/g-C₃N₄ 催化剂界面的相互作用对光生载流子的分离和转移具有重要意义。

Zuo 等[43]采用两步法合成了立方晶 CeO₂/g-C₃N₄ 复合材料，并通过一系列表征方法研究了 CeO₂/g-C₃N₄ 复合材料在光催化制氢方面的应用。实验证实，CeO₂/g-C₃N₄ 复合材料具有良好的可见光吸收能力以及较高的光生载流子转移率。他们通过研究实验所得的 PL 光谱发现，引入 CeO₂ 后，g-C₃N₄ 的 PL 发射强度降低，这表明 CeO₂/g-C₃N₄ 复合材料中存在较低的光生电子和空穴复合率以及较高的光生载流子转移率。研究认为，CeO₂/g-C₃N₄ 复合材料具有优异的光催化活性和较高的可见光吸收能力，这归因于 CeO₂ 和 g-C₃N₄ 薄片之间的界面相互作用。研究发现，CeO₂ 的（100）面不仅增强了 CeO₂ 与 g-C₃N₄ 之间的界面相互作用，而且还有利于光生电子转移到 g-C₃N₄，所以 CeO₂ 的引入有利于提高 CeO₂/g-C₃N₄ 复合材料光催化制氢的活性。

Ma 等[44]通过两步法合成了 CeO₂/g-C₃N₄ 纳米片，并通过多种技术对所得样品的微观结构、组成和光学性质进行了表征，同时他们研究了合成的 CeO₂/g-C₃N₄ 纳米片对双酚 A 的光催化降解活性。他们通过观察 CeO₂/g-C₃N₄ 复合材料的 TEM 图像发现，CeO₂ 微球附着在 g-C₃N₄ 纳米片上，并且在所得的 CeO₂/g-C₃N₄ 复合材料中形成异质结，该结构有利于 CeO₂ 和 g-C₃N₄ 之间的界面电子转移。同时，所得的 CeO₂/g-C₃N₄ 复合材料的比表面积增大，这有利于更多有机污染物分子的吸附，在光催化反应中发挥着重要作用。其次，他们通过观察所得 CeO₂/g-C₃N₄ 复合材料的 PL 光谱发现，引入 CeO₂ 后，CeO₂/g-C₃N₄ 复合材料的 PL 强度降低，这意味着 CeO₂/g-C₃N₄ 复合材料具有较低的电子-空穴复合率。同时，他们还对制得的复合材料的光电化学性能进行了研究，结果发现 CeO₂/g-C₃N₄ 复合材料具有较高的光生电子和空穴的分离和转移效率，这对于其光催化活性有着积极的影响。此外，他们通过研究合成的 CeO₂/g-C₃N₄ 纳米片对双酚 A 的光催化降解活性的影响发现，随着 CeO₂ 含量的增加，CeO₂/g-C₃N₄ 复合材料对双酚 A 降解速率逐渐升高，这是因为 CeO₂ 的掺入使得复合材料表面形成了更多的活性位点，从而使得更多的有机污染物分子吸附在催化剂表面并被有效地降解。

Li 等[45]通过硬模板法合成了具有介孔结构的 CeO_2/g-C_3N_4 复合材料，并研究了 CeO_2/g-C_3N_4 复合材料在光催化还原 CO_2 方面的应用。通过研究 CeO_2/g-C_3N_4 复合材料的 SEM 图像和 TEM 图像可以发现，CeO_2 和 g-C_3N_4 之间形成异质结构并紧密结合在一起，即使在室温下长时间超声处理也不会分离，异质结构对于异质半导体之间的界面电子转移非常重要，其可提高光生电子和空穴的分离和转移效率。同时，合成的 CeO_2/g-C_3N_4 复合材料具有较大的比表面积和更多的活性位点，其可以使得更多的 CO_2 被吸附在光催化剂表面。其次，他们通过研究 CeO_2/g-C_3N_4 复合材料的 UV-vis 和 PL 光谱发现，纳米复合材料对太阳光的响应大幅度增强，并且其 PL 发射强度显著降低，这表明异质结构的形成有效抑制了光生载流子的重组。此外，他们通过研究提出了 CeO_2 与 g-C_3N_4 的协同催化作用：光生电子从 g-C_3N_4 向 CeO_2 的迁移以及 Ce^{4+} 对电子的俘获降低了光生电子与空穴在 g-C_3N_4 中的复合，这有助于光生电子和空穴的分离和转移，从而有利于提高 CeO_2/g-C_3N_4 复合材料光催化还原 CO_2 的活性。

综上所述，CeO_2 与 g-C_3N_4 的结合不仅提高了复合材料表面的活性位点，而且促进了光生电子-空穴对的分离和迁移，因此，CeO_2/g-C_3N_4 复合材料被认为是未来有希望用于光催化分解水制氢、降解有机污染物以及光催化还原 CO_2 的光催化剂。

6.3.3.2 $CeVO_4/TiO_2$ 复合光催化剂

挥发性有机化合物（VOCs）是许多城市和工业排放的环境污染物。由于其具有高毒性和致癌性，所以研究如何降解气态环境污染物是重中之重。基于 TiO_2 的半导体光催化技术可以在室温条件下将 VOCs 完全分解为 CO_2 和 H_2O，因此 TiO_2 半导体材料对环境污染物的修复和降解具有潜在优势。然而 TiO_2 半导体光催化剂具有较宽的带隙（锐钛矿为 3.2eV，只能吸收紫外光），这在很大程度上阻碍了其在自然光下整体降解环境污染物的效率。

Huang 等[46]通过水热法和耦合方法制备了纯 $CeVO_4$ 和 $CeVO_4/TiO_2$ 样品，并通过电化学和光致发光技术研究了 $CeVO_4/TiO_2$ 光催化剂上的相对能带位置、光生电子和空穴的分离效率以及活性氧的生成，并测试了其降解甲苯、乙苯、环己烷和丙酮混合物的活性。$CeVO_4/TiO_2$ 复合材料在可见光照射下对苯的分解具有很强的光催化活性和很高的光化学稳定性。他们通过电化学方法确定了 $CeVO_4$ 和 TiO_2 半导体的平带电势（V_{fb}），在相同条件下，$CeVO_4$ 和 TiO_2 均为 n 型半导体，并且莫特-肖特基（Mott-Schottky）图像表明，$CeVO_4$ 的 V_{fb} 比 TiO_2 的 V_{fb} 低。众所周知，n 型半导体的导带电势非常接近于平带电势，因此可以推断出 $CeVO_4$ 的导带位置比 TiO_2 的导带位置更负。$CeVO_4$ 和 TiO_2

之间导带位置的差异使电子从 $CeVO_4$ 的导带转移到 TiO_2 的导带，因此，在 $CeVO_4/TiO_2$ 光催化剂中存在有效的电子转移。此外，他们通过 PL 光谱来研究 $CeVO_4$ 和 $CeVO_4/TiO_2$ 中电子-空穴对的重组现象。研究发现，$CeVO_4$ 的 PL 光谱显示出强发射，这表明电子和空穴快速复合；然而，$CeVO_4/TiO_2$ 的 PL 光谱中没有观察到 PL 峰，这表明电子-空穴对的重组非常缓慢。综上所述，通过实验以及表征结果可以得出 $CeVO_4/TiO_2$ 光催化降解 VOCs 的光催化工艺包含以下几个步骤：

① $CeVO_4$ 具有较高的可见光吸收率，当可见光提供给 $CeVO_4/TiO_2$ 复合材料时，$CeVO_4$ 产生光生电子和空穴；

② $CeVO_4$ 的导带电势比 TiO_2 的导带电势更负，一些电子被快速注入 TiO_2 中；

③ 光生电子被 O_2 捕获，生成 $\cdot O_2^-$ 和 H_2O_2，$\cdot O_2^-$ 与 H_2O_2 反应形成 $\cdot OH$；

④ 生成的 $\cdot OH$ 具有很高的攻击有机分子的能力，是 VOCs 光催化氧化反应的关键因素；

⑤ $CeVO_4$ 中的光生空穴还可以激活一些不饱和有机污染物（例如苯），并导致其分解。

6.3.3.3　CeF_3/TiO_2 复合光催化剂

由于 TiO_2 具有相对较大的带隙（3.2eV），所以其对太阳光的敏感程度较低，需要紫外光（UV）（$\lambda < 400nm$，约占太阳光谱的 5%）进行激活。为了在实际应用中更有效地利用太阳能，需要开发对可见光敏感的 TiO_2 光催化剂。大量的研究发现，上转换发光材料可以扩展 TiO_2 的光响应范围。稀土氟化物 CeF_3 具有良好的发光性能和特殊的层状结构。Tang 等[47]分别采用微波-水热法（把传统的水热合成法与微波场结合起来，使通常难溶或者不溶的物质溶解并且重结晶）和微波-醇热法（指用醇作为溶剂，通过微波加热创造一个高温高压反应环境，使通常难溶或者不溶的物质溶解并且重结晶）合成了新型上转换发光材料 CeF_3 和可见光驱动的光催化剂 CeF_3/TiO_2 复合材料，并通过一系列表征手段对制备的样品进行了表征。他们通过研究实验合成的 CeF_3、TiO_2 和 CeF_3/TiO_2 复合材料的 XRD 图谱发现，复合不会改变 TiO_2 和 CeF_3 的晶相结构。其次，他们使用 SEM 和电子背散射衍射观察了制备的 CeF_3、TiO_2 和 CeF_3/TiO_2 复合材料的尺寸和形貌，通过观察发现，在 TiO_2 颗粒的表面或 TiO_2 颗粒之间几乎没有发现 CeF_3 纳米颗粒，这表明 CeF_3 颗粒与 TiO_2 颗粒很好地混合在一起。CeF_3/TiO_2 复合材料的光催化活性取决于从 CeF_3 到 TiO_2 的上转换能量转移，有效能量转移的要求是供体（CeF_3）的发射带与受体（TiO_2）的吸收带重叠。

他们通过研究 CeF₃ 的上转换发射光谱和 TiO₂ 的吸收光谱发现，TiO₂ 的吸收带与 CeF₃ 颗粒的 UV 发射非常重叠，CeF₃ 与 TiO₂ 混合后，UV 发射峰的强度大大降低，这表明 CeF₃ 和 TiO₂ 之间存在有效的能量转移。经过实验和表征结果可以阐明 CeF₃/TiO₂ 复合材料上光催化还原 CO₂ 的机理：

① 入射的可见光被 CeF₃ 吸收；

② CeF₃ 将可见光转换为紫外光；

③ 紫外光被 TiO₂ 颗粒吸收，形成光生电子（e⁻）-空穴（h⁺）对，并位于 TiO₂ 的导带和价带中；

④ 氧化还原反应由 TiO₂ 表面上的 e⁻ 和 h⁺ 引发。h⁺ 可以氧化 H₂O 形成羟基自由基（·OH），并释放 O₂ 和 H⁺。H⁺ 和高活性 e⁻ 会促进 CO₂ 还原并产生甲醇或其他碳氢化合物。CeF₃ 在上述过程中起着至关重要的作用。

6.3.3.4 La₂O₃/TiO₂ 复合光催化剂

众所周知，TiO₂ 中的相组成可以通过制备技术、热处理和金属离子掺杂等方法来改变。研究发现，通过将镧系元素掺入 TiO₂ 中可以调节其晶相、光吸收性质以及光催化活性。

Zhang 等[48]通过湿法浸渍法制备了以锐钛矿型 TiO₂ 为基底的 La₂O₃/TiO₂ 复合材料，并通过一系列表征手段对所制得的样品的结构和性质进行了研究，同时测试了样品光催化产氢的活性。通过观察 XRD 图谱可知，随着 La₂O₃ 含量的增加，TiO₂ 的金红石相被抑制，当 La₂O₃ 含量达到一定值时，XRD 图谱显示锐钛矿是唯一的结晶相，这是因为 La₂O₃ 可以有效减慢颗粒的凝聚，La₂O₃ 的掺入导致 TiO₂ 中形成了 Ti—O—La 键，Ti—O—La 键的形成可以有效阻止 TiO₂ 纳米颗粒的团聚，从而抑制了金红石相的增长。通过观察 UV-vis 光谱可知，La³⁺ 的掺入促使 TiO₂ 的吸收光谱红移，这表明 La³⁺ 的掺杂增强了 TiO₂ 对可见光的吸收能力。此外，他们研究了 La₂O₃/TiO₂ 样品生成 H₂ 的速率，研究发现，La₂O₃ 修饰的 TiO₂ 具有较高的光催化活性，这是因为稀土元素的4f电子跃迁导致 TiO₂ 催化剂的光吸收能力增强，并且稀土元素的掺入促进了光生电子和空穴的分离，进而提高了 TiO₂ 的光催化活性。以上工作表明，TiO₂ 的表面区域很容易被 La₂O₃ 稳定在锐钛矿相，这是因为 La₂O₃ 有效地抑制了 TiO₂ 纳米颗粒的团聚，从而抑制了金红石相的增长。同时，La₂O₃ 修饰的 TiO₂ 纳米颗粒具有良好的光学吸收和较高的光生电子和空穴分离率，这有助于提高 TiO₂ 光催化制氢的效率。

6.3.3.5 La₂O₃/LaTiO₂N 复合光催化剂

使用 H₂O 作为还原剂将 CO₂ 光催化转化为太阳能燃料，已被认为是最有发展前景的可持续能源生产方法。在该反应过程中，首先需要进行光生空穴和

H_2O 的四电子氧化过程以产生氧气和质子，由于其高的反应势垒，该反应过程被认为是水分解的决定步骤；然后，CO_2 被质子和光生电子还原，形成碳氢化合物，如 CH_4，这是八电子转移反应的常见产物。由于在两个反应中多电子过程具有较高的反应势垒，所以，CO_2 还原反应在动力学上发生很困难。经过研究，分子活化被证明是减少 CO_2 还原反应势垒的有效方法。固态碱（例如碱金属氧化物）中碱性位点的 O^{2-} 离子与酸性 CO_2 分子发生化学反应可以将 CO_2 活化成低能碳酸盐（CO_3^{2-}）。由于碱性稀土更适合 CO_2 的吸附，已开发出诸如 $LaPO_4$ 和 $La_2Sn_2O_7$ 的含稀土元素 La 的半导体光催化剂用于 CO_2 还原反应。此外，通过扫描隧道显微镜观察 TiO_2 表面发现，H_2O 分子与 TiO_2（110）表面上的氧空位（O_{Vs}）之间存在强相互作用，可以导致 H_2O 分解为羟基，而且理论研究也证实，在 TiO_2 相同晶面上吸附在表面氧空位处的 CO_2 分子更容易被还原成 CO。这些结果表明，在催化剂表面上引入固体碱或氧空位缺陷可以活化 CO_2 或 H_2O，从而降低 CO_2 还原反应的势垒。Lu 等[49]合成了具有氧缺陷的 La_2O_3 改性的 $LaTiO_2N$ 复合材料（$La_2O_3/LaTiO_2N$）。通过研究制得的 $LaTiO_2N$ 样品的 XPS 和 EPR 发现，样品中的 Ti^{3+} 信号和氧空位均增加，这表明 La_2O_3 可以钝化 $LaTiO_2N$ 纳米晶体的表面缺陷状态，缺陷钝化过程如式(6-52)所示：

$$x\,Ti^{3+} + 0.5x\,O_{Vs} + La_2O_3 \longrightarrow x\,Ti^{4+} + 0.5x\,O^{2-} + La_2O_{3-0.5x} \qquad (6\text{-}52)$$

此外，La_2O_3 上的晶格氧和 $LaTiO_2N$ 上的 O_{Vs} 分别能够将 CO_2 和 H_2O 活化为 CO_3^{2-} 和 H^+，如式(6-53)、式(6-54) 所示。在暗反应期间，H_2O 的 O 原子填充到 $LaTiO_2N$ 的 O_{Vs} 中，形成晶格氧 O_b^{2-}，并释放质子。在光照反应期间，光生空穴会氧化 O_b^{2-}，生成 O_{Vs} 和 O_2，而质子会将 CO_3^{2-} 还原为 CH_4，如式(6-55)、式(6-56) 所示。此外，在不同空间位点的分开活化可以有效地抑制光生电子和空穴的复合。以上工作表明，La_2O_3 中 O^{2-} 的强碱性有利于 CO_2 分子吸附转化成 CO_3^{2-}，这极大地降低了 CO_2 最低未占有电子轨道能量；同时，$LaTiO_2N$ 表面的氧空位有利于活化 H_2O 使其转化为 OH，从而有效地减少了水氧化提供质子的反应障碍，并且在不同的空间位置同时激活 CO_2 和 H_2O 为有效的太阳能转化提供了新的策略。

在黑暗中：

$$CO_2 + O^{2-} \longrightarrow CO_3^{2-} \qquad (6\text{-}53)$$

$$H_2O + O_{Vs} \longrightarrow 2H^+ + O_b^{2-} \qquad (6\text{-}54)$$

在光照下：

$$H_2O + 4h^+ + O_b^{2-} \longrightarrow 2H^+ + O_2 + O_{Vs} \qquad (6\text{-}55)$$

$$CO_3^{2-} + 8h^+ + 8e^- \longrightarrow CH_4 + 2H_2O + O^{2-} \qquad (6\text{-}56)$$

6.3.3.6　La$_2$O$_3$/Ag$_2$VO$_4$ 复合光催化剂

研究发现，Ag$_3$VO$_4$ 在可见光照射下对水分解和降解有机染料表现出光催化活性。然而，由于 Ag$_3$VO$_4$ 对光生电子和空穴的低分离率，所以其光催化活性仍然很低。

Xu 等[50]通过浸渍法合成了不同 La 浓度的 La$_2$O$_3$/Ag$_3$VO$_4$ 样品，并通过研究罗丹明 B(RhB) 染料在可见光照射下的降解速率来评估样品的光催化活性。通过研究所得样品的 XRD 图谱、XPS 以及 UV-vis 光谱发现，在制得的 La$_2$O$_3$/Ag$_3$VO$_4$ 样品中 La^{3+} 是以 La$_2$O$_3$ 的形式存在于 Ag$_3$VO$_4$ 的表面，La^{3+} 的存在使得样品的光吸收边缘延长至更长的波长。由此可以推断出 La$_2$O$_3$ 的引入有利于改善 Ag$_3$VO$_4$ 的光吸收性能，同时，La$_2$O$_3$ 的存在使得生成的电子可以快速地从 Ag$_3$VO$_4$ 移动到表面，提高了光生电子与空穴的分离率和转移率，从而提高 Ag$_3$VO$_4$ 的光催化活性。此外，他们通过研究 La$_2$O$_3$/Ag$_3$VO$_4$ 样品对 RhB 染料的降解发现，La$_2$O$_3$ 修饰的 Ag$_3$VO$_4$ 对 RhB 染料的降解表现出更高的光催化活性，La$_2$O$_3$/Ag$_3$VO$_4$ 增强的光催化活性可以归因于以下几点：

① La$_2$O$_3$/Ag$_3$VO$_4$ 催化剂的吸收波长范围向更长的波长移动，这有利于其在可见光区域的吸收，从而有利于光生电子和空穴的产生，进而有利于光催化活性的增强；

② La$_2$O$_3$ 捕获电子能力的增强，La^{3+} 的掺入有利于光生电子和空穴的有效分离，进而提高了 Ag$_3$VO$_4$ 的光催化活性。

参考文献

[1]　Fujishima A，Honda K. Electrochemical photolysis of water at a semiconductor electrode [J]. Nature，1972，238 (5358)：37-38.

[2]　Fujishima A，Honda K. Electrochemical evidence for the mechanism of the primary stage of photosynthesis [J]. Bulletin of the Chemical Society of Japan，1971，44 (4)：1148-1150.

[3]　Scaife D E. Oxide semiconductors in photoelectrochemical conversion of solar energy [J]. Solar Energy，1980，25 (1)：41-54.

[4]　Kato H，Kudo A. New tantalate photocatalysts for water decomposition into H$_2$ and O$_2$ [J]. Chemical Physics Letters，1998，295 (5)：487-492.

[5]　Sayama K，Mukasa K，Abe R，et al. Stoichiometric water splitting into H$_2$ and O$_2$ using a mixture of two different photocatalysts and an IO^{3-}/I$^-$ shuttle redox mediator under visible light irradiation [J]. Chemical Communications，2001 (23)：2416-2417.

[6]　Kumar S，et al. g-C$_3$N$_4$/NaTaO$_3$ organic-inorganic hybrid nanocomposite：High-performance and recyclable visible light driven photocatalyst [J]. Materials Research Bulletin，2014：310-318.

[7]　Carey J H，Lawrence J R，Tosine H M，et al. Photodechlorination of PCB's in the presence of

titanium dioxide in aqueous suspensions [J]. Bulletin of Environmental Contamination and Toxicology, 1976, 16 (6): 697-701.

[8] Huang J, Ding K, Wang X, et al. Nanostructuring cadmium germanate catalysts for photocatalytic oxidation of benzene at ambient conditions [J]. Langmuir, 2009, 25 (14): 8313-8319.

[9] Benhebal H, et al. Photocatalytic degradation of phenol and benzoic acid using zinc oxide powders prepared by the sol-gel process [J]. Alexandria Engineering Journal, 2013, 52 (3): 517-523.

[10] Fan Y, et al. Convenient Recycling of 3D AgX/Graphene Aerogels (X=Br, Cl) for Efficient Photocatalytic Degradation of Water Pollutants [J]. Advanced Materials, 2015, 27 (25): 3767-3773.

[11] Inoue T, et al. Photoelectrocatalytic reduction of carbon dioxide in aqueous suspensions of semiconductor powders [J]. Nature, 1979, 277 (5698): 637-638.

[12] Liu B, et al. Photocatalytic reduction of CO_2 using surface-modified CdS photocatalysts in organic solvents [J]. Journal of Photochemistry and Photobiology A-chemistry, 1998, 113 (1): 93-97.

[13] Kaneco S, Kurimoto H, Shimizu Y, et al. Photocatalytic reduction of CO_2 using TiO_2 powders in supercritical fluid CO_2 [J]. Energy, 1999, 24 (1): 21-30.

[14] Peral J, Ollis D F. Heterogeneous photocatalytic oxidation of gas-phase organics for air purification: Acetone, 1-butanol, butyraldehyde, formaldehyde, and m-xylene oxidation [J]. Journal of Catalysis, 1992, 136 (2): 554-565.

[15] Blount M C, Falconer J L. Steady-state surface species during toluene photocatalysis [J]. Applied Catalysis B-environmental, 2002, 39 (1): 39-50.

[16] Sun X, Liu H, Dong J, et al. Preparation and Characterization of Ce/N-Codoped TiO_2 Particles for Production of H_2 by Photocatalytic Splitting Water Under Visible Light [J]. Catalysis Letters, 2010, 135 (3): 219-225.

[17] Xiao Q, Si Z, Zhang J, et al. Photoinduced hydroxyl radical and photocatalytic activity of samarium-doped TiO_2 nanocrystalline [J]. Journal of Hazardous Materials, 2008, 150 (1): 62-67.

[18] Anandan S, et al. Highly Active Rare-Earth-Metal La-Doped Photocatalysts: Fabrication, Characterization, and Their Photocatalytic Activity [J]. International Journal of Photoenergy, 2012: 1-10.

[19] Dimitrijevic N M, et al. Role of Water and Carbonates in Photocatalytic Transformation of CO_2 to CH_4 on Titania [J]. Journal of the American Chemical Society, 2011, 133 (11): 3964-3971.

[20] Liu L, et al. Photocatalytic CO_2 Reduction with H_2O on TiO_2 Nanocrystals: Comparison of Anatase, Rutile, and Brookite Polymorphs and Exploration of Surface Chemistry [J]. ACS Catalysis, 2012, 2 (8): 1817-1828.

[21] Tahir B, et al. Tailoring performance of La-modified TiO_2 nanocatalyst for continuous photocatalytic CO_2 reforming of CH_4 to fuels in the presence of H_2O [J]. Energy Conversion and Management, 2018: 284-298

[22] Mo J, et al. Photocatalytic purification of volatile organic compounds in indoor air: A literature review [J]. Atmospheric Environment, 2009, 43 (14): 2229-2246.

[23] Chen X, et al. La-modified mesoporous TiO_2 nanoparticles with enhanced photocatalytic activity for elimination of VOCs [J]. Journal of Porous Materials, 2015, 22 (2): 361-367.

[24] Rao Z, Shi G, Wang Z, et al. Photocatalytic degradation of gaseous VOCs over Tm^{3+}-TiO_2: Revealing the activity enhancement mechanism and different reaction paths [J]. Chemical Engineering Journal, 2020, 395: 125078.

[25] Sunada K, et al. Studies on photokilling of bacteria on TiO_2 thin film [J]. Journal of Photochemistry and Photobiology A-chemistry, 2003, 156 (1): 227-233.

[26] Luo J, et al. Ethanol sensing enhancement by optimizing ZnO nanostructure: From 1D nanorods to 3D nanoflower [J]. Materials Letters, 2014, 137: 17-20.

[27] Sugunan A, Guduru V K, Uheida A, et al. Radially Oriented ZnO Nanowires on Flexible Poly-l-Lactide Nanofibers for Continuous-Flow Photocatalytic Water Purification [J]. Journal of the American Ceramic Society, 2010, 93 (11): 3740-3744.

[28] Alam U, Khan A, Ali D, et al. Comparative photocatalytic activity of sol-gel derived rare earth metal (La, Nd, Sm and Dy)-doped ZnO photocatalysts for degradation of dyes [J]. RSC Advances, 2018, 8 (31): 17582-17594.

[29] Geng Z, et al. Oxygen Vacancies in ZnO Nanosheets Enhance CO_2 Electrochemical Reduction to CO [J]. Angewandte Chemie, 2018, 57 (21): 6054-6059.

[30] Guo Q, Zhang Q, Wang H, et al. Unraveling the role of surface property in the photoreduction performance of CO_2 and H_2O catalyzed by the modified ZnO [J]. Molecular Catalysis, 2017, 436: 19-28.

[31] Xu J, Brenner T J, Chen Z, et al. Upconversion-agent induced improvement of g-C_3N_4 photocatalyst under visible light [J]. ACS Applied Materials & Interfaces, 2014, 6 (19): 16481-16486.

[32] Wang M, Guo P, Zhang Y, et al. Synthesis of hollow lantern-like Eu (III)-doped g-C_3N_4 with enhanced visible light photocatalytic perfomance for organic degradation [J]. Journal of Hazardous Materials, 2018: 224-233.

[33] Tang J, Guo R, Pan W, et al. Visible light activated photocatalytic behaviour of Eu (Ⅲ) modified g-C_3N_4 for CO_2 reduction and H_2 evolution [J]. Applied Surface Science, 2019: 206-212.

[34] Yin S, Fan W, Di J, et al. La^{3+} doped BiOBr microsphere with enhanced visible light photocatalytic activity [J]. Colloids and Surfaces A: Physicochemical and Engineering Aspects, 2017: 160-167.

[35] Wu J, et al. One-step synthesis and Gd^{3+} decoration of BiOBr microspheres consisting of nanosheets toward improving photocatalytic reduction of CO_2 into hydrocarbon fuel [J]. Chemical Engineering Journal, 2020, 400.

[36] Alhamdi A, et al. Gadolinium doped tin dioxide nanoparticles: an efficient visible light active photocatalyst [J]. Journal of Rare Earths, 2015, 33 (12): 1275-1283.

[37] Poornaprakash B, et al. Terbium-doped ZnS quantum dots: Structural, morphological, optical, photoluminescence, and photocatalytic properties [J]. Ceramics International, 2018, 44 (10): 11724-11729.

[38] Tang Z, Zhang Y, Xu Y. A facile and high-yield approach to synthesize one-dimensional CeO_2 nanotubes with well-shaped hollow interior as a photocatalyst for degradation of toxic pollutants [J]. RES advances, 2011: 1772-1777.

[39] Umar A, et al. Growth and properties of well-crystalline cerium oxide (CeO_2) nanoflakes for environmental and sensor applications [J]. Journal of Colloid and Interface Science, 2015: 61-68.

[40] Muduli S K, et al. Mesoporous cerium oxide nanospheres for the visible-light driven photocatalytic degradation of dyes. [J]. Beilstein Journal of Nanotechnology, 2014, 5 (1): 517-523.

[41] Singh K, et al. Effect of rare-earth doping in CeO_2 matrix: Correlations with structure, catalytic and visible light photocatalytic properties [J]. Ceramics International, 2017, 43 (18): 17041-17047.

[42] Dhiman M, Singhal S. Effect of doping of different rare earth (europium, gadolinium, dysprosium and neodymium) metal ions on structural, optical and photocatalytic properties of $LaFeO_3$ perovskites [J]. Journal of Rare Earths, 2019, 37 (12): 1279-1287.

[43] Zou W, et al. Enhanced visible light photocatalytic hydrogen evolution via cubic CeO_2 hybridized g-C_3N_4 composite [J]. Applied Catalysis B-environmental, 2017: 51-59.

[44] Ma R, et al. Enhanced Visible-Light-Induced Photoactivity of Type-II CeO_2/g-C_3N_4 Nanosheet toward Organic Pollutants Degradation [J]. ACS Sustainable Chemistry & Engineering, 2019, 7 (10): 9699-9708.

[45] Li M, et al. Mesostructured CeO_2/g-C_3N_4 nanocomposites: Remarkably enhanced photocatalytic activity for CO_2 reduction by mutual component activations [J]. Nano Energy, 2016, 19 (19): 145-155.

[46] Huang H J, et al. Mechanism of $CeVO_4$/TiO_2 Photocatalytic Degradation of VOCs under Visible Light Irradiation: Electrochemical, Photoluminescence and Active Oxygen Species Study [J]. Applied Mechanics and Materials, 2012: 853-856.

[47] Tang C, et al. CeF_3/TiO_2 composite as a novel visible-light-driven photocatalyst based on upconversion emission and its application for photocatalytic reduction of CO_2 [J]. Journal of Luminescence, 2014: 305-309.

[48] Zhang Y, Zhang J, Xu Q, et al. Surface phase of TiO_2 modified with La_2O_3 and its effect on the photocatalytic H_2 evolution [J]. Materials Research Bulletin, 2014, 53 (1): 107-115.

[49] Lu L, et al. La_2O_3-Modified $LaTiO_2N$ Photocatalyst with Spatially Separated Active Sites Achieving Enhanced CO_2 Reduction [J]. Advanced Functional Materials, 2017, 27 (36).

[50] Xu H, Li H, Sun G, et al. Photocatalytic activity of La_2O_3-modified silver vanadates catalyst for Rhodamine B dye degradation under visible light irradiation [J]. Chemical Engineering Journal, 2010, 160 (1): 33-41.

第7章

稀土材料在电催化反应中的应用

7.1
引言

  在过去几十年中，过渡金属基材料（包括非贵金属和贵金属的材料）作为多相催化剂被广泛用于各种电催化反应中，如析氢、析氧、氧还原和甲醇氧化等催化反应，通过电催化反应来实现高效能源转换。然而，过渡金属材料的催化性能仍不能满足未来应用的要求，这是实现高活性电催化反应的瓶颈。目前通过掺杂其他元素及其化合物来对催化剂进行改性已经被普遍认为是一种可靠的方法，除了使用 Mn、Fe、Co 和 Cu 等具有催化活性的过渡金属[1]，还有使用 Ti、V、Cr 和 Zn 等不具有催化活性的过渡金属作为掺杂剂、助催化剂和感光剂[2]，其中使用助催化剂是调控过渡金属基电催化剂催化性能的常用方法。

  稀土元素在电催化中的应用早在 20 世纪 70 年代就开始了，Miles[3]首次证明了 LaNi$_5$ 合金可以作为碱性溶液中析氢反应（HER）的阴极材料。然而，稀土掺杂材料并不是 20 世纪电催化研究的热点，因此稀土材料的电催化研究并没有像预期的那样迅速发展，在 20 世纪发表的研究成果很少且有限[4]。但自20世纪以来，稀土元素被用于调控各种过渡金属基电催化剂的催化性能，推动了电催化技术的发展，电催化领域得到了越来越多人们的关注。特别是在纳米技术高速发展的影响下，使得稀土电催化剂在各种电催化技术中均得到广泛应用，其中包括析氢反应（HER）、析氧反应（OER）、氧还原反应（ORR）、甲醇氧化反应（MOR）和其他反应等。一般在 ABX$_3$ 钙钛矿型的稀土材料中，通常不同的稀土元素占据 A 位点，如 $LaCoO_3$。本章将重点介绍含稀土过渡金属基材料和稀土基化合物的研究进展。这里将叙述几个部分，包括：

① 稀土电催化剂的基本知识和稀土在过渡金属基电催化剂中的多种引入方法；

② 稀土电催化剂在各种电催化反应中的应用（如 HER、OER、ORR、MOR 等）及其提高催化性能的可能机理；

③ 稀土电催化剂的最新发展和展望。

7.2
稀土及含稀土电催化剂

稀土元素由 17 种元素组成，即 Sc、Y 和其他 15 种镧系元素。而位于元素周期表 ⅢB 族的 Sc、Y 以及具有 4f 轨道的镧系元素，比其他过渡金属如 Mn、Fe、Co 和 Ni 等拥有更大的原子半径和离子半径。所有稀土元素均具有稳定的 RE^{3+} 化学态，而部分稀土元素存在四价态，如 Ce^{4+}、Tb^{4+} 等。其中随着 4f 轨道电子的增加和相应的镧系收缩效应导致镧系元素的离子半径逐渐发生变化并且具有相似的电子结构，使得它们在物理化学性质上有许多相似之处，但在光、磁和催化的性质上存在差异。

在过渡金属基电催化剂方面，稀土的引入始于 20 世纪 70 年代，进入 21 世纪后迅速发展。在 Co、Ni 和 Fe 等非贵金属以及 Pt、Au 和 Pd 等贵金属电催化剂中引入稀土元素的方法在电催化反应中得到研究发展。其中由于 Ce 可以在 Ce^{3+}/Ce^{4+} 之间快速转换，因而引起了电催化领域的广泛关注。为了更好地了解稀土元素的应用，将重点介绍四种典型的电催化反应（HER、OER、ORR 和 MOR 催化反应），并且总结有关稀土元素在电催化中的特点和作用。

稀土电催化剂的制备可以通过不同的物理和化学方法来实现，其中包括高温熔炼（如电弧熔炼和感应熔炼）、磁控溅射、湿法化学沉积和电沉积法。而其中高温熔炼法一般适用于大批量制备稀土含量较多的合金，磁控溅射法可以有效合成尺寸可控的合金纳米粒子，但不适合大批量生产[5]。湿法化学沉积和电沉积法是在主体材料中掺入稀土元素，或与其他纳米结构的电催化剂构建异质结构，因设备简单且成本低廉而被广泛应用于制备形貌可控的纳米材料。值得一提的是，由于稀土元素与其他过渡金属的原子半径有很大的差别，使得稀土元素很难掺入其他电催化剂中，但是会形成稀土复合物，在此基础上，人们提出了多种含稀土的电催化剂，为稀土电催化剂的进一步设计和制备提供了新的思路。根据稀土掺杂电催化剂的各种制备方法，人们提出了三种实现稀土与其他电催化剂复合的方法：

① 与其他金属形成合金，得到新的晶态结构合金，如 $LaNi_5$ 和 Pt_5Gd；

② 在制备过程中掺杂稀土元素离子到主体材料中，如掺杂 Ce^{3+} 在 NiFe 层状双氢氧化物 PNMs 纳米片中的研究；

③ 在电催化剂与稀土基化合物之间建立多相结构，如 Ni 与 CeO_2 界面的形成。

7.3
含稀土电催化剂在析氢反应中的应用

电催化析氢反应（HER）是酸碱介质中水电解和碱性溶液中氯碱生成过程中重要的半反应。面对当前日益严峻的能源短缺和环境污染问题，与传统的化石燃料（如天然气、煤）相比，氢作为一种高燃烧热值的清洁能源载体具有重要意义。在众多制氢方法（如光催化制氢等）之中，电催化分解水作为一种清洁可再生的制氢工艺具有重要的应用前景。但目前常用的电解水析氢反应催化剂多为贵金属基（如 Pt）材料，这种金属不仅储量稀少且成本高昂，因此开发低成本、高活性的非贵金属电解水析氢催化剂是目前该领域研究面临的重要挑战。

HER 是电解水的阴极反应，由多步基元反应组成，酸碱条件下反应机制基本相同，只是酸性条件下质子的来源为 H_3O^+，碱性条件下质子的来源为水分子。以酸性条件下为例，主要有下列 3 种反应：

Volmer 反应：

$$H_3O^+ + e^- \longrightarrow H_{ads} + H_2O \tag{7-1}$$

$$b = 2.3RT/\alpha F \approx 120 \text{mV/dec} \tag{7-2}$$

Heyrovsky 反应：

$$H_{ads} + H_3O^+ + e^- \longrightarrow H_2 + H_2O \tag{7-3}$$

$$b = 2.3RT/(1+\alpha)F \approx 40 \text{mV/dec} \tag{7-4}$$

Tafel 反应：

$$H_{ads} + H_{ads} \longrightarrow H_2 \tag{7-5}$$

$$b = 2.3RT/2F \approx 30 \text{mV/dec} \tag{7-6}$$

式中　　　　　　　　　b——Tafel 斜率；

　　　　　　　　　　　R——理想气体常数 $T = 298K$；

　　　　α（≈ 0.5）——传递系数；

F——法拉第常数。

第一种 Volmer 反应属于初始的电子转移步骤，质子得到电子在电极表面形成吸附态的氢原子（H_{ads}）。第二种 Heyrovsky 反应属于电化学脱附步骤，吸附的氢原子与电解质中的质子结合产生氢气。第三种 Tafel 反应属于复合脱附步骤，催化剂上吸附的氢原子相互结合生成氢气。对于整个析氢过程[6]，必然包括电子转移和脱附两个步骤。如果电子转移是反应中的慢速步，则被称为"迟缓放电机理"，其 Tafel 斜率约为 120mV/dec。如果电化学脱附是反应中的慢速步，则被称为"电化学脱附机理"，其 Tafel 斜率约为 40mV/dec。如果复合脱附是反应中的慢速步，则被称为"复合脱附机理"，其 Tafel 斜率约为 30mV/dec。因此，实际情况中可以根据 Tafel 斜率的大小来推测电化学反应动力学过程。

析氢反应过程中，氢原子在催化剂表面的吸附和脱附是一对竞争反应。若吸附太强，易于形成氢气，但不利于氢气的脱附。若吸附太弱，不利于形成氢气。只有在吸附和脱附之间达到良好的平衡，才能表现出较好的析氢活性。通常用氢吸附自由能（ΔG_H）来表征催化剂的催化活性[7]。ΔG_H 越接近于 0，析氢反应越容易进行。几种常见金属的氢吸附自由能与催化活性的关系呈现出"火山型"关系其中，Pt 系的贵金属有着适中的氢吸附自由能，实验也证明它们具有较高的析氢反应速率和催化活性[8]。因此需要寻找氢吸附自由能适中的催化剂，是提高析氢催化活性的方法。

7.3.1 稀土合金在析氢反应中的应用

在 20 世纪时，具有 d 轨道过渡金属的金属合金由于其成本低、耐腐蚀性好和活性高等优点已取代纯金属电极被人们广泛研究。然而，设计出稳定且具有优良催化活性的电催化剂是一个挑战。根据 Brewer-Engel 理论：具有空的 d 轨道金属（金属合金左边部分）可以与 d 轨道有成对电子的金属（金属合金右边部分）形成合金而具有电催化析氢协同效应，从而提高材料的电催化析氢活性[9]。具有空的 d 轨道的轻稀土元素（即镧系元素中的 La 至 Gd）与具有半填充 3d 轨道的催化活性元素 Fe，Co 和 Ni 等结合可以形成晶体合金。因此，将左边的轻稀土元素金属（如 Sc、Y、La、Ce、Pr）与右边的其他过渡金属（如 Fe、Co、Ni）组合，可以得到比它们单一金属组分具有更好电催化析氢活性的金属间合金化合物。根据 Brewer-Engel 理论的预测，$LaNi_5$ 可能是最具活性的电催化合金结构之一，其具有最好的对称性而且系统熵最小。$LaNi_5$ 作为一种引人注目的储氢材料，于 1975 年首次被 Miles 报道为析氢反应的电催化剂[10]。后来，

Tamura 等[11]专门研究了 LaNi$_5$ 和 MmNi$_5$，发现其在碱性溶液中表现出比纯镍更好的电催化产氢性能。有报道提出并论证了低含量（通常质量分数<10%）的 Y、Ce、Pr、Sm 和 Dy 等稀土元素对 Ni 基合金 HER 活性的影响[12]。近年来，人们引入稀土元素和其他过渡金属如 Fe、Zn、Mo 和 Pt 来制备结晶合金，可提高其在碱性水溶液中电解的活性[13]。

7.3.2　含 Ce 或 CeO$_2$ 的电催化剂在析氢反应中的应用

利用稀土元素与其他金属形成合金并不是提高过渡金属催化性能的唯一途径，在过去的十年中，人们发现了多种掺杂稀土元素离子和复合稀土元素氧化物的方法。具体而言，通过掺杂 Ce 离子和与 CeO$_2$ 合成复合材料的方法也能提高过渡金属的催化性能。例如，在镍基电催化剂的电沉积过程中，在电极上添加微米级和纳米级的 CeO$_2$ 是改变电催化剂内部结构性质的一种新方法。采用往镍电极掺杂铈的改性方法，可以使镍电极的晶粒更均匀，内应力更小，从而具有更好的催化活性和电荷转移性能[14]。此外，进一步的研究表明，在用电沉积法制备 Ni-S/CeO$_2$ 复合物中，氧化铈的用量还可以调节复合物涂层中硫的含量，从而进一步调节其在碱性溶液中的析氢活性[15]。在电沉积制备 Co-W/CeO$_2$ 复合材料用于电催化析氢的反应中，制备的晶态 Co-W/CeO$_2$ 复合材料比无定型 Co-W 合金具有更高的催化活性[16]。

虽然 CeO$_2$ 可以作为过渡金属合金电沉积的有效添加剂，但它对 HER 的影响仍需要进一步研究。最近，Weng 等[17]利用实验研究和密度泛函理论（DFT）计算揭示了 CeO$_2$ 在 Ni/CeO$_2$ 界面上的作用。碳纳米管（CNTs）用于固定 Ni/CeO$_2$ 异质结构和增加其导电性，Ni/CeO$_2$ 界面促进了水的解离，并形成较小的氢结合能从而以较小的过电位提高界面活性。DFT 结果描述，与纯 Ni（111）相比，水在 Ni/CeO$_2$（111）界面上的解离能量较低，说明了在 Ni/CeO$_2$ 表面上更容易形成 H* 中间体。随后的分析表明，Ni/CeO$_2$ 界面上较低的氢结合能加速了 H* 中间体转化为 H$_2$。因此，在金属和金属氧化物（CeO$_2$）之间构建这样的界面可以促进 H—OH 键的断裂以形成 H* 中间体，通过优化氢结合能而降低 H$_2$ 吸附能。

最近，CeO$_2$（或 CeO$_x$）与过渡金属基电催化剂之间形成的各种界面引起广泛关注，其中包括 CoP-CeO$_2$、Ni$_2$P-CeO$_2$、CoP-CeO$_2$-C、Ni$_3$N-CeO$_2$ 和 NiFe-LDH-CeO$_x$ 等，这些界面结构提高了电催化剂在酸性和碱性介质中析氢的催化活性。在电催化剂中加入 CeO$_2$，催化水分子在碱性溶液中解离产生氢中间体的过程将变得更加容易，而且导致碱性溶液中氢的吸附能较低，这使吸附的中间体更快地生成氢分子。Zhang 等[18]报道了 CoP-CeO$_2$/Ti 与 CoP/Ti 相比在碱性溶液中析氢的过电位显著降低，因为减少了水吸附能和优化了氢吸附自由能。同样，Sun 等[19]证明了加入 CeO_2 的 Ni_3N 催化剂会使碱性 HER 的过电位降低。有结果表明[20]，表面氧空位富集的 CeO_x 纳米颗粒使 NiFe-LDH 纳米片与 CeO_x 之间产生了较强的局域电子相互作用，HER 和 OER 的活性得到加强，在 1.51V 的低电位下驱动 $10mA/cm^2$ 电流密度进行水分解。

以 CeO_2 为基体与金属及金属氧化物相结合，也是提高电催化剂活性的可行方法。Demir 等[21]报道了 Ru 纳米粒子负载于纳米氧化铈在酸性条件下对 HER 的催化活性。当 Ru 含量较低时，这种催化剂表现出较小的起始电位和过电位，以高效产生氢气。此外，Long 等[22]制备了以铈层为基底的金属和金属氧化物，加速了水分子的解离，促进了铈与过渡金属及其氧化物之间的强电子相互作用，提高了 HER 和 OER 活性，只需要非常小的过电位就能充分实现析氢反应、析氧反应和全面水分解反应。

在 CoP 中掺杂 Ce^{3+} 离子是近年发展起来的调整 CoP 电子结构的新方法，使其在酸性和碱性溶液中都表现出高效的 HER 性能[23]。DFT 理论计算表明，引入 Ce 后，CoP 晶面的氢吸附自由能降低，而 Bader 电荷分析表明，Ce 掺杂使 Co 的电子结构发生了变化。实验结果证实了 Ce 掺杂到 CoP 中，其极化曲线与理论分析一致，即在酸性和碱性电解质中，HER 的过电位和 Tafel 斜率都显著降低，这表明 Ce 掺杂方法可以极大地改善主体材料的电子结构，以提高其 HER 活性。

7.3.3　含稀土钙钛矿电催化剂在析氢反应中的应用

氢作为一种可循环利用的高效清洁能源，引起了人们的极大关注。设计高效且稳定的水裂解催化剂是水分解反应的关键。HER 和 OER 是水分解的两个半反应，其反应可以用来评价电催化剂的催化性能[24]。

在众多催化剂中，稀土氧化物钙钛矿材料是一种很有发展前景的水分解电催化剂，已有大量的研究工作围绕着作为水分解电催化剂的稀土氧化物钙钛矿展开，稀土氧化物钙钛矿已被证明具有可与贵金属催化剂相媲美的优良催化性能。其中稀土氧化物钙钛矿的种类、化学组成、微观结构和形貌等，都对其催化活性有重要影响，因此是电催化剂研究的重要内容[25]。Sr 和 Co 共掺杂的钙钛矿（即 $La_{1-x}Sr_xGa_{1-y}Co_yO_{3-\delta}$）有着比无掺杂钙钛矿高得多的 H_2 产率，这主要归因于该催化剂具有较低的活化能[24]。随着 K 和 Na 的掺杂，钙钛矿的高活性晶相和结构（$LaKNaTaO_5$ 片）逐渐转变为核壳结构（$LaTaON_2$），因此暴露出更活跃的（010）面，使析氢活性提高了 4 倍[26]。

最近，Xu 等[27]证明了 A 位掺杂的 $Pr_{0.5}(Ba_{0.5}Sr_{0.5})_{0.5}Co_{0.8}Fe_{0.2}O_{3-\delta}$ 钙钛

矿氧化物是碱性电解质中用于 HER 的高活性和稳定的非贵金属催化剂。与 $Ba_{0.5}Sr_{0.5}Co_{0.8}Fe_{0.2}O_{3-\delta}$ 钙钛矿相比，$Pr_{0.5}(Ba_{0.5}Sr_{0.5})_{0.5}Co_{0.8}Fe_{0.2}O_{3-\delta}$ 催化活性显著提高。此外，$Pr_{0.5}(Ba_{0.5}Sr_{0.5})_{0.5}Co_{0.8}Fe_{0.2}O_{3-\delta}$ 催化剂在碱性溶液中格外稳定，在 1.0mol/L KOH 中持续 25h 的制氢过程中，没有显示出明显的分解迹象。优异的 HER 性能可能源于 Pr 掺杂引起的 $Pr_{0.5}(Ba_{0.5}Sr_{0.5})_{0.5}Co_{0.8}Fe_{0.2}O_{3-\delta}$ 表面的晶格氧浓度增加和部分氧化的钴物种，以及增强的电化学有效表面积和更快的电子转移。

7.3.4 其他含稀土电催化剂在析氢反应中的应用

除 Ce 元素外，其他稀土元素对 HER 催化剂也有促进作用。如 Liu 等[28]通过引入无定形 $Y(OH)_3$ 纳米片作为基底构建 $Ru/Y(OH)_3$ 复合物，揭示了 Ru 对 $Ru/Y(OH)_3$ 催化剂在碱性 HER 反应中的促进作用。具有大量结构缺陷和配位不饱和原子的无定形 $Y(OH)_3$ 为高度分散的 Ru 纳米颗粒的形成提供了丰富的成核位点，并使 Ru 与 $Y(OH)_3$ 之间具有较强的相互作用，从而使得其有更好的水分解动力学和结构稳定性。

在表 7-1 中总结了电催化剂及其相应的稀土掺杂电催化剂对 HER 的催化性能的比较。因此，从以往的研究结果来看，稀土元素掺入对 HER 活性的增强主要是由于调节了电催化剂的电子结构，促进了水分解生成活性 H^* 物种。通常采用三种方法制备稀土电催化剂及其衍生物用于 HER：

① 将电催化剂与其他过渡金属合金化；

② 以稀土氧化物和氢氧化物为基体和添加剂，构建过渡金属及其衍生物和稀土氧化物（特别是 CeO_2）的微米界面和纳米界面；

③ 在过渡金属基电催化剂中掺杂稀土元素。

表 7-1　稀土元素掺入之前和之后各种电催化剂的 HER 催化性能比较

电催化剂	过电位 $(10mA/cm^2)/mV$	Tafel 斜率 $/(mV/dec)$	电解液	参考文献
Ni	约 370	118	1mol/L NaOH	[12]
$Ni_{94}Pr_6$	约 240	81		
Pt	570($100mA/cm^2$)	130	8mol/L KOH	[29]
Pt-Ce	390($100mA/cm^2$)	114		
Ni CNT	约 180	N/A	1mol/L KOH	[17]
Ni/CeO_2 CNT	91	N/A		
CoP/Ti	70	52	1mol/L KOH	[18]
$CoP-CeO_2$/Ti	43	45		

电催化剂	过电位 (10mA/cm²)/mV	Tafel 斜率 /(mV/dec)	电解液	参考文献
Ni₂P/TM	131(20mA/cm²)	113	1mol/L KOH	[30]
Ni₂P-CeO₂/Ti	84(20mA/cm²)	87		
CoP-C/CC	132	82	0.5mol/L H₂SO₄	[31]
CeO₂-CoP-C/CC	71	53		
Ni₃N/TM	121	155	1mol/L KOH	[19]
Ni₃N-CeO₂/TM	80	122		
NF/NiFe-LDH	198	130	1mol/L KOH	[20]
NF/NiFe-LDH/CeOₓ	154	101		
Ni-TMO	198	102	1mol/L KOH	[22]
ceria/Ni-TMO	93	69		
CoP/Ti	74	54	0.5mol/L H₂SO₄	[23]
Ce-doped CoP/Ti	54	59.3		
Ru	192	82	0.1mol/L KOH	[28]
Ru/Y(OH)₃	100	66		

注：CNT—碳纳米管；HER—放氢反应；LDH—层状双氢氧化物；TMO—过渡金属氧化物；TM—Ti 网；CC—碳布。

7.4
含稀土电催化剂在析氧反应中的应用

众所周知，析氧反应（OER）是一个更为迟缓和复杂的半反应，在 OER 中经过二电子或四电子过程的水分子会被转化为氧分子[32]。对于一个典型的四电子反应过程，从动力学角度看，各种含氧中间体的转移、转化和产生的氧分子的释放都与四电子反应速率有关。因此，与中间体有最佳结合强度的催化剂和氧迁移率的提高将有利于氧参与的反应，包括 OER 和氧还原反应（ORR）。后面小节将介绍稀土元素在 ORR 中的应用，在此，将重点介绍掺杂稀土元素的过渡金属基电催化剂在 OER 中的应用。

OER 进行的是多步电子转移过程，其反应速率缓慢且过电位高，严重制约了电解水制氢的发展，通常认为 OER 机理为：

在酸性电解质中，

$$M + H_2O \longrightarrow M-OH + H^+ + e^- \tag{7-7}$$

$$M-OH \longrightarrow M-O+H^{+}+e^{-} \tag{7-8}$$

$$2M-O \longrightarrow O_2+2M \tag{7-9}$$

或

$$M-O+H_2O \longrightarrow MOOH+H^{+}+e^{-} \tag{7-10}$$

$$MOOH+2H_2O \longrightarrow M+2O_2+4H^{+}+4e^{-} \tag{7-11}$$

在碱性电解质中，

$$M+OH^{-} \longrightarrow M-OH^{-} \tag{7-12}$$

$$M-OH+OH^{-} \longrightarrow M-O+H_2O+e^{-} \tag{7-13}$$

$$2M-O \longrightarrow O_2+2M \tag{7-14}$$

或

$$M-O+OH^{-} \longrightarrow MOOH+e^{-} \tag{7-15}$$

$$MOOH+OH^{-} \longrightarrow M+O_2+H_2O+e^{-} \tag{7-16}$$

其中 M 代表金属元素，在不同的电解质中均能产生金属-氧（M—O）中间体，该中间体可通过两种不同的方式形成 O_2。第一种，两个 M—O 中间体结合产生 O_2。另一种是 M—O 先形成 M-OOH 中间体，再形成 O_2。氧气析出涉及 4 个电子转移，M—O 键断裂过程的动力学非常缓慢，在电解水阳极反应中具有较高的过电位，消耗的能量较高[33]。在 OER 过程中，中间产物 HOO* 和HO* 之间的能量状态被作为评价电催化剂活性的一个指标[34]。根据 Sabatier 原理，当电催化剂表面与 O 的成键强度太弱时，不易形成中间产物 HO*，当电催化剂表面与 O 的成键强度太强时，不利于 HO* 进一步反应生成 HOO*，只有电催化剂表面与 O 的成键强度适中才有利于提高 OER 电催化活性[35]，其中金红石型、尖晶石型或者钙钛矿型的氧化物活性的总体趋势与实验数值相符。但是有些氧化物不符合上述规律如密度泛函理论（DFT）计算出的 Co_3O_4 的过电势要略微小于 RuO_2。造成这些偏差的主要原因有以下两种：①为了简化模型而只考虑单一的活性指标；②由于催化剂的晶面在电化学过程中会发生变化，如表面重构和氧缺陷的引入等，而理论计算往往忽略了这些重要的细节，因此应该将理论计算与实验相结合来设计性能优异的 OER 电催化剂，从而有效降低电化学反应的过电位，减少能量消耗，提高能量储存和转化效率。

7.4.1 铈掺杂电催化剂在析氧反应中的应用

在过渡金属基电催化剂中掺杂 Ce 离子也是调节其 OER 性能的一种可行途径。Ng 等[36]结合实验观察和理论分析，证明了在电沉积 NiO_x 时掺杂 Ce 可以显著提高 OER 活性。通过调节 Ni/Ce 比，使得负载在 Au 衬底上的 $NiCeO_x$ 电催化剂的活性显著提高，而 DFT 计算表明在 NiOOH（0112）上的不饱和Ni附近 Ce 的存在有助于形成较低的理论过电位。此外，由于 Ce 与 Ni 之间强烈的电子相互作用以及 Ce 良好的亲氧性，OER 中 $\Delta G_O - \Delta G_{OH}$ 也随之降低。最近，Xu 等[37] 报道了 Ce 掺杂的 NiFe-LDH/CNT 具有比纯 NiFe-LDH/CNT 更好的 OER 活性，Ce 掺杂的影响有以下作用：首先，Ce 掺杂导致了更多的晶格畸变，产生了更多的活性位点，从而使 OER 活性更强；其次，由于缺陷的增加和 Ce^{3+}/Ce^{4+} 的快速氧化还原转化使氧扩散和氧释放的速率增加。因此，上述研究表明 Ce 离子掺杂在催化剂中产生了更多的缺陷位，从而有利于 OER 活性的提高。

7.4.2 与 CeO$_2$ 复合的电催化剂在析氧反应中的应用

不仅 Ce 离子掺杂对于 OER 性能具有调节作用，其氧化物 CeO$_2$ 也被广泛认为是提高 OER 催化剂活性和稳定性的添加剂。通常 CeO$_2$ 由于具有丰富的活性位点和储氧能力而被广泛用于多相催化。虽然 CeO$_2$ 本身对与氧气相关的反应（如 OER 或 ORR）不具有催化活性，但它可以作为助催化剂来促进主电极的活性。这里通过几个典型的例子介绍 CeO$_2$ 对不同过渡金属基电催化剂在碱性电解质中 OER 活性的提高作用。例如，Zheng 等[38] 证明了在 0.1mol/L KOH 溶液中使用 CeO$_2$ 纳米颗粒修饰 CoSe$_2$ 纳米带使其 OER 活性提升。Zhao 等[39] 采用溶剂热法优化了 Ce 和 Ni 之间的比例以制备紧密的 Ni(OH)$_2$-CeO$_2$ 界面来促进 OER 活性。并且由于 Ni(OH)$_2$ 和 CeO$_2$ 之间的强电子相互作用调节了 OER 过程中反应中间体和催化剂之间的结合强度，使得活性显著增强，且过电位显著降低了约 180mV。近年来的研究表明，CeO$_2$ 不仅提高了催化剂的活性，而且促进了催化剂的长期稳定性，CeO$_2$ 可以保护金属和合金免受腐蚀。最近，Obata 和 Tkanabe[40] 展示了通过阳极涂覆 CeO$_x$ 层来保护 NiFeO$_x$，使其不会因为活性位中 Fe 流失而逐渐失活。由于二氧化铈层的选择渗透性，OH$^-$ 和 O$_2$ 被可以通过而 Fe^{3+} 等氧化还原离子的扩散受到阻碍从而防止了 NiFeO$_x$ 内层的腐蚀和破坏，因此 CeO$_x$ 的保护作用使合成的 NiFeO$_x$ 催化剂具有良好的 OER 活性和稳定性。

CeO$_2$ 与其他过渡金属电催化剂之间的相互作用对 OER 活性的促进作用已被广泛报道。然而，对于氧化铈本身的结构特征和性质对催化活性的影响研究较少。Gao 等[41] 研究了氧化铈的结构性质对 OER 性能的影响，设计了两种不同氧化铈分布的 CeO$_2$/NiO 电催化剂，分析了它们的结构并将其与 OER 活性联系起来。研究发现，铈在 NiO 中的嵌入结构比表面负载结构有利于提高 OER 的催化活性。进一步的研究表明，CeO$_2$ 的低配位、超小尺寸、包埋结构以及 CeO$_2$ 在包埋结构中的 Ce^{3+} 掺杂特性对 CeO$_2$ 的性质有很大的影响。在 NiO 表面负载

CeO_2 的结构中，也具有较好的抗氧化性能。因此，设计具有不同空间结构的电催化剂以及铈的结构特征对增强 OER 催化性能具有重要影响。

CeO_2 的高储氧能力和快速传递氧物种及中间体的特性是 CeO_2 促进氧参与反应的主要因素，对这些特性的表征对于揭示 CeO_2 和 Ce 掺杂电催化剂的氧吸附/脱附能力与催化性能之间的关系是必要的。Feng 等[42]采用 BET 方法测量了各种电催化剂的特定表面积，提出了在不同氧和氮气氛下比表面积的计算方法。在 N_2 气氛下，FeOOH 和 $FeOOH/CeO_2$ 的比表面积几乎相同，而在氧气气氛下，$FeOOH/CeO_2$ 的比表面积比 FeOOH 大得多，这表明了二氧化铈具有很高的储氧能力。采用氧程序升温脱附（O_2-TPD）法直接评价各种电催化剂的氧吸附容量。例如，纯 NiO 的吸氧能力仅为 $15.5\mu mol/g$，而 CeO_2 包埋 NiO 的吸氧能力为 $47.4\mu mol/g$，表明 CeO_2 包埋 NiO 后对含氧物种和中间体的吸附有促进作用。

因此，综上所述，Ce 是通过掺杂 Ce 离子和引入 CeO_2 来修饰其他过渡金属基电催化剂最常用的稀土元素。Ce 基物种的 OER 活性和耐久性通常是由以下几个因素引起的：

① 主体材料与 CeO_2（以及掺杂 Ce 离子）之间的强相互作用调节了电催化剂的电子结构；

② 氧缓冲特性加速了氧物种和中间体的吸附、脱附和转移；

③ Ce 对作为催化活性中心的主体造成更多的缺陷和空位；

④ 防止主体腐蚀和溶解，以保持其稳定性。

值得注意的是，由于 ORR 在某种程度上是 OER 的逆反应，氧化铈对 OER 的促进作用一般也适用于 ORR，这将在下一节中详细讨论。

7.4.3 含稀土钙钛矿电催化剂在析氧反应中的应用

近年来，越来越多新型钙钛矿被开发成高活性的水分解电催化剂。人们发现含稀土的钙钛矿比普通的钙钛矿稳定得多，具有高 OER 活性，就例如双钙钛矿 $(Ln_{0.5}Ba_{0.5})CoO_{3-\delta}$（Ln＝Pr、Sm、Gd 和 Ho）就具有高活性 ORR 能力[43]。这类含稀土氧化物的钙钛矿型催化剂大多由多组分组成，它们都具有良好的催化活性。Hua 等[44]将 $La_{0.5}(Ba_{0.4}Sr_{0.4}Ca_{0.2})_{0.5}Co_{0.8}Fe_{0.2}O_{3-\delta}$ 钙钛矿纳米棒黏附在还原氧化石墨烯（rGO）纳米片上，制备了具有双功能电极的材料。这种材料的工作电压为 1.76V，$50mV/cm^2$，与商用产品的电压非常接近，具有优异的 HER 和 OER 活性。

Bian 等[45]采用 $FeCl_3$ 处理 $LaNiO_3$ 后，在结晶 $LaNiO_3$ 基质上形成了非晶态的镍铁基材料，这种材料具有良好的析氧活性。与此同时，还用 Sr 和 Fe 分别取代 La 和 Ni，掺杂得到了 $La_{1-x}Sr_xNi_{0.8}Fe_{0.2}O_{3-\delta}$。OER 结果表明，Sr 和 Fe 共掺杂的 $La_{1-x}Sr_xNi_{0.8}Fe_{0.2}O_{3-\delta}$ 具有比 RuO_2 具有更高的活性这归因于 Ni^{3+} 活性位点和优化的 Ni/Fe 比。

利用脉冲激光沉积法在 $LaSr_{1-x}Mn_xO_3$ 薄膜上制备的 $LaCoO_3$ 薄膜具有比基准催化剂更高的 OER 活性[46]，这主要归因于电子从 $LaSr_{1-x}Mn_xO_3$ 到转移到 $LaCoO_3$ 薄膜，从而导致 O 2p 带中心与费米能级之间的距离变近，因此降低，同时还提高了 OER 活性。正因为 $LaCoO_3$ 在 OER 反应中表现出优异的性能，其常常被拿来用作研究单一钙钛矿电子结构-功能效应。采用溶胶-凝胶法在 $LaCoO_3$ 中添加 Fe，得到 $LaCo_{1-x}Fe_xO_3$[47]，在 Fe 的掺杂下，$LaCoO_3$ 表现出较好的催化性能，使 $LaCo_{0.9}Fe_{0.1}O_3$ 从绝缘体向半金属相转变，从而提高了 $LaCoO_3$ 的 OER 性能。

7.5
含稀土电催化剂在氧还原反应中的应用

氧还原反应（ORR）是燃料电池的阴极还原反应，在水溶液中氧还原反应可以按两种反应途径进行。

① 酸性条件下：

$$O_2 + 4H^+ + 4e^- \longrightarrow 2H_2O \tag{7-17}$$

$$O_2 + 2H^+ + 2e^- \longrightarrow H_2O_2 \tag{7-18}$$

$$H_2O_2 + 2H^+ + 2e^- \longrightarrow 2H_2O \tag{7-19}$$

② 碱性条件下：

$$O_2 + 2H_2O + 4e^- \longrightarrow 4OH^- \tag{7-20}$$

$$O_2 + H_2O + 2e^- \longrightarrow HO_2^- + OH^- \tag{7-21}$$

$$HO_2^- + H_2O + 2e^- \longrightarrow 3OH^- \tag{7-22}$$

直接的四电子途径经过许多中间步骤，期间可能形成吸附的过氧化物中间物，但总结果不会导致溶液中过氧化物的生成，而过氧化物途径在溶液中生成过氧化物，后者再分解转变为氧气和水，属于平行反应途径。对于燃料电池而言，四电子途径对能量转化不利，主要是因为二电子途径生成的 H_2O_2 自由基的强腐蚀性会破坏氧还原催化剂的活性位点，加速催化剂的衰减失活，同时还会腐蚀燃料电池中特别是质子交换膜燃料电池的质子交换膜，导致质子膜穿孔。进而导致阳极的燃料小分子透过膜到达阴极，造成短路。这两种情况都会严重缩短燃料电池的使用寿命。其次，如果燃料电池中氧还原反应是二电子反应过程，其理论电势为 0.68V，而低于四电子还原过程的理论电势为 1.23V，这会导致电池的输出电压大大降低，进而造成电池功率下降。氧还原反应是经历四电子途径还是二电子途径，电催化剂的选择是关键，它决定了氧气与电极表面的作用方式。

氧还原过程中会产生多种中间体（如 O^*、OOH^*、OH^*）[48]，它们在电极表面的吸附是 ORR 动力学的关键步骤。但是实际情况中，很难直接检测这些中间体，因此研究者通过对比表面结合能的方式来研究不同材料的催化性能。理想的催化剂应当与反应中间体具有适当的结合能。如果中间体在电极表面的吸附能力太弱，就会限制向吸附态 O_2 传递电子或质子的能力，然而，如果电极与 O^*、OOH^* 等中间体的吸附能力太强就会导致 H_2O 的脱附很难实现，这就阻碍了催化剂活性位点的有效暴露，从而限制了后续的氧气分子在催化剂表面的吸附[49]。

长期以来，铂一直被认为是最活泼的 ORR 催化剂，但价格昂贵、耐用性差等缺点限制了其使用范围，因此推动了铂基电催化剂的改性以及新型非贵重过渡金属基电催化剂的发展。研究表明，通过掺杂稀土元素以调节催化剂结构和催化性质，可以改善各种电催化剂的活性。与电催化剂合金化和在电催化剂上修饰二氧化铈的方法是两种常用的引入稀土元素的方法。

7.5.1　稀土与铂的合金电催化剂在氧还原反应中的应用

Greeley 等[50]进行的一系列研究为探索稀土元素对铂基合金电催化剂的结构和 ORR 催化性能的影响做出了很大的贡献。在遵循 Sabatier 原理的前提下，获得了根据羟基结合能来描述的各种金属 ORR 活性的火山曲线图，羟基结合能比 Pt（111）弱约 0.1eV 时，ORR 的活性最高。研究发现 Pt 与 Sc（钪）和 Y（钇）合金化的电催化剂即 Pt_3Sc 和 Pt_3Y 是具有 ORR 活性和稳定性的多晶材料，其火山曲线与理论推导的氧结合能相匹配。与 Pt 相比，Pt_3Sc 的半波电位大约增加了 20mV，而 Pt_3Y 的半波电位大约增加了 60mV，这证明了这两种稀土和 Pt 合金在酸性环境中具有优异的氧吸附能力[49]。为深入了解 Pt-Y 合金活性增强的原因，Hernandez-Fernandez 等[51]通过磁控溅射的方法制备了各种尺寸的 Pt_xY 合金纳米颗粒。随着 Pt_xY 合金纳米粒子尺寸的增加，ORR 活性增加，收缩应变增加，相邻铂原子之间的平均距离减小，这表明催化剂活性和收缩应变之间存在着一定的函数关系。此外，对于 Pt_xY 合金纳米颗粒进行稳定性试验后，其活性和收缩应变均降低，而相邻铂原子之间的距离增加。在 ORR 反应中，因为 Y 原子扩散流失而导致 Pt_xY 合金表面形成几个原子厚的 Pt 层，该原子层会阻碍 Pt 与 Y 之间的强相互作用，从而导致相邻铂原子距离增加，应变量减少，进一步致使活性降低。对于 $Pt_x Gd$ 电催化剂，也建立了收缩应变（相邻铂原子距离）与 ORR 活性之间的与 $Pt_x Y$ 相似的关系，并且发现活性的下降也是由于 Pt 外层壳的形成[52]。Pedersen 等[53]通过对 Y/Pt(111) 和 Gd/Pt(111) 进行实验测试和 DFT 计算，对电化学形成的 Pt 覆盖层的收缩应变和结晶度进行了深入的研究，发现 Pt 覆盖层是降低收缩应变和 ORR 活性的原因。电化学形成的 Pt 覆盖层的厚度、晶格参数、催化活性、收缩应变与掺入的稀土元素的半径密切相关。适当的应变可以改善晶格参数从而提高 Pt 的活性，但是会因表面稀土元素的溶解而引起表面 Pt 层不稳定。因此，超过一定的应变水平，覆盖层变得不稳定，加速了表面稀土元素的溶解，使表面相邻铂原子距离变大，从而使表面的应变减小，合金的活性降低。因此，应变效应只能将 H 和 OH 的结合能减弱到一定水平，而应变过大或者过小都不能最好地促进活性和稳定性。

7.5.2　CeO_2 促进的贵金属电催化剂在氧还原反应中的应用

除了用稀土元素制造 Pt 合金外，以 CeO_2 为添加剂和促进剂制备复合材料也是提高在酸性和碱性溶液中 ORR 催化活性和稳定性的新方法，可以减少贵金属如 Pt 及其合金 PtAu 和 $Pt_3 Pd_1$ 作为活性电催化剂的大量使用。对于二氧化铈，其提高 OER 活性的特点也可以促进其 ORR 的催化活性。如 Liu 等[54]所证明，通过在 CeO_2 上负载 PtAu 合金纳米颗粒并在氮气气氛下以调节其表面条件，可使 Au 核/Pt 壳结构合金在强的相互作用下被紧密地负载在 CeO_2 载体上。在较高的退火温度下，PtAu 合金的表面富 Pt 状态以及合金与二氧化铈之间更强的相互作用将促进 ORR 过程，其半波电位增加表现出更好的催化活性。此外，Luo 等[55]证明了以 Ce 基金属有机骨架结构为 Ce 前驱体制备的 $Pt/CeO_x/C$ 电催化剂是 ORR 和 H_2/O_2 燃料电池的有效电催化剂。结果表明，Pt 纳米粒子与 Ce 基金属有机骨架制备的 CeO_x 之间的相互作用稳定了 Pt^0 和 Ce^{3+} 物种，其中 Pt 较高的活性表面积促进了电催化剂对 H 和 CO 的吸附，使其比商用 Pt/C 具有更高的活性和寿命。在 $Pt_3 Pd_1/CeO_2/C$[56] 和 $Pt/CeO_2/C$[57] 中也观察到类似的结果，由于贵金属与 CeO_2 之间良好的相互作用而稳定贵金属纳米颗粒从而防止活性的大幅度降低。例如，Masuda 等[58]利用原位 X 射线吸收精细结构表征揭示了 CeO_x 中 Ce^{3+} 氧化成 Ce^{4+} 抑制了 Pt 氧化从而提高了其活性。Li 等[59]在老化试验后对 Pt/C 和 $Pt/CeO_2/MWCNTs$ 的电催化剂进行了表征，证明了 Pt 纳米颗粒的尺寸和活性得到了很好的保存，这归因于 Ce^{3+} 与二氧化铈氧空位和 Pt 纳米颗粒之间有很强的相互作用，从而防止了 Pt 聚集。

7.5.3　CeO_2 促进的非贵金属电催化剂在氧还原反应中的应用

最近，二氧化铈对非贵金属 ORR 电催化剂活性的促进作用引起了人们的广泛关注。例如，Liu 等[60]对 Co_3O_4-CeO_2/C 电催化剂的研究中，二氧化铈的氧缓冲性能来源于快速的 Ce^{3+}/Ce^{4+} 氧化还原转化，而二氧化铈的储氧性能促进了氧中间体的供应和转化。此外，该电催化剂用作铝空气电池的阴极时，也表现出较高的放电电压平台，表明二氧化铈可以有效地促进 Co_3O_4 的 ORR 过程。此外，Xia 等[61]还发现通过在 Co/N 共掺杂碳纳米片上负载二氧化铈纳米颗粒，能增强其 ORR 活性。通过 O_2-TPD 方法验证了二氧化铈的氧缓冲性能，证明其具有增强的氧吸附能力，并且二氧化铈与 Co/N 共掺杂碳纳米片之间具有协同作用。

7.5.4 铈基催化剂在氧还原反应中的应用

近年来，Ce 基复合材料除了与其他过渡金属电催化剂复合外，也被用作氧还原反应（ORR）电催化剂。一些典型的碳包裹的缺陷 CeO_{2-x}、含 N/S 双掺杂碳的 Ce_2O_2S、CeO_2/还原的氧化石墨烯和带有 N/P 掺杂碳壳的 CeO_2/$CePO_4$ 被报道作为 ORR 的催化活性材料[62]。然而，与钴基和铁基材料相比，上述铈基电催化剂的催化活性仍不理想。此外，铈基样品的催化机理还不清楚，尽管 Ce^{3+} 被认为在氧分子的吸附、解离和还原过程中通过调节结合能以吸收氧物种，但缺乏更多的实验和理论证据来解释。

总体而言，与稀土元素、氧化物和其他稀土元素基（特别是 Ce 基）材料的组合可显著促进酸性和碱性电解质中主体电催化剂的 ORR 性能（上述电催化剂请参见表 7-2）。对于铂基合金，晶格应变和晶格参数的优化有助于提高催化活性。二氧化铈在析氧反应中对氧物种的积极作用对于氧还原反应也是可行的。更重要的是，贵金属与二氧化铈之间的强相互作用可以稳定纳米贵金属，防止其聚集，并通过更大的活性表面积来调节其结构和电子特性。

表 7-2 稀土元素掺入前后各种电催化剂的 ORR 催化性能概述

电催化剂	起始电位(OP) 或半电位(HP)/V	Tafel 斜率 /(mV/dec)	电解液	参考文献
Pt/C	0.8(OP)	N/A	0.1mol/L $HClO_4$	[56]
Pt_3Pd_1-CeO_2/C	0.91(OP)	N/A		
Pt/C	0.85(HP)	N/A	0.1mol/L $HClO_4$	[57]
Pt/10CeO_2/C	0.86(HP)	N/A		
Co_3O_4/KB	0.73(HP)	N/A	0.1mol/L KOH	[58]
Co_3O_4-CeO_2/KB	0.83(HP)	83.9		
HPCNs	0.882(OP)，0.799(HP)	101	0.1mol/L KOH	[59]
Ce-HPCNs	0.923(OP)，0.831(HP)	91		

注：KB—科琴黑；HPCNs—分层多孔碳纳米片。

7.5.5 含稀土钙钛矿电催化剂在氧还原反应中的应用

目前，贵金属铂金（Pt）因其驱动反应的起始电位最低而被公认为是良好的 ORR 基电催化剂，但其稀缺性、高成本和稳定性差阻碍了其广泛的商业应用。因此，人们投入了大量精力开发替代无贵金属的 ORR 电催化剂，特别是用于碱性介质中。与其他类型的非贵金属氧化物相比，稀土基钙钛矿型氧化物的一个主要优势是其成分和结构的灵活性。通过对 A、B 或 A 和 B 位置的部分阳离子置换，可以获得各种钙钛矿氧化物，其公式为 $A_{1-x}A'_xB_{1-y}B'_yO_{3-\delta}$，因此具有灵活的物理/化学性质。由于这种成分的多样性和可调的物理化学性质，钙钛矿氧化物在各种应用中受到了广泛的关注，例如固体氧化物燃料电池、透氧膜和多相催化剂，由于钙钛矿氧化物对 ORR 具有良好的催化活性，因此它们在碱性溶液中作为 ORR 催化剂得到了关注，在 20 世纪 70 年代首次使用钙钛矿氧化物作为 ORR 催化剂。Jorissen[63] 研究了稀土基钙钛矿氧化物作为碱性燃料电池阴极在碱性介质中的低温 ORR 反应。Jorissen 在此研究上合成了多种材料，其中使用 A 位置的 La 和 Nd，A′位置的 Sr、Ba、Ca 和 B 位置的 Ni、Co、Mn 和 Ru 制成电极。发现钙钛矿型氧化物的催化活性和稳定性完全取决于 B 的元素种类和 A/B 的比例，以及 A 和 B 位上的取代[64]。Meadowcroft[65] 观察到，在保持钙钛矿结构的同时，在材料的 A（Sr）和 B（Ni）位置的掺杂可以提高 laCoO₃ 的电导率，该研究指出镧钴氧化物对 ORR 的催化活性后，钙钛矿型氧化物成为极具吸引力的电催化剂材料。在碱性电解液中，$LaMO_3$（M＝Co、Ni 和 Mn）和相关掺杂化合物表现出良好的 ORR 活性[66]。Hyodo 等[66] 研究了钙钛矿型锰酸盐 REMnO₃ 在碱性溶液中的 ORR。气体扩散型电极极化实验表明，随着稀土种类的变化，催化剂的催化活性有显著差异，其催化活性依次为：La＞Pr≫Sm＞Gd＞Y＞Dy＞Yb[66]。该顺序与 La^{3+} 的离子半径的递减顺序一致。在此基础上，Tulloch 等[67] 研究了钙钛矿基化合物 $La_{1-x}Sr_xMnO_3$（x＝0、0.2、0.4、0.6、0.8 和 1.0）在碱性电解质中的氧还原，其中 $La_{0.4}Sr_{0.6}MnO_3$ 表现出最大的催化活性。

7.6
含稀土电催化剂在甲醇氧化中的应用

甲醇（CH_3OH）是一种易溶于水的液体燃料，也是最早提出并实际用于质子交换膜燃料电池的阳极燃料。其氧化反应涉及六电子的转移并且生成

CO_2 和 H_2O_2：

$$CH_3OH+H_2O \longrightarrow CO_2+6H^++6e^- \tag{7-23}$$

一般认为，Pt 对 CH_3OH 电化学催化的机理[68]为：

$$CH_3OH+2Pt \longrightarrow Pt-CH_2OH+Pt-H \tag{7-24}$$

$$Pt-CH_2OH+2Pt \longrightarrow Pt_2-CHOH+Pt-H \tag{7-25}$$

$$Pt_2-CHOH+2Pt \longrightarrow Pt_3-COH+Pt-H \tag{7-26}$$

可以看出，CH_3OH 首先吸附在 Pt 表面，同时脱去氢。Pt_3-COH 是 CH_2OH 氧化的中间产物，也是主要的吸附物质。随后，$Pt-H$ 发生解离反应生成 H^+：

$$Pt-H \longrightarrow Pt+H^++e^- \tag{7-27}$$

式（7-27）反应速度极快，但在缺少活性氧时，Pt_3-COH 会发生如下反应，并占主导地位：

$$Pt-COH \longrightarrow Pt_2-CO+Pt+H^++e^- \tag{7-28}$$

$$Pt_2-CO \longrightarrow Pt-CO+Pt \tag{7-29}$$

直接甲醇燃料电池具有体积能量密度高、甲醇来源丰富和环境友好等优点，被认为是一种很有前途的便携式设备和电动汽车的动力源。铂等贵金属与稀土元素的复合改善催化剂的抗毒能力以及稳定贵金属的同时进一步提高 MOR 的催化活性和稳定性，而越来越受到人们关注。在过去的几十年中，CeO_2 因其较高的储氧能力、良好的力学性能以及在酸性和碱性介质中的防腐能力，被广泛用作提高 Pt 及其合金对 MOR 的催化活性的有效催化剂。Xu 等[69]证明了 $Pt/CeO_2/$聚苯胺（PANI）阵列结构与商用 Pt/C 相比具有良好的甲醇氧化（MOR）催化活性和耐久性。这种增强归因于以下原因：

① 促进电子和活性物种传输的空心阵列结构；

② 聚苯胺类 π-共轭配体、Ce 3d 轨道和 Pt 4f 轨道之间的电子离域化改变了 Pt 的电子结构和 d 带中心；

③ 二氧化铈对分散 Pt 的促进作用。

除上述优点外，二氧化铈的其他两个优点也能增强活性。一方面，二氧化铈、铂和大气/溶液之间的三相界面区域对于提高活性也起着非常重要的作用。铂与 Ce^{4+} 之间的电荷转移可以导致 $Pt^{\delta+}$ 物种被捕获和嵌入到二氧化铈中，从而稳定 Pt 纳米粒子并形成更多的空位。此外，二氧化铈的微观结构的变化和活性离子向 Pt 表面的转移可能有助于该三相结构增强其活性。另一方面，碳物种的中间产物线性键合的 C=O 强烈吸收在 Pt 表面（Pt−C=O 或 Pt−COads）上，阻塞了活性 Pt 表面，从而阻碍了阳极甲醇氧化过程中 Pt 的反应。二氧化铈被认为是催化 CO 氧化的优良催化剂。因此，二氧化铈的存在可以通过双功能机理催化三相界面的 OH 基团与 Pt 颗粒上吸收的 CO 物种反应，从而提高 Pt 的抗毒性和 CO 耐受性。此机理由式(7-30)~式(7-32) 表示，式(7-31) 和式7-32) 可以在反应中同时或者单独发生：

$$CeO_2 + H_2O \longrightarrow CeO_2-OH_{ads} + H^+ + e^- \qquad (7-30)$$

$$CeO_2-OH_{ads} + Pt-CO_{ads} \longrightarrow CeO_2 + Pt + CO_2 + H^+ + e^- \qquad (7-31)$$

$$Pt-CeO_2 + xCO \longrightarrow Pt-CeO_{2-x} + xCO_2 \qquad (7-32)$$

因此，在甲醇氧化电催化剂中引入二氧化铈是调节其活性中心的晶体结构和电子结构以及防止贵金属 CO 中毒从而提高其寿命的有效途径。此外，Kaur 等[70]最近报道了纳米 CeO_2 负载非贵金属催化剂能够提高其对 MOR 的催化活性。具体地说，与市售的 20%Pt/C 相比，在玻璃碳电极上的二氧化铈修饰的纳米晶沸石（Nano-ZSM-5）电催化剂表现出了显著的活性和稳定性以及对 MOR 的 CO 耐受性。纳米 ZSM-5 的 Brønsted 酸性位点使 OH^- 从电解质中吸附并与二氧化铈反应形成 $Ce(OH)_x$。如式(7-33) 所示，$Ce(OH)_x$ 能低能量的可逆地释放 OH^- 并再生 CeO_2。

$$[CeO_2/Nano\text{-}ZSM\text{-}5] + OH^- + H_2O \Longleftrightarrow [Ce(OH)_x/Nano\text{-}ZSM\text{-}5] + e^-$$
$$(7-33)$$

然后，甲醇被纳米 ZSM-5 的 Brønsted 酸性位点吸收，其电氧化过程由形成的 $Ce(OH)_x$ 物种催化，通过逐步的过程加速被吸收的—CH_3OH_{ads} 物种的脱氢，最后释放二氧化碳。所提出的机理列于式(7-34)~式(7-40) 中。

$$[Ce(OH)_x/Nano\text{-}ZSM\text{-}5] + CH_3OH \longrightarrow$$
$$[Ce(OH)_x/Nano\text{-}ZSM\text{-}5](CH_3OH)_{ad} \qquad (7-34)$$

$$[Ce(OH)_x/Nano\text{-}ZSM\text{-}5](CH_3OH)_{ad} + OH^- \longrightarrow$$
$$[Ce(OH)_x/Nano\text{-}ZSM\text{-}5](CH_2OH)_{ad} + H_2O + e^- \qquad (7-35)$$

$$[Ce(OH)_x/Nano\text{-}ZSM\text{-}5](CH_2OH)_{ad} + OH^- \longrightarrow$$
$$[Ce(OH)_x/Nano\text{-}ZSM\text{-}5](CHOH)_{ad} + H_2O + e^- \qquad (7-36)$$

$$[Ce(OH)_x/Nano\text{-}ZSM\text{-}5](CHOH)_{ad} + OH^- \longrightarrow$$
$$[Ce(OH)_x/Nano\text{-}ZSM\text{-}5](COH)_{ad} + H_2O + e^- \qquad (7-37)$$

$$[Ce(OH)_x/Nano\text{-}ZSM\text{-}5](COH)_{ad} + OH^- \longrightarrow$$
$$[Ce(OH)_x/Nano\text{-}ZSM\text{-}5](CO)_{ad} + H_2O + e^- \qquad (7-38)$$

$$[Ce(OH)_x/Nano\text{-}ZSM\text{-}5](CO)_{ad} + OH^- \longrightarrow$$
$$[Ce(OH)_x/Nano\text{-}ZSM\text{-}5](COOH)_{ad} + e^- \qquad (7-39)$$

$$[Ce(OH)_x/Nano\text{-}ZSM\text{-}5](COOH)_{ad} + OH^- \longrightarrow$$
$$[Ce(OH)_x/Nano\text{-}ZSM\text{-}5] + CO_2 + H_2O + e^- \qquad (7-40)$$

由于纳米 CeO_2 和纳米 ZSM-5 的协同作用，这种非贵金属电催化剂在碱性介质中表现出较高的甲醇氧化活性和稳定性，为直接甲醇燃料电池的开发提供了一种新颖且低成本的途径。表 7-3 总结了添加和不添加稀土元素的电催化剂的 MOR 催化性能，以更好地了解稀土元素的促进作用。

表 7-3　稀土元素掺入前后各种电催化剂的 MOR 催化性能概述

电催化剂	峰值电流密度	起始电位/mV	电解液	参考文献
Pt-O CNT	383mA/mgPt	N/A	$1mol/L\ HClO_4$ + $1mol/L\ CH_3OH$	[71]
Pt-CPO CNT	638mA/mgPt	N/A		
Pt/C	443mA/mgPt	0.52	$0.5mol/L\ H_2SO_4$ + $1mol/L\ CH_3OH$	[71]
Pt-CeO₂/C-RME	647mA/mgPt	0.46		
Pt/CNTs	1.6mA/mgPt	0.43	$1mol/L\ H_2SO_4$ + $1mol/L\ CH_3OH$	[73]
Pt-CeO₂/CNTs	10.3mA/mgPt	0.35		
30PtRu	2.8mA/1cm²Pt	N/A	$0.5mol/L\ H_2SO_4$ + $0.5mol/L\ CH_3OH$	[74]
30Pt-CeO₂/C	1.63mA/1cm²Pt	N/A		
Pt/rGO	66.8mA/mgPt	N/A	$0.5mol/L\ H_2SO_4$ + $0.5mol/L\ CH_3OH$	[75]
CeO₂/rGO/Pt	194.5mA/mgPt	N/A		
Pt/C	9.4mA/1cm²	N/A	$0.5mol/L\ H_2SO_4$ + $1mol/L\ CH_3OH$	[76]
Pt/CeO₂-HP/C	14.6mA/1cm²	N/A		
Pt/C	185.8mA/mgPt	N/A	$0.5mol/L\ H_2SO_4$ + $1mol/L\ CH_3OH$	[77]
Pt-7% CeO₂/C	440.1mA/mgPt	N/A		
Pt/PANI HNRAs	225.8mA/mgPt	N/A	$0.5mol/L\ H_2SO_4$ + $0.5mol/L\ CH_3OH$	[78]
Pt/CeO₂/PANI HNRAs	361.33mA/mgPt	N/A		
CeO₂	9.1mA/mg	>0.55	$0.5mol/L\ NaOH$ + $0.5mol/L\ CH_3OH$	[70]
CeO₂(30%)/Nano-ZSM-5	52.6mA/mg	<0.45		

注：CNT—碳纳米管；MOR—甲醇氧化反应；PANI—聚苯胺；HNRAs—空心纳米棒阵列；CPO CNT—CeO₂ 沉积的 PO-CNTs；rGO—还原氧化石墨烯；RME—反向微乳液。

除了二氧化铈在甲醇氧化反应上有非常重要的作用外，稀土基钙钛矿氧化物也被广泛地用作甲醇氧化的催化阳极。钙钛矿氧化物 $ABO_{3-\delta}$（A＝La、Sr、Ce、Ba、Sm 和 B＝Co、Pt、Pd 或 Ru）具有良好的电导率和电催化性能的，可以作为碱性甲醇燃料电池的阳极材料。在掺 Sr 的镧氧化物 $La_{1-x}Sr_xMO_{3-\delta}$ 中，当镧的晶格位置被 Sr 离子占据时，形成负电荷。这些负的有效电荷必须通过形成等量的正的有效电荷来补偿，如电子空穴或氧空位。实验发现这些带电缺陷可以增强 MOR 活性。Yu 等[79]研究了 $La_{1-x}Sr_xMO_{3-\delta}$（M＝Co、Cu）在碱性介质中对甲醇氧化的电催化活性。$La_{1-x}Sr_xCoO_{3-\delta}$ 的甲醇氧化起始电位低于 $La_{1-x}Sr_xCuO_{3-\delta}$，而 $La_{1-x}Sr_xCuO_{3-\delta}$ 的甲醇氧化电催化活性远高于 $La_{1-x}Sr_xCoO_{3-\delta}$。$La_{1-x}Sr_xCuO_{3-\delta}$ 具有较高的电催化活性是由于 Cu 离子对甲醇的吸附能力和催化剂中大量氧空位的存在，有利于氧离子（O^{2-}）向活性位点吸附的甲醇氧化中间体附近迁移。在碱性介质中，用组成为 $Ln_{2-x}M_xCu_{1-y}M'_yO_{4-d}$（Ln＝La、Nd；M＝Sr、Ca、Ba；M'＝Ru、Sb；$0.0≤x≤0.4$ 和 $y=0.1$）的系列稀土铜酸盐作阳极材料进行了 MOR 研究。这些材料在较高的电位下表现出显著的甲醇氧化活性。

为了研究稀土在 A 位对钙钛矿 MOR 电催化剂的影响，采用 $Ln_{1.8}Sr_{0.2}CuO_4$（Ln＝La 和 Nd）电极进行甲醇氧化反应，发现含 Nd 钙钛矿的起始电位较低。Cu^{3+} 含量与甲醇氧化活性呈线性关系，说明吸附甲醇的活性位是 Cu^{3+}。甲醇氧化起始电位取决于 $Cu^{2+}→Cu^{3+}$ 氧化反应的难易程度。这些材料相比于传统的贵金属电催化剂更难以被甲醇氧化中间体毒化，这些氧化物中的晶格氧可以作为活性氧以脱除甲醇氧化的 CO 中间体。Singh 等[80]研究了另一种 K_2NiF_4 型固体氧化物溶液（$La_{2-x}Sr_xNiO_4$，$x=0$、0.25、0.5 和 1.0）在 25℃碱性溶液中的 MOR 活性。研究发现，在碱性介质中，$La_{2-x}Sr_xNiO_4$ 均具有较好的电催化活性，且随着 x 值增加电催化活性提高。上述研究中所有钙钛矿均未显示出对甲醇氧化中间体或产物的中毒。对 $La_{2-x}Sr_xNiO_4$ 和纯 Pt 的 MOR 活性进行了比较后发现，甲醇在 Pt 上的电催化氧化起始电位明显低于 $La_{2-x}Sr_xNiO_4$，但在 Pt 上观察到的电流密度明显低于 $La_{2-x}Sr_xNiO_4$。铂电极表面氧化电流密度较低的原因可能是氧化中间体对直接甲醇燃料电池电极表面的毒化。Singh 等[81]认为甲醇脱氢反应是由 Ni（Ⅲ）/Ni（Ⅱ）氧化还原对催化的，为了进一步提高 $La_{2-x}Sr_xNiO_4$ 催化剂的电催化活性，他们采用了分散的镍粒子对电极进行了修饰。研究发现，在相同的实验条件下，修饰后电极的表观电催化活性明显高于未修饰电极，其中 Ni 修饰的 $La_{1.5}Sr_{0.5}NiO_4$ 电极活性最高。

7.7
含稀土电催化剂在其他电化学反应中的应用

二氧化铈中的 Ce 主要呈 Ce^{3+} 和 Ce^{4+}，其氧化能力和储氧能力对于各种稀土氧化物的催化研究具有特殊的意义和重要性，在电催化中有着广泛的应用。除了在 HER、OER、ORR 和 MOR 中使用各种稀土元素外，近年来稀土元素还促进了其他电化学反应，包括乙醇、甲酸、肼和氨等的电化学氧化，以及电化学还原 CO_2[82,83]和固氮合成 NH_3[84,85]。

通常，电化学乙醇氧化的机理与电催化甲醇氧化的机理相似，Xu[86]和

Shen[87]证明了在 Pt/C 催化剂中加入二氧化铈可以提高其活性。由于 Pt 的掺杂有利于形成具有较低电势的含氧物质，可以通过 Pt，将 Pt 上的 CO 类物种传递给 CeO_2，因此 $Pt/CeO_2/C$ 催化剂具有更好的乙醇氧化活性和寿命。

电催化 CO_2 还原反应是实现 CO_2 向其他化学物质高效转化的重要手段。近年来，二氧化铈被用作活性金属 CO_2 催化还原的促进剂。例如，Gao 等[88]通过构建 $Au-CeO_x$ 非均相结构，其电化学 CO_2 还原反应的活性和选择性显著增强。实验结果表明，$Au-CeO_x$ 非均相结构增强了界面对 CO_2 的吸附和活化作用，从而促进了界面处 CO_2 的活化，并促进了 CO_2 随后在二氧化铈上的吸附。而且，在 Ce^{3+} 界面处水容易解离促进了表面羟基的形成，这有助于减少 CeO_x 种类并稳定 $CO_2^{\delta-}$ 类。DFT 计算表明，在 $CeO_x/Au(111)$ 界面上形成羧基物质（*COOH）的自由能相比于在 Au（111）较低。因此，$Au-CeO_x$ 的金属氧化物界面和 CeO_x 的特殊性质对 CO_2 还原活性的提高起到了重要作用。此外，Wang 等[89]从理论上预言 CeO_2 中的单原子 Cu 取代可以在 Cu 原子周围富集多个氧空位，并且对于单个 CO_2 分子电还原为 CH_4 是非常有利的。他们的进一步实验研究证明了 $Cu-CeO_2$ 的高活性和法拉第效率是由 CeO_2 中 Cu 原子的分散和氧空位造成的。

通过电化学方法将 N_2 固定到 NH_3 中是一种绿色的制备 NH_3 的方法，既不会排放二氧化碳，又不造成大量的能源浪费。最近，Lv 等[90]研究了 $Bi_4V_2O_{11}/CeO_2$ 杂化纳米纤维。该 $Bi_4V_2O_{11}/CeO_2$ 杂化电催化剂对于 NH_3 的生成表现出良好的活性和产率，因为 CeO_2 的参与有助于在所述催化剂中建立能带连接，产生丰富的活性中心和促进界面电荷转移。此外，Li 等[91]提出了纳米片状结构的 Y_2O_3 是 N_2 固定的电催化剂。实验和理论研究表明，Y_2O_3 具有良好的催化活性和稳定性，是一种很有应用前景的固氮电催化剂。因此，近年来在电催化剂中不仅引入二氧化铈，还引入其他稀土元素化合物，以提高各种电催化反应的催化活性和选择性。

7.8 总结

在本章中总结了含稀土元素的电催化剂的最新进展及其在各种电催化反应中的应用，如 HER、OER、ORR、MOR 等。一般来说，实现稀土元素与其他过渡金属复合的途径有四种，即与其他金属合金化、将稀土元素离子掺杂到过渡金属基电催化剂中、将稀土元素基化合物（例如氧化物）引入主体，以及与稀土元素形成钙钛矿型材料。在各种稀土元素氧化物中，二氧化铈具有 Ce^{3+}/Ce^{4+} 氧化还原对的特殊结构、丰富的氧空位、高储氧能力以及良好的化学和机械稳定性，促进了含氧催化反应的发生，因此在电催化领域的应用引起了人们极大的兴趣。过去几十年发表的文献已经清楚地证明了将电催化剂与稀土元素结合可以调节其电子和晶体结构、调节催化活性物质与反应物之间的相互作用以及调节电催化剂的表面性质，从而提高了主体电催化剂的催化活性和寿命，并减少了贵金属的使用量。因此，稀土元素的加入将为进一步改善各种非均相电催化剂的催化性能，为提高其对不同电化学反应的催化性能开辟了一条新的途径。虽然稀土元素在电催化中的作用已经取得了很大的研究进展，但是对稀土元素在电催化中影响机理的认识还是不够深入。为了更深入的了解，还存在许多重要的问题需要解决。

（1）适量稀土元素含量的稀土元素复合电催化剂的合成

为了优化电催化剂制备过程中所用稀土元素的量，通常采用的稀土元素范围大、用量间隔大，这些稀土元素使用方法可能无法对相应的合成提供精确的控制。最近，Haber 等[92,93]使用高通量方法研究了从 665 种氧化物成分中获得高 Ce 含量的（Ni-Fe-Co-Ce）O_x 五元电催化剂的最佳组成和结构性能。这种高通量方法是一种很有前景的快速优化各种组分配比的有效策略，特别是对于多组分的配比，但由于其实现困难，与通常的研究还差别很大。因此，迫切需要更多的方法和策略来研究和优化这些电催化剂所需的稀土元素量。

（2）研究稀土元素复合电催化剂在电化学反应过程中的详细结构

在大多数电化学反应中，稀土元素基物种并不具有催化活性，它们通过不同的相互作用促进活性中心的形成。了解在电催化过程中基于稀土元素物质的结构变化可以帮助理解详细的反应过程。特别是原位技术有利于探索不同催化位点的变化，以阐明反应机理。然而，很少有报道用实验技术详细地揭示稀土元素和化合物在不同电化学过程中的作用机制和结构变化。在这方面，详细研究稀土元素与其他过渡金属之间的相互作用、中间体在稀土元素上的吸附和转化以及不同反应路径下电催化剂结构的动态变化，将有助于理解稀土元素在电催化中的实际作用。

（3）深入了解稀土元素电催化剂的催化机理及其合理设计

虽然一些报道在不添加其他活性过渡金属的情况下描述了稀土基电催化剂具有良好的催化性能，但这些电催化作用的相应的催化机理以及电催化剂的结构变化尚不清楚，特别是从理论研究与实验相结合分析。因此缺乏对含稀土电催化剂的催化机理的了解是合理设计催化剂的一大障碍。

（4）开发高活性、多功能的含稀土元素电催化剂

尽管很少有研究报道含稀土元素的多功能电催化剂能够增强各种反应的活性，但稀土元素的引入可以提高特定反应原催化剂的活性。例如，CeO_2 复合的电催化剂被证明可以作为阳极和阴极材料，在全面水电解过程中表现出显著的活性和耐久性。然而，目前还缺乏多功能电催化剂及其在不同工艺过程中的应用研究。如前所述，由于稀土元素的加入可以增强 OER、ORR 和 MOR 的活性，因此使用稀土元素的 ORR 复合电催化剂也可以用作 OER 和 MOR 的阳极材料，反之亦然。构建这样的电极将充分利用掺有稀土元素的电催化剂，可以大大简化实际应用的设计和设置，如金属空气可充电电池、直接甲醇燃料电池等。

总而言之，在过去的几年里，掺有稀土元素的电催化剂的探索迅速发展，并且由于其迷人的化学和电催化性能，将更具吸引力。然而，从科学和实际应用的角度来看，我们在稀土催化领域的研究还不足以跨越目前的挑战和问题的门槛。随着多学科的快速发展，理论和实验研究都有望结合在一起，揭示稀土元素的作用，从而为电催化方面的发展做出贡献。

参考文献

[1] Han L，Dong S，Wang E. Transition-metal （Co，Ni，and Fe）-based electrocatalysts for the water oxidation reaction [J]. Advanced materials，2016，28（42）：9266-9291.

[2] Tang T，Jiang W J，Niu S，et al. Electronic and morphological dual modulation of cobalt carbonate hydroxides by Mn doping toward highly efficient and stable bifunctional electrocatalysts for overall water splitting [J]. Journal of the American Chemical Society，2017，139（24）：8320-8328.

[3] Miles M H. Evaluation of electrocatalysts for water electrolysis in alkaline solutions [J]. Journal of Electroanalytical Chemistry and Interfacial Electrochemistry，1975，60（1）：89-96.

[4] Kitamura T，Iwakura C，Tamura H. Hydrogen evolution at $LaNi_5$ and $MmNi_5$ electrodes in alkaline solutions [J]. Chemistry Letters，1981，10（7）：965-966.

[5] Hernandez-Fernandez P，Masini F，McCarthy D N，et al. Mass-selected nanoparticles of Pt_xY as model catalysts for oxygen electroreduction [J]. Nature chemistry，2014，6（8）：732.

[6] Kojima Y，Suzuki K，Fukumoto K，et al. Hydrogen generation using sodium borohydride solution and metal catalyst coated on metal oxide [J]. International Journal of Hydrogen Energy，2002，27（10）：1029-1034.

[7] Hinnemann B，Moses P G，Bonde J，et al. Biomimetic hydrogen evolution：MoS2nanoparticles as catalyst for hydrogen evolution [J]. Journal of the American Chemical Society，2005，127（15）：5308-5309.

[8] Laursen A B，Kegnæs S，Dahl S，et al. Molybdenum sulfides—efficient and viable materials for electro-and photoelectrocatalytic hydrogen evolution [J]. Energy & Environmental Science，2012，5（2）：5577-5591.

[9] Jakšić M M. Electrocatalysis of hydrogen evolution in the light of the brewer—engel theory for bonding in metals and intermetallic phases [J]. Electrochimica Acta, 1984, 29 (11): 1539-1550.

[10] Miles M H. Evaluation of electrocatalysts for water electrolysis in alkaline solutions [J]. Journal of E-lectroanalytical Chemistry and Interfacial Electrochemistry, 1975, 60 (1): 89-96.

[11] Tamura H, Iwakura C, Kitamura T. Hydrogen evolution at LaNi_5-type alloy electrodes [J]. Journal of the Less Common Metals, 1983, 89 (2): 567-574.

[12] Rosalbino F, Borzone G, Angelini E, et al. Hydrogen evolution reaction on Ni RE (RE＝rare earth) crystalline alloys [J]. Electrochimica acta, 2003, 48 (25-26): 3939-3944.

[13] Rosalbino F, Maccio D, Angelini E, et al. Electrocatalytic properties of Fe-R (R＝rare earth metal) crystalline alloys as hydrogen electrodes in alkaline water electrolysis [J]. Journal of alloys and com-pounds, 2005, 403 (1-2): 275-282.

[14] Zheng Z, Li N, Wang C Q, et al. Ni-CeO_2 composite cathode material for hydrogen evolution reac-tion in alkaline electrolyte [J]. international journal of hydrogen energy, 2012, 37 (19): 13921-13932.

[15] Zheng Z, Li N, Wang C Q, et al. Electrochemical synthesis of Ni-S/CeO_2 composite electrodes for hydrogen evolution reaction [J]. Journal of power sources, 2013, 230: 10-14.

[16] Sheng M, Weng W, Wang Y, et al. Co-W/CeO_2 composite coatings for highly active electrocatalysis of hydrogen evolution reaction [J]. Journal of Alloys and Compounds, 2018, 743: 682-690.

[17] Weng Z, Liu W, Yin L C, et al. Metal/oxide interface nanostructures generated by surface segrega-tion for electrocatalysis [J]. Nano letters, 2015, 15 (11): 7704-7710.

[18] Zhang R, Ren X, Hao S, et al. Selective phosphidation: an effective strategy toward CoP/CeO_2 in-terface engineering for superior alkaline hydrogen evolution electrocatalysis [J]. Journal of Materials Chemistry A, 2018, 6 (5): 1985-1990.

[19] Sun Z, Zhang J, Xie J, et al. High-performance alkaline hydrogen evolution electrocatalyzed by a Ni_3N-CeO_2 nanohybrid [J]. Inorganic Chemistry Frontiers, 2018, 5 (12): 3042-3045.

[20] Wang X, Yang Y, Diao L, et al. CeO_x-decorated NiFe-layered double hydroxide for efficient alkaline hydrogen evolution by oxygen vacancy engineering [J]. ACS applied materials & interfaces, 2018, 10 (41): 35145-35153.

[21] Demir E, Akbayrak S, Önal A M, et al. Nanoceria-supported ruthenium (0) nanoparticles: highly active and stable catalysts for hydrogen evolution from water [J]. ACS applied materials & interfaces, 2018, 10 (7): 6299-6308.

[22] Long X, Lin H, Zhou D, et al. Enhancing full water-splitting performance of transition metal bi-functional electrocatalysts in alkaline solutions by tailoring CeO_2-transition metal oxides-Ni nanointer-faces [J]. ACS Energy Letters, 2018, 3 (2): 290-296.

[23] Gao W, Yan M, Cheung H Y, et al. Modulating electronic structure of CoP electrocatalysts towards enhanced hydrogen evolution by Ce chemical doping in both acidic and basic media [J]. Nano Energy, 2017, 38: 290-296.

[24] Chen Z, Jiang Q, Cheng F, et al. Sr-and Co-doped LaGaO_{3-δ} with high O_2 and H_2 yields in solar thermochemical water splitting [J]. Journal of Materials Chemistry A, 2019, 7 (11): 6099-6112.

[25] Wang H, Yan L, Nakotte T, et al. IrO_2-incorporated La_{0.8}Sr_{0.2}MnO_3 as a bifunctional oxygen elec-

trocatalyst with enhanced activities [J]. Inorganic Chemistry Frontiers, 2019, 6 (4): 1029-1039.

[26] Wang X, Hisatomi T, Wang Z, et al. Core-Shell-Structured LaTaON$_2$ Transformed from LaKNa-TaO$_5$ Plates for Enhanced Photocatalytic H$_2$ Evolution [J]. Angewandte Chemie, 2019, 131 (31): 10776-10780.

[27] Xu X, Chen Y, Zhou W, et al. A perovskite electrocatalyst for efficient hydrogen evolution reaction [J]. Advanced Materials, 2016, 28 (30): 6442-6448.

[28] Liu Y, Lu X, Che Z, et al. Amorphous Y(OH)$_3$-promoted Ru/Y(OH)$_3$ nanohybrids with high durability for electrocatalytic hydrogen evolution in alkaline media [J]. Chemical Communications, 2018, 54 (86): 12202-12205.

[29] Santos D M F, Sequeira C A C, Macciò D, et al. Platinum-rare earth electrodes for hydrogen evolution in alkaline water electrolysis [J]. International journal of hydrogen energy, 2013, 38 (8): 3137-3145.

[30] Zhang L, Ren X, Guo X, et al. Efficient hydrogen evolution electrocatalysis at alkaline pH by interface engineering of Ni$_2$P-CeO$_2$ [J]. Inorganic chemistry, 2018, 57 (2): 548-552.

[31] Xiong L, Bi J, Wang L, et al. Improving the electrocatalytic property of CoP for hydrogen evolution by constructing porous ternary CeO$_2$-CoP-C hybrid nanostructure via ionic exchange of MOF [J]. International Journal of Hydrogen Energy, 2018, 43 (45): 20372-20381.

[32] Reier T, Nong H N, Teschner D, et al. Electrocatalytic oxygen evolution reaction in acidic environments-reaction mechanisms and catalysts [J]. Advanced Energy Materials, 2017, 7 (1): 1601275.

[33] Koper M T M. Thermodynamic theory of multi-electron transfer reactions: Implications for electrocatalysis [J]. Journal of Electroanalytical Chemistry, 2011, 660 (2): 254-260.

[34] Seh Z W, Kibsgaard J, Dickens C F, et al. Combining theory and experiment in electrocatalysis: Insights into materials design [J]. Science, 2017, 355 (6321) .

[35] Fabbri E, Habereder A, Waltar K, et al. Developments and perspectives of oxide-based catalysts for the oxygen evolution reaction [J]. Catalysis Science & Technology, 2014, 4 (11): 3800-3821.

[36] Ng J W D, García-Melchor M, Bajdich M, et al. Gold-supported cerium-doped NiO$_x$ catalysts for water oxidation [J]. Nature Energy, 2016, 1 (5): 1-8.

[37] Xu H, Wang B, Shan C, et al. Ce-doped NiFe-layered double hydroxide ultrathin nanosheets/nanocarbon hierarchical nanocomposite as an efficient oxygen evolution catalyst [J]. ACS applied materials & interfaces, 2018, 10 (7): 6336-6345.

[38] Zheng Y R, Gao M R, Gao Q, et al. An efficient CeO$_2$/CoSe$_2$ nanobelt composite for electro-chemical water oxidation [J]. Small, 2015, 11 (2): 182-188.

[39] Zhao D, Pi Y, Shao Q, et al. Enhancing oxygen evolution electrocatalysis via the intimate hydroxide-oxide interface [J]. ACS nano, 2018, 12 (6): 6245-6251.

[40] Obata K, Takanabe K. A permselective CeO$_x$ coating to improve the stability of oxygen evolution electrocatalysts [J]. Angewandte Chemie, 2018, 130 (6): 1632-1636.

[41] Gao W, Wen D, Ho J C, et al. Incorporation of rare earth elements with transition metal-based materials for electrocatalysis: a review for recent progress [J]. Materials Today Chemistry, 2019, 12: 266-281.

[42] Feng J X, Ye S H, Xu H, et al. Design and synthesis of FeOOH/CeO$_2$ heterolayered nanotube elec-

trocatalysts for the oxygen evolution reaction [J]. Advanced Materials, 2016, 28 (23): 4698-4703.

[43] Grimaud A, May K J, Carlton C E, et al. Double perovskites as a family of highly active catalysts for oxygen evolution in alkaline solution [J]. Nature communications, 2013, 4 (1): 1-7.

[44] Hua B, Li M, Zhang Y Q, et al. All-In-One Perovskite Catalyst: Smart Controls of Architecture and Composition toward Enhanced Oxygen/Hydrogen Evolution Reactions [J]. Advanced Energy Materials, 2017, 7 (20): 1700666.

[45] Bian J, Li Z, Li N, et al. Oxygen deficient $LaMn_{0.75}Co_{0.25}O_{3-\delta}$ nanofibers as an efficient electrocatalyst for oxygen evolution reaction and zinc-air batteries [J]. Inorganic chemistry, 2019, 58 (12): 8208-8214.

[46] Liu Z, Sun Y, Wu X, et al. Charge transfer-induced O p-band center shift for an enhanced OER performance in $LaCoO_3$ film [J]. CrystEngComm, 2019, 21 (10): 1534-1538.

[47] Duan Y, Sun S, Xi S, et al. Tailoring the Co 3d-O 2p covalency in $LaCoO_3$ by Fe substitution to promote oxygen evolution reaction [J]. Chemistry of Materials, 2017, 29 (24): 10534-10541.

[48] Shao M, Liu P, Adzic R R. Superoxide anion is the intermediate in the oxygen reduction reaction on platinum electrodes [J]. Journal of the American Chemical Society, 2006, 128 (23): 7408-7409.

[49] Nørskov J K, Rossmeisl J, Logadottir A, et al. Origin of the overpotential for oxygen reduction at a fuel-cell cathode [J]. The Journal of Physical Chemistry B, 2004, 108 (46): 17886-17892.

[50] Greeley J, Stephens I E L, Bondarenko A S, et al. Alloys of platinum and early transition metals as oxygen reduction electrocatalysts [J]. Nature chemistry, 2009, 1 (7): 552-556.

[51] Hernandez-Fernandez P, Masini F, McCarthy D N, et al. Mass-selected nanoparticles of $Pt_x Y$ as model catalysts for oxygen electroreduction [J]. Nature chemistry, 2014, 6 (8): 732.

[52] Velázquez-Palenzuela A, Masini F, Pedersen A F, et al. The enhanced activity of mass-selected $Pt_x Gd$ nanoparticles for oxygen electroreduction [J]. Journal of Catalysis, 2015, 328: 297-307.

[53] Pedersen A F, Ulrikkeholm E T, Escudero-Escribano M, et al. Probing the nanoscale structure of the catalytically active overlayer on Pt alloys with rare earths [J]. Nano energy, 2016, 29: 249-260.

[54] Liu C W, Wei Y C, Wang K W. Surface condition manipulation and oxygen reduction enhancement of PtAu/C catalysts synergistically modified by CeO_2 addition and N_2 treatment [J]. The Journal of Physical Chemistry C, 2011, 115 (17): 8702-8708.

[55] Luo Y, Calvillo L, Daiguebonne C, et al. A highly efficient and stable oxygen reduction reaction on $Pt/CeO_x/C$ electrocatalyst obtained via a sacrificial precursor based on a metal-organic framework [J]. Applied Catalysis B: Environmental, 2016, 189: 39-50.

[56] Yousaf A B, Imran M, Uwitonze N, et al. Enhanced electrocatalytic performance of Pt_3Pd_1 alloys supported on CeO_2/C for methanol oxidation and oxygen reduction reactions [J]. The Journal of Physical Chemistry C, 2017, 121 (4): 2069-2079.

[57] Xu F, Wang D, Sa B, et al. One-pot synthesis of $Pt/CeO_2/C$ catalyst for improving the ORR activity and durability of PEMFC [J]. International Journal of Hydrogen Energy, 2017, 42 (18): 13011-13019.

[58] Masuda T, Fukumitsu H, Fugane K, et al. Role of cerium oxide in the enhancement of activity for the oxygen reduction reaction at $Pt-CeO_x$ nanocomposite electrocatalyst-an in situ electrochemical X-ray absorption fine structure study [J]. The Journal of Physical Chemistry C, 2012, 116 (18):

10098-10102.

[59] Li Y, Zhang X, Wang S, et al. Durable Platinum-Based Electrocatalyst Supported by Multiwall Carbon Nanotubes Modified with CeO_2 [J]. ChemElectroChem, 2018, 5 (17): 2442-2448.

[60] Liu K, Huang X, Wang H, et al. Co_3O_4-CeO_2/C as a highly active electrocatalyst for oxygen reduction reaction in Al-air batteries [J]. ACS applied materials & interfaces, 2016, 8 (50): 34422-34430.

[61] Xia W, Li J, Wang T, et al. The synergistic effect of Ceria and Co in N-doped leaf-like carbon nanosheets derived from a 2D MOF and their enhanced performance in the oxygen reduction reaction [J]. Chemical Communications, 2018, 54 (13): 1623-1626.

[62] Yuan X, Ge H, Liu X, et al. Efficient catalyst of defective CeO_{2-x} and few-layer carbon hybrid for oxygen reduction reaction [J]. Journal of Alloys and Compounds, 2016, 688: 613-618.

[63] Jorissen L. Bifunctional oxygen/air electrodes [J]. Journal of Power Sources, 2006, 155 (1): 23-32.

[64] Boivin J C, Mairesse G. Recent material developments in fast oxide ion conductors [J]. Chemistry of materials, 1998, 10 (10): 2870-2888.

[65] Meadowcroft D B. Low-cost oxygen electrode material [J]. Nature, 1970, 226 (5248): 847-848.

[66] Hyodo T, Hayashi M, Miura N, et al. Catalytic activities of rare-earth manganites for cathodic reduction of oxygen in alkaline solution [J]. Journal of the Electrochemical Society, 1996, 143 (11): L266.

[67] Tulloch J, Donne S W. Activity of perovskite $La_{1-x}Sr_xMnO_3$ catalysts towards oxygen reduction in alkaline electrolytes [J]. Journal of Power Sources, 2009, 188 (2): 359-366.

[68] Wasmus S, Küver A. Methanol oxidation and direct methanol fuel cells: a selective review [J]. Journal of Electroanalytical Chemistry, 1999, 461 (1-2): 14-31.

[69] Xu H, Wang A L, Tong Y X, et al. Enhanced catalytic activity and stability of $Pt/CeO_2/PANI$ hybrid hollow nanorod arrays for methanol electro-oxidation [J]. ACS Catalysis, 2016, 6 (8): 5198-5206.

[70] Kaur B, Srivastava R, Satpati B. Highly efficient CeO_2 decorated nano-ZSM-5 catalyst for electrochemical oxidation of methanol [J]. ACS Catalysis, 2016, 6 (4): 2654-2663.

[71] Wang J, Xi J, Bai Y, et al. Structural designing of Pt-CeO_2/CNTs for methanol electro-oxidation [J]. Journal of power sources, 2007, 164 (2): 555-560.

[72] Lee E, Manthiram A. One-step reverse microemulsion synthesis of $Pt-CeO_2$/C catalysts with improved nanomorphology and their effect on methanol electrooxidation reaction [J]. The Journal of Physical Chemistry C, 2010, 114 (49): 21833-21839.

[73] Zhou Y, Gao Y, Liu Y, et al. High efficiency Pt-CeO_2/carbon nanotubes hybrid composite as an anode electrocatalyst for direct methanol fuel cells [J]. Journal of Power Sources, 2010, 195 (6): 1605-1609.

[74] Ou D R, Mori T, Togasaki H, et al. Microstructural and metal-support interactions of the $Pt-CeO_2$/C catalysts for direct methanol fuel cell application [J]. Langmuir, 2011, 27 (7): 3859-3866.

[75] Yu X, Kuai L, Geng B. $CeO_2/rGO/Pt$ sandwich nanostructure: rGO-enhanced electron transmis-

sion between metal oxide and metal nanoparticles for anodic methanol oxidation of direct methanol fuel cells [J]. Nanoscale, 2012, 4 (18): 5738-5743.

[76] Meher S K, Rao G R. Polymer-assisted hydrothermal synthesis of highly reducible shuttle-shaped CeO_2: microstructural effect on promoting Pt/C for methanol electrooxidation [J]. Acs Catalysis, 2012, 2 (12): 2795-2809.

[77] Yu S, Liu Q, Yang W, et al. Graphene-CeO_2 hybrid support for Pt nanoparticles as potential electrocatalyst for direct methanol fuel cells [J]. Electrochimica Acta, 2013, 94: 245-251.

[78] Xu H, Wang A L, Tong Y X, et al. Enhanced catalytic activity and stability of Pt/CeO_2/PANI hybrid hollow nanorod arrays for methanol electro-oxidation [J]. ACS Catalysis, 2016, 6 (8): 5198-5206.

[79] Yu H C, Fung K Z, Guo T C, et al. Syntheses of perovskite oxides nanoparticles $La_{1-x}Sr_xMO_{3-\delta}$ (M=Co and Cu) as anode electrocatalyst for direct methanol fuel cell [J]. Electrochimica acta, 2004, 50 (2-3): 811-816.

[80] Singh R N, Sharma T, Singh A, et al. Perovskite-type $La_{2-x}Sr_xNiO_4$ ($0 \leqslant x \leqslant 1$) as active anode materials for methanol oxidation in alkaline solutions [J]. Electrochimica acta, 2008, 53 (5): 2322-2330.

[81] Singh R N, Singh A, Mishra D, et al. Oxidation of methanol on perovskite-type $La_{2-x}Sr_xNiO_4$ ($0 \leqslant x \leqslant 1$) film electrodes modified by dispersed nickel in 1M KOH [J]. Journal of Power Sources, 2008, 185 (2): 776-783.

[82] Gao D, Zhang Y, Zhou Z, et al. Enhancing CO_2 electroreduction with the metal-oxide interface [J]. Journal of the American Chemical Society, 2017, 139 (16): 5652-5655.

[83] Wang Y, Chen Z, Han P, et al. Single-atomic Cu with multiple oxygen vacancies on ceria for electrocatalytic CO_2 reduction to CH_4 [J]. ACS Catalysis, 2018, 8 (8): 7113-7119.

[84] Lv C, Yan C, Chen G, et al. An Amorphous Noble-Metal-Free Electrocatalyst that Enables Nitrogen Fixation under Ambient Conditions [J]. Angewandte Chemie, 2018, 130 (21): 6181-6184.

[85] Li X, Li L, Ren X, et al. Enabling Electrocatalytic N_2 Reduction to NH_3 by Y_2O_3 Nanosheet under Ambient Conditions [J]. Industrial & Engineering Chemistry Research, 2018, 57 (49): 16622-16627.

[86] Xu C, Shen P K. Novel Pt/CeO_2/C catalysts for electrooxidation of alcohols in alkaline media [J]. Chemical Communications, 2004, 10 (19): 2238-2239.

[87] Xu C, Shen P K. Electrochamical oxidation of ethanol on Pt-CeO_2/C catalysts [J]. Journal of Power Sources, 2005, 142 (1/2): 27-29.

[88] Gao D, Zhang Y, Zhou Z, et al. Enhancing CO_2 electroreduction with the metal-oxide interface [J]. Journal of the American Chemical Society, 2017, 139 (16): 5652-5655.

[89] Wang Y, Chen Z, Han P, et al. Single-atomic Cu with multiple oxygen vacancies on ceria for electrocatalytic CO_2 reduction to CH_4 [J]. ACS Catalysis, 2018, 8 (8): 7113-7119.

[90] Lv C, Yan C, Chen G, et al. An Amorphous Noble-Metal-Free Electrocatalyst that Enables Nitrogen Fixation under Ambient Conditions [J]. Angewandte Chemie, 2018, 130 (21): 6181-6184.

[91] Li X, Li L, Ren X, et al. Enabling Electrocatalytic N_2 Reduction to NH_3 by Y_2O_3 Nanosheet under Ambient Conditions [J]. Industrial & Engineering Chemistry Research, 2018, 57 (49):

16622-16627.

[92] Haber J A, Xiang C, Guevarra D, et al. High-Throughput Mapping of the Electrochemical Properties of (Ni-Fe-Co-Ce) O_x Oxygen-Evolution Catalysts [J]. ChemElectroChem, 2014, 1 (3): 524-528.

[93] Haber J A, Anzenburg E, Yano J, et al. Multiphase nanostructure of a quinary metal oxide electrocatalyst reveals a new direction for OER electrocatalyst design [J]. Advanced Energy Materials, 2015, 5 (10): 1402307.

附录

常用分析方法符号
与缩略语

AFM	atomic force microscope	原子力显微镜
BET	brunauer-emmett-teller measurements	比表面积检测
CNT	carbon nano tube	碳纳米管
COS	carbonyl sulfide	羰基硫
DFT	density functional theory	密度泛函理论
EPR	electron paramagnetic resonance	电子顺磁共振
FCC	fluid catalytic cracking	催化裂化
F-AAS	flame atomic absorption spectrometry	火焰原子吸收光谱法
FTIR	Fourier transform infrared spectrometer	傅里叶变换红外吸收光谱仪
GD-MS	glow discharge mass spectrometry	辉光放电质谱
GF-AAS	graphite furnace atomic absorption spectrometry	石墨炉原子吸收光谱
HC	hydrocarbon	碳氢化合物
HT	hydrogen transfer index	氢转移指数
HER	hydrogen evolution reaction	析氢反应
HPCN	layered porous carbon nanosheets	分层多孔碳纳米片
H_2-TPR	H_2-temperature programmed reduction	氢程序升温还原
HRTEM	high resolution transmission electron microscope	高分辨率透射电子显微镜
HNRAs	hollow nanorod array	空心纳米棒阵列
HR-ICP-MS	high resolution inductively coupled plasma mass spectrometry	高分辨率电感耦合等离子体质谱
INAA	instrument neutron activation analysis	仪器中子活化分析

附录 常用分析方法符号与缩略语 **219**

ICP-MS	inductively coupled plasma massspectrometry	电感耦合等离子体质谱
IUPAC	International Union of Pure and Applied Chemistry	国际纯粹与应用化学联合会
ID-TIMS	isotopic dilution thermal-ionization mass spectrum	同位素稀释-热电离质谱
ICP-OES	inductively coupled plasma optical emission spectrometer	电感耦合等离子体发射光谱
ICP-TOF-MS	inductively coupled plasma-time-of-flight mass spectrometer	电感耦合等离子体-飞行时间质谱仪
In situ DRIFTS	in situ diffuse reflectance infrared Fourier transform spectroscopy	原位漫反射红外傅里叶变换光谱
LIBS	laser induced breakdown spectroscopy	激光诱导击穿光谱
LA-ICP-MS	laser ablation inductively coupled plasma mass spectrometry	激光烧蚀电感耦合等离子体质谱
MOF	metal-organic framework	金属有机骨架
MOR	methanol oxidation reaction	甲醇氧化反应
MRI	magnetic resonance imaging	磁共振成像
MP-AES	microwave plasma atomic emission spectrometry	微波等离子体原子发射光谱法
MC-ICP-MS	multiple collector inductively coupled plasma mass spectrometer	多集电极电感耦合等离子体质谱仪
NH$_3$-TPD	NH$_3$-temperature programmed desorption	氨程序升温脱附
OER	oxygen evolution reaction	析氧反应
ORR	oxygen reduction reaction	氧还原反应
OSC	oxygen-storage-capacity	储氧能力
O$_2$-TPR	O$_2$-temperature programmed reduction	氧程序升温还原
PL	photolumiescene spectroscopy	光致发光光谱
PANI	polyaniline	聚苯胺
RE	rare earth	稀土
RME	reverse microemulsion	反向微乳液
RE-Y	rare earth-Y	稀土 Y 型分子筛
SCR	selective catalytic reduction	选择性催化还原
SEM	scanning electron microscope	扫描电子显微镜
STM	scanning tunneling microscope	扫描隧道显微镜
SSMS	spark source mass spectrometry	火花源质谱
SNCR	selective non-catalytic reduction	非选择性催化还原
TWC	three-way catalyst	三效催化剂
TEM	transmission electron microscope	透射电子显微镜
TPR	temperature programmed reduction	程序升温还原
TG-DTA	thermogravimetric-differential thermal analysis	热重分析-差热分析法

USY	ultra-stable Y zeolite	超稳 Y 沸石
VOCs	volatile organic compounds	挥发性有机化合物
WHO	World Health Organization	世界卫生组织
WD-XRF	wavelength dispersive X ray fluorescence	波长色散 X 射线荧光光谱法
XRD	X-ray diffraction	X 射线衍射分析
XPS	X-ray photoelectron spectroscopy	X 射线光电子能谱
XRF	X-ray fluorescence spectrometer	X 射线荧光光谱
XAFS	X-ray absorption fine structure	X 射线吸收精细结构谱
ZSM-5	zeolite socony mobil-5	ZSM-5 分子筛